一线资深工程师教你学 CAD/CAE/CAM 丛书

# Autodesk Inventor 从入门到精通
## （2019 中文版）

北京兆迪科技有限公司　编著

机 械 工 业 出 版 社

本书是学习 Autodesk Inventor 2019 软件的参考教程，内容包括 Inventor 安装、软件的工作界面与基本设置、二维截面的草绘、零件设计、曲面设计、装配设计、模型的测量与分析、钣金设计、工程图的制作、机构运动仿真与分析和有限元结构分析等。书中讲解所选用的范例、实例或应用案例覆盖了不同行业，具有很强的实用性和广泛的适用性。本书附带 1 张多媒体 DVD 学习光盘，制作了大量 Inventor 应用技巧和具有针对性的实例教学视频并配有详细的语音讲解，光盘中还包含本书所有的素材源文件以及 Inventor 软件的配置文件。

本书以"全面、速成、简洁、实用"为指导，讲解由浅入深，内容清晰简明、图文并茂。为了使读者更快地掌握该软件的基本功能，在内容安排上，结合大量的范例对 Inventor 软件中一些抽象的概念、命令和功能进行讲解，并以范例的形式讲述了生产一线实际产品的设计过程，使读者能较快地进入设计实战状态；在写作方式上，本书紧贴软件的实际操作界面进行讲解，使读者能够直观地操作软件进行学习，从而提高学习效率。本书在主要章节中还安排了习题，便于进一步巩固所学的知识。读者在学习本书后，能够迅速地运用 Inventor 来完成一般产品的零部件设计（含钣金）、装配、工程图的制作等工作。

本书可作为工程技术人员的 Inventor 快速自学教程和参考书籍，也可作为大中专院校学生和各类培训学校学员的 Inventor 课程上课或上机练习教材。

**图书在版编目（CIP）数据**

Autodesk Inventor 从入门到精通：2019 中文版/
北京兆迪科技有限公司编著. —北京：机械工业出版社，2019.8
（一线资深工程师教你学 CAD/CAE/CAM 丛书）
ISBN 978-7-111-63268-9

Ⅰ. ①A⋯　Ⅱ. ①北⋯　Ⅲ. ①机械设计—计算机辅助
设计—应用软件　Ⅳ. ①TH122

中国版本图书馆 CIP 数据核字（2019）第 149268 号

机械工业出版社（北京市百万庄大街 22 号　邮政编码 100037）
策划编辑：丁　锋　责任编辑：丁　锋
责任校对：高亚苗　封面设计：张　静
责任印制：张　博
北京铭成印刷有限公司印刷
2019 年 9 月第 1 版第 1 次印刷
184mm×260 mm・25.75 印张・479 千字
0001—1900 册
标准书号：ISBN 978-7-111-63268-9
　　　　　ISBN 978-7-88709-999-0（光盘）
定价：79.90 元（含多媒体 DVD 光盘 1 张）

电话服务　　　　　　　　网络服务
客服电话：010-88361066　机　工　官　网：www.cmpbook.com
　　　　　010-88379833　机　工　官　博：weibo.com/cmp1952
　　　　　010-68326294　金　书　网：www.golden-book.com
**封底无防伪标均为盗版**　机工教育服务网：www.cmpedu.com

# 前　言

Inventor 是美国 Autodesk 公司推出的一款基于 Windows 平台、功能强大且易用的三维 CAD 应用软件。该软件还提供了从二维视图到三维实体的转换工具，无须摒弃多年来二维制图的成果，借助 Inventor 就能迅速跃升到三维设计。

本书是学习 Inventor 2019 中文版的参考教程，其特色如下：

- **内容全面**。涵盖了产品设计的零件创建、产品装配和工程图制作的全过程，还包括钣金设计以及动画与机构运动仿真等基础内容。

- **实例、范例、案例丰富**。对软件中的主要命令和功能，先结合简单的实例进行讲解，然后安排一些较复杂的综合范例或案例，帮助读者深入理解和灵活应用。另外，随书光盘中存放了大量的应用视频案例（含语音）讲解。

- **讲解详细，条理清晰**。保证自学的读者能独立学习和实际运用 Inventor 软件。

- **写法独特**。采用 Inventor 中真实的对话框、操控板和按钮等进行讲解。

- **附加值高**。本书附带 1 张多媒体 DVD 学习光盘，制作了大量 Inventor 应用技巧和具有针对性的实例教学视频并进行了详细的语音讲解，可以帮助读者轻松、高效地学习。

本书由北京兆迪科技有限公司编著，参加编写的人员有詹友刚、王焕田、刘静、刘海起、魏俊岭、任慧华、詹路、冯元超、刘江波、周涛、侯俊飞、龙宇、詹棋、高政、孙润、詹超、尹佩文、赵磊、高策、冯华超、周思思、黄光辉、詹聪、平迪、李友荣。本书经过多次审校，但仍不免有疏漏之处，恳请广大读者予以指正。

本书随书光盘中含有"读者意见反馈卡"的电子文档，请读者认真填写本反馈卡并 E-mail 给我们。E-mail: 兆迪科技 zhanygjames@163.com，丁锋 fengfener@qq.com。

咨询电话：010-82176248，010-82176249。

编　者

## 读者购书回馈活动

为了感谢广大读者对兆迪科技图书的信任与支持，兆迪科技面向读者推出"免费送课"活动，即日起，读者凭有效购书证明，可领取价值 100 元的在线课程代金券 1 张，此券可在兆迪科技网校（http://www.zalldy.com/）免费换购在线课程 1 门。活动详情可以登录兆迪网校或者关注兆迪公众号查看。

兆迪网校

兆迪公众号

# 本 书 导 读

为了能更高效地学习本书，务必请您仔细阅读下面的内容。

## 【读者对象】

本书适用于零基础读者，或者作为中高级读者查阅 Inventor 2019 新功能、新操作之用，也可作为工具书放在手边以备个别功能不熟或遗忘而备查。

## 【写作环境】

本书使用的操作系统为 64 位的 Windows 7，系统主题采用 Windows 经典主题。
本书采用的写作软件蓝本是 Inventor 2019 中文版。

## 【光盘使用】

为方便读者练习，特将本书所有素材文件、已完成的范例文件、配置文件和视频语音讲解文件等放入随书附带的光盘中，读者在学习过程中可以打开相应素材文件进行操作和练习。

本书附赠多媒体 DVD 光盘 1 张，建议读者在学习本书前，将 DVD 光盘中的所有文件复制到计算机硬盘的 D 盘中，在 D 盘的 inv19.1 目录下共有 2 个子目录，分别如下。

（1）work 子目录：包含本书讲解中的所有教案文件、范例文件和练习素材文件。

（2）video 子目录：包含本书讲解中的视频文件。读者在学习时，可在该子目录中按顺序查找所需的视频文件。

光盘中带有"ok"扩展名的文件或文件夹表示已完成的范例。

## 【本书约定】

- 本书中有关鼠标操作的说明如下。
  - ☑ 单击：将鼠标指针移至某位置处，然后按一下鼠标的左键。
  - ☑ 双击：将鼠标指针移至某位置处，然后连续快速地按两次鼠标的左键。
  - ☑ 右击：将鼠标指针移至某位置处，然后按一下鼠标的右键。
  - ☑ 单击中键：将鼠标指针移至某位置处，然后按一下鼠标的中键。
  - ☑ 滚动中键：只是滚动鼠标的中键，而不能按下中键。
  - ☑ 选择（选取）某对象：将鼠标指针移至某对象上，单击以选取该对象。
  - ☑ 拖曳某对象：将鼠标指针移至某对象上，然后按下鼠标的左键不放，同时移动鼠标，将该对象移动到指定的位置后再松开鼠标的左键。
- 本书中的操作步骤分为 Task、Stage 和 Step 三个级别，说明如下。

☑ 对于一般的软件操作，每个操作步骤以 Step 开始。例如，下面是草绘环境中绘制椭圆操作步骤的表述。

Step1. 在 绘制 ▾ 区域中单击 ⊘ 圆 ▾ 中的 ▾，然后单击 ⊘ 圆心 按钮。

Step2. 在某位置单击，放置圆的中心点，然后将该圆拖至所需大小并单击，完成该圆的创建。

Step3. 按 Esc 键，结束圆的绘制。

☑ 每个 Step 操作视其复杂程度，下面可含有多级子操作。例如，Step1 下可能包含（1）、（2）、（3）等子操作，子操作（1）下可能包含①、②、③等子操作，子操作①下可能包含 a）、b）、c）等子操作。

☑ 如果操作较复杂，需要几个大的操作步骤才能完成，则每个大的操作冠以Stage1、Stage2、Stage3 等，Stage 级别的操作下再分 Step1、Step2、Step3 等操作。

☑ 对于多个任务的操作，则每个任务冠以 Task1、Task2、Task3 等，每个 Task操作下则可包含 Stage 和 Step 级别的操作。

● 因已建议读者将随书光盘中的所有文件复制到计算机硬盘的 D 盘中，所以书中在要求设置工作目录或打开光盘文件时，所述的路径均以"D:"开始。

## 技术支持

本书是根据北京兆迪科技有限公司给国内外一些著名公司（含国外独资和合资公司）编写的培训教案整理而成的，具有很强的实用性，其编写人员均来自北京兆迪科技有限公司。该公司专门从事 CAD/CAM/CAE 技术的研究、开发、咨询及产品设计与制造服务，并提供 Inventor、Ansys、Adams 等软件的专业培训及技术咨询，读者在学习本书的过程中如果遇到问题，可通过访问该公司的网校 http://www.zalldy.com/ 来获得技术支持。

为了感谢广大读者对兆迪科技图书的信任与厚爱，兆迪科技面向读者推出免费送课、光盘下载、最新图书信息咨询、与主编在线直播互动交流等服务。

● 免费送课。读者凭有效购书证明，可领取价值 100 元的在线课程代金券 1 张，此券可在兆迪科技网校（http://www.zalldy.com/）免费换购在线课程 1 门，活动详情可以登录兆迪网校查看。

● 光盘下载。本书随书光盘中的所有文件已经上传至网络，如果您的随书光盘丢失或损坏，可以登录网站 http://www.zalldy.com/page/book 下载。

咨询电话：010-82176248，010-82176249。

# 目　　录

前言
本书导读

第 1 章　Inventor 2019 基础概述 ............................................................................................ 1
1.1　CAD 产品设计的一般过程 .............................................................................................. 1
1.2　Inventor 功能模块简介 ...................................................................................................... 2
1.3　Inventor 2019 新功能简介 ................................................................................................. 4
1.4　Inventor 2019 安装的硬件要求 ........................................................................................ 4
1.5　Inventor 2019 安装的操作系统要求 ................................................................................ 5
1.6　单机版 Inventor 2019 软件的安装 ................................................................................... 5

第 2 章　软件的工作界面与基本设置 .................................................................................... 8
2.1　创建用户文件目录 ............................................................................................................. 8
2.2　启动 Inventor 2019 软件 .................................................................................................... 8
2.3　设置模型显示 ..................................................................................................................... 9
2.4　Inventor 2019 工作界面 ..................................................................................................... 9
2.5　Inventor 的基本操作技巧 ................................................................................................ 14
　　2.5.1　鼠标的操作 ............................................................................................................. 14
　　2.5.2　对象的选择 ............................................................................................................. 14
2.6　Inventor 工作环境的设置 ................................................................................................ 15

第 3 章　二维截面的草绘 ........................................................................................................ 17
3.1　概述 ................................................................................................................................... 17
3.2　草绘环境中的关键术语 ................................................................................................... 17
3.3　进入与退出草图设计环境 ............................................................................................... 18
3.4　草绘工具按钮简介 ........................................................................................................... 19
3.5　草绘前的准备 ................................................................................................................... 20
3.6　草图的绘制 ....................................................................................................................... 21
　　3.6.1　草图绘制概述 ......................................................................................................... 21
　　3.6.2　绘制直线 ................................................................................................................. 21
　　3.6.3　绘制矩形 ................................................................................................................. 22
　　3.6.4　绘制多边形 ............................................................................................................. 24
　　3.6.5　绘制圆 ..................................................................................................................... 25
　　3.6.6　绘制椭圆 ................................................................................................................. 25
　　3.6.7　绘制圆弧 ................................................................................................................. 25
　　3.6.8　绘制圆角 ................................................................................................................. 26
　　3.6.9　绘制倒角 ................................................................................................................. 27
　　3.6.10　绘制样条曲线 ....................................................................................................... 28
　　3.6.11　绘制文本轮廓 ....................................................................................................... 29
　　3.6.12　创建点 ................................................................................................................... 30
　　3.6.13　将一般图元变成构造元素 ................................................................................... 30
　　3.6.14　偏移草图 ............................................................................................................... 31
3.7　草图的编辑 ....................................................................................................................... 32
　　3.7.1　删除图元 ................................................................................................................. 32
　　3.7.2　直线的操纵 ............................................................................................................. 32
　　3.7.3　圆的操纵 ................................................................................................................. 32

　　　　3.7.4　圆弧的操纵 ........................................................................................ 32
　　　　3.7.5　样条曲线的操纵与编辑 ........................................................................ 33
　　　　3.7.6　缩放草图实体 .................................................................................... 33
　　　　3.7.7　旋转草图实体 .................................................................................... 34
　　　　3.7.8　移动草图实体 .................................................................................... 35
　　　　3.7.9　镜像图元 ............................................................................................ 36
　　　　3.7.10　修剪图元 .......................................................................................... 36
　　　　3.7.11　拉伸图元 .......................................................................................... 37
　　　　3.7.12　延伸草图实体 .................................................................................. 37
　　　　3.7.13　分割草图实体 .................................................................................. 38
　　　　3.7.14　投影 .................................................................................................. 38
　　3.8　草图中的几何约束 ........................................................................................ 39
　　　　3.8.1　约束的显示与隐藏 ............................................................................ 39
　　　　3.8.2　Inventor 软件所支持的约束种类 .................................................... 40
　　　　3.8.3　创建几何约束 .................................................................................... 41
　　　　3.8.4　删除约束 ............................................................................................ 44
　　　　3.8.5　操作技巧：使用约束捕捉设计意图 ................................................ 44
　　3.9　草图关系检查 ................................................................................................ 46
　　3.10　草图的标注 .................................................................................................. 46
　　　　3.10.1　草图标注概述 .................................................................................. 46
　　　　3.10.2　标注线段长度 .................................................................................. 47
　　　　3.10.3　标注一点到一条直线之间的距离 .................................................. 47
　　　　3.10.4　标注两点间的距离 .......................................................................... 47
　　　　3.10.5　标注两条平行线间的距离 .............................................................. 48
　　　　3.10.6　标注直径 .......................................................................................... 48
　　　　3.10.7　标注半径 .......................................................................................... 48
　　　　3.10.8　标注两条直线间的角度 .................................................................. 49
　　3.11　修改尺寸标注 .............................................................................................. 49
　　　　3.11.1　移动尺寸 .......................................................................................... 49
　　　　3.11.2　修改尺寸值的小数位数 .................................................................. 50
　　　　3.11.3　修改尺寸值 ...................................................................................... 50
　　　　3.11.4　删除尺寸 .......................................................................................... 51
　　3.12　草绘范例 1 .................................................................................................. 51
　　3.13　草绘范例 2 .................................................................................................. 54
　　3.14　草绘范例 3 .................................................................................................. 55
　　3.15　草绘范例 4 .................................................................................................. 56
　　3.16　草绘范例 5 .................................................................................................. 58
　　3.17　草绘范例 6 .................................................................................................. 59
　　3.18　草绘范例 7 .................................................................................................. 60
　　3.19　习题 .............................................................................................................. 60
第 4 章　零件设计 .......................................................................................................... 63
　　4.1　三维建模基础 ................................................................................................ 63
　　　　4.1.1　基本的三维模型 ................................................................................ 63
　　　　4.1.2　复杂的三维模型 ................................................................................ 64
　　　　4.1.3　“特征”与三维建模 ........................................................................ 65
　　4.2　创建 Inventor 零件模型的一般过程 .......................................................... 66
　　　　4.2.1　新建一个零件三维模型 .................................................................... 66
　　　　4.2.2　创建一个拉伸特征作为零件的基础特征 ........................................ 67
　　　　4.2.3　添加其他拉伸特征 ............................................................................ 75
　　　　4.2.4　保存 Inventor 文件 ............................................................................ 77
　　4.3　打开 Inventor 文件 ...................................................................................... 78

4.4　控制模型的显示 ...................................................................78
　　4.4.1　模型的几种显示方式 ...................................................79
　　4.4.2　模型的移动、旋转与缩放 .............................................80
　　4.4.3　模型的视图定向 .........................................................81
　　4.4.4　模型的剖切 .............................................................82
4.5　Inventor浏览器 ....................................................................83
　　4.5.1　浏览器概述 .............................................................83
　　4.5.2　浏览器界面简介 .........................................................83
　　4.5.3　浏览器的作用与操作 .....................................................83
4.6　设置零件模型的材料 ..............................................................84
　　4.6.1　概述 .....................................................................84
　　4.6.2　零件模型材料的设置 .....................................................85
4.7　特征的编辑 .......................................................................86
　　4.7.1　编辑特征尺寸 ...........................................................87
　　4.7.2　编辑特征属性 ...........................................................88
　　4.7.3　编辑草图属性 ...........................................................88
　　4.7.4　三维夹点编辑 ...........................................................88
　　4.7.5　修改特征的名称 .........................................................89
　　4.7.6　删除特征 ...............................................................90
　　4.7.7　特征的显示与隐藏 .......................................................90
　　4.7.8　特征的抑制 .............................................................91
4.8　特征的多级撤销/重做功能 .........................................................92
4.9　旋转特征 .........................................................................92
　　4.9.1　旋转特征简述 ...........................................................92
　　4.9.2　创建旋转特征的一般过程 .................................................92
　　4.9.3　创建旋转切削特征的一般过程 .............................................94
4.10　倒角特征 ........................................................................95
　　4.10.1　倒角特征简述 ..........................................................95
　　4.10.2　创建简单倒角特征的一般过程 ............................................95
4.11　圆角特征 ........................................................................97
　　4.11.1　圆角特征简述 ..........................................................97
　　4.11.2　创建等半径圆角 ........................................................97
　　4.11.3　创建变半径圆角 ........................................................99
　　4.11.4　创建面圆角 ...........................................................100
　　4.11.5　创建全圆角 ...........................................................101
4.12　孔特征 .........................................................................103
　　4.12.1　孔特征简述 ...........................................................103
　　4.12.2　创建孔特征（直孔）的一般过程 .........................................103
　　4.12.3　创建螺纹孔（标准孔） .................................................105
4.13　拔模特征 .......................................................................106
　　4.13.1　拔模特征简述 .........................................................106
　　4.13.2　从固定平面拔模 .......................................................106
4.14　抽壳特征 .......................................................................108
4.15　加强筋（肋板）特征 .............................................................110
4.16　参考几何体 .....................................................................112
　　4.16.1　工作平面 .............................................................112
　　4.16.2　工作轴 ...............................................................115
　　4.16.3　工作点 ...............................................................117
　　4.16.4　用户坐标系 ...........................................................118
4.17　特征的重新排序及插入操作 .......................................................119
　　4.17.1　概述 .................................................................119
　　4.17.2　重新排序的操作方法 ...................................................119

       4.17.3　特征的插入操作 ································································· 120
  4.18　特征生成失败及其解决方法 ····················································· 121
       4.18.1　特征生成失败的出现 ························································· 121
       4.18.2　特征生成失败的解决方法 ·················································· 122
  4.19　特征的复制 ············································································· 124
       4.19.1　特征的一般复制 ······························································· 124
       4.19.2　特征的镜像复制 ······························································· 125
  4.20　特征的阵列 ············································································· 126
       4.20.1　矩形阵列 ········································································· 126
       4.20.2　环形阵列 ········································································· 128
       4.20.3　删除阵列 ········································································· 129
  4.21　扫掠特征 ··············································································· 130
       4.21.1　扫掠特征简述 ··································································· 130
       4.21.2　创建扫掠拉伸特征的一般过程 ············································ 130
       4.21.3　创建扫掠切削特征的一般过程 ············································ 133
  4.22　放样特征 ··············································································· 133
       4.22.1　放样特征简述 ··································································· 133
       4.22.2　创建凸台放样特征的一般过程 ············································ 133
       4.22.3　创建切削放样特征的一般过程 ············································ 137
  4.23　螺旋扫掠特征 ·········································································· 137
       4.23.1　螺旋扫掠特征简述 ······························································ 137
       4.23.2　创建螺旋扫掠特征 ······························································ 138
  4.24　凸雕特征 ··············································································· 139
  4.25　范例 1——连杆模型 ·································································· 141
  4.26　范例 2——拉伸特征的应用 ························································ 142
  4.27　范例 3——旋转特征的应用 ························································ 142
  4.28　范例 4——孔特征的应用 ··························································· 144
  4.29　范例 5——基准特征的应用（一） ·············································· 145
  4.30　范例 6——基准特征的应用（二） ·············································· 146
  4.31　范例 7——抽壳与扫掠特征的应用 ·············································· 147
  4.32　范例 8——放样特征的应用 ························································ 149
  4.33　范例 9——螺旋扫掠特征的应用 ·················································· 152
  4.34　Inventor 机械零件设计实际应用 1 ··············································· 153
  4.35　Inventor 机械零件设计实际应用 2 ··············································· 157
  4.36　Inventor 机械零件设计实际应用 3 ··············································· 157
  4.37　Inventor 机械零件设计实际应用 4 ··············································· 161
  4.38　Inventor 机械零件设计实际应用 5 ··············································· 164
  4.39　Inventor 机械零件设计实际应用 6 ··············································· 167
  4.40　Inventor 机械零件设计实际应用 7 ··············································· 171
  4.41　Inventor 机械零件设计实际应用 8 ··············································· 173
  4.42　Inventor 机械零件设计实际应用 9 ··············································· 176
  4.43　Inventor 机械零件设计实际应用 10 ·············································· 176
  4.44　Inventor 机械零件设计实际应用 11 ·············································· 177
  4.45　Inventor 机械零件设计实际应用 12 ·············································· 177
  4.46　习题 ····················································································· 177
第 5 章　装配设计 ················································································ 181
  5.1　概述 ······················································································ 181
  5.2　装配约束 ················································································ 182
       5.2.1　"配合/对齐"约束 ······························································· 182
       5.2.2　"角度"约束 ······································································· 183
       5.2.3　"相切"约束 ······································································· 183

5.3 创建装配模型的一般过程..............................................................184
    5.3.1 新建一个装配三维模型................................................184
    5.3.2 装配第一个零件........................................................185
    5.3.3 装配第二个零件........................................................185
5.4 零部件阵列..............................................................................189
    5.4.1 矩形阵列...............................................................189
    5.4.2 环形阵列...............................................................190
    5.4.3 关联阵列...............................................................191
5.5 零部件镜像..............................................................................192
5.6 简化表示................................................................................194
    5.6.1 切换零部件的显示状态.................................................194
    5.6.2 抑制零部件...............................................................195
5.7 爆炸视图................................................................................195
5.8 装配体中零部件的修改..................................................................198
    5.8.1 更改浏览器栏中零部件的名称.........................................198
    5.8.2 修改零部件的尺寸......................................................199
5.9 零部件的外观处理......................................................................199
5.10 Inventor 装配设计综合实际应用.....................................................200
5.11 习题...................................................................................204

第 6 章 模型的测量与分析....................................................................206
6.1 模型的测量..............................................................................206
    6.1.1 测量面积及周长........................................................206
    6.1.2 测量距离...............................................................207
    6.1.3 测量角度...............................................................209
6.2 模型的基本分析........................................................................210
    6.2.1 模型的质量属性分析...................................................210
    6.2.2 装配干涉分析..........................................................211

第 7 章 工程图制作..........................................................................213
7.1 概述....................................................................................213
    7.1.1 工程图的组成..........................................................214
    7.1.2 工程图环境中的功能选项卡...........................................214
7.2 新建工程图..............................................................................217
7.3 设置符合国标的工程图环境............................................................217
7.4 工程图视图..............................................................................219
    7.4.1 创建基本视图..........................................................219
    7.4.2 视图的操作............................................................221
    7.4.3 视图的显示模式........................................................222
    7.4.4 创建斜视图............................................................223
    7.4.5 创建全剖视图..........................................................224
    7.4.6 创建半剖视图..........................................................225
    7.4.7 创建阶梯剖视图........................................................226
    7.4.8 创建旋转剖视图........................................................226
    7.4.9 创建局部剖视图........................................................227
    7.4.10 创建局部放大图.......................................................228
    7.4.11 创建断裂视图.........................................................228
7.5 尺寸标注................................................................................230
    7.5.1 通用尺寸标注..........................................................230
    7.5.2 基线尺寸标注..........................................................231
    7.5.3 同基准尺寸标注........................................................231
    7.5.4 连续尺寸标注..........................................................232

　　　　7.5.5　孔和螺纹标注................................................................232
　　　　7.5.6　倒角尺寸标注................................................................233
　　7.6　标注尺寸公差..........................................................................233
　　7.7　尺寸的操作..............................................................................234
　　　　7.7.1　移动和删除尺寸............................................................234
　　　　7.7.2　尺寸的编辑....................................................................234
　　7.8　标注基准特征符号..................................................................237
　　7.9　标注几何公差..........................................................................238
　　7.10　注释文本..............................................................................239
　　　　7.10.1　创建注释文本............................................................239
　　　　7.10.2　创建指引线文本........................................................240
　　　　7.10.3　注释文本的编辑........................................................241
　　7.11　Inventor软件的打印出图....................................................241
　　7.12　Inventor工程图设计综合实际应用....................................243
　　7.13　习题......................................................................................249

第8章　曲面设计..................................................................................251
　　8.1　曲面设计概述..........................................................................251
　　8.2　创建曲线..............................................................................251
　　　　8.2.1　关键点曲线................................................................252
　　　　8.2.2　螺旋线............................................................................252
　　　　8.2.3　投影曲线........................................................................254
　　　　8.2.4　相交曲线........................................................................255
　　　　8.2.5　分割..................................................................................256
　　8.3　创建曲面..............................................................................257
　　　　8.3.1　拉伸曲面........................................................................257
　　　　8.3.2　旋转曲面........................................................................258
　　　　8.3.3　扫掠曲面........................................................................259
　　　　8.3.4　放样曲面........................................................................260
　　　　8.3.5　边界嵌片........................................................................260
　　　　8.3.6　偏移曲面........................................................................261
　　8.4　曲面的曲率分析......................................................................262
　　　　8.4.1　曲面曲率的显示............................................................262
　　　　8.4.2　曲面斑马条纹的显示....................................................264
　　8.5　曲面的圆角..............................................................................264
　　　　8.5.1　等半径圆角....................................................................265
　　　　8.5.2　变半径圆角....................................................................265
　　　　8.5.3　面圆角............................................................................267
　　　　8.5.4　完整圆角........................................................................267
　　8.6　曲面的剪裁..............................................................................268
　　8.7　曲面的延伸..............................................................................269
　　8.8　曲面的缝合..............................................................................270
　　8.9　删除面......................................................................................270
　　8.10　将曲面转化为实体................................................................271
　　　　8.10.1　闭合曲面的实体化....................................................271
　　　　8.10.2　用曲面替换实体表面................................................273
　　　　8.10.3　开放曲面的加厚........................................................274
　　8.11　Inventor曲面产品设计实际应用 1....................................274
　　8.12　Inventor曲面产品设计实际应用 2....................................276
　　8.13　Inventor曲面产品设计实际应用 3....................................280
　　8.14　Inventor曲面产品设计实际应用 4....................................284
　　8.15　Inventor曲面产品设计实际应用 5....................................287

8.16　Inventor曲面产品设计实际应用 6 ....................................................................... 293

8.17　Inventor曲面产品设计实际应用 7 ....................................................................... 295

8.18　Inventor曲面产品设计实际应用 8 ....................................................................... 299

8.19　习题 ......................................................................................................................... 304

**第 9 章　钣金设计** ...................................................................................................... 306

9.1　钣金设计概述 ......................................................................................................... 306

9.2　钣金基础特征 ......................................................................................................... 307

9.2.1　平板 ................................................................................................................. 307

9.2.2　凸缘 ................................................................................................................. 311

9.2.3　异形板 ............................................................................................................. 316

9.2.4　钣金放样 ......................................................................................................... 319

9.2.5　卷边 ................................................................................................................. 320

9.3　钣金的折叠与展开 ................................................................................................. 322

9.3.1　钣金折叠 ......................................................................................................... 322

9.3.2　钣金展开 ......................................................................................................... 323

9.3.3　重新折叠 ......................................................................................................... 324

9.4　钣金除料及拐角处理 ............................................................................................. 324

9.4.1　剪切 ................................................................................................................. 324

9.4.2　孔 ..................................................................................................................... 325

9.4.3　拐角接缝 ......................................................................................................... 326

9.4.4　拐角圆角 ......................................................................................................... 329

9.4.5　拐角倒角 ......................................................................................................... 330

9.5　钣金成型特征 ......................................................................................................... 330

9.5.1　冲压工具 ......................................................................................................... 331

9.5.2　创建冲压特征的一般过程 ............................................................................. 333

9.6　Inventor钣金设计综合实际应用 1 ........................................................................ 335

9.7　Inventor钣金设计综合实际应用 2 ........................................................................ 337

9.8　习题 ......................................................................................................................... 341

**第 10 章　机构运动仿真与分析** .............................................................................. 345

10.1　机构运动仿真简介 ............................................................................................... 345

10.2　机构运动仿真环境 ............................................................................................... 345

10.2.1　进入/退出 Inventor 运动仿真环境 ............................................................. 345

10.2.2　运动仿真环境基础参数设置 ....................................................................... 346

10.3　基本运动类型 ....................................................................................................... 348

10.3.1　空间自由运动 ............................................................................................... 348

10.3.2　铰链（旋转）运动 ....................................................................................... 350

10.3.3　平移运动 ....................................................................................................... 352

10.3.4　柱面运动 ....................................................................................................... 353

10.3.5　球面运动 ....................................................................................................... 354

10.3.6　平面运动 ....................................................................................................... 355

10.3.7　球面圆槽运动 ............................................................................................... 357

10.3.8　线面运动 ....................................................................................................... 358

10.3.9　点面运动 ....................................................................................................... 359

10.3.10　焊接连接 ..................................................................................................... 360

10.4　机构运动类型 ....................................................................................................... 361

10.4.1　齿轮齿条运动 ............................................................................................... 361

10.4.2　外齿轮啮合运动 ........................................................................................... 362

10.4.3　内齿轮啮合运动 ........................................................................................... 363

10.4.4　带运动 ........................................................................................................... 363

10.4.5　螺旋运动 ....................................................................................................... 364

10.5 受力类型 .................................................................................................... 365

    10.5.1 弹簧/阻尼器/千斤顶 ............................................................................ 365

    10.5.2 3D Contact（接触） ........................................................................ 367

10.6 添加驱动 .................................................................................................... 368

10.7 添加外部载荷 ............................................................................................ 372

    10.7.1 重力 ...................................................................................................... 372

    10.7.2 力 .......................................................................................................... 373

    10.7.3 转矩 ...................................................................................................... 375

10.8 输出图示器 ................................................................................................ 375

**第 11 章 有限元结构分析** ..................................................................................... 377

11.1 概述 ............................................................................................................ 377

11.2 有限元分析环境 ........................................................................................ 378

    11.2.1 进入/退出有限元分析环境 ................................................................ 378

    11.2.2 有限元分析的工作界面 .................................................................... 378

    11.2.3 有限元分析选项设置 ........................................................................ 379

    11.2.4 有限元分析一般过程 ........................................................................ 379

11.3 Inventor 零件有限元分析的一般过程 .................................................... 381

    11.3.1 打开模型文件并进入分析环境 ........................................................ 381

    11.3.2 指定材料 ............................................................................................ 383

    11.3.3 添加约束 ............................................................................................ 384

    11.3.4 添加外部载荷 .................................................................................... 386

    11.3.5 划分网格 ............................................................................................ 389

    11.3.6 求解分析 ............................................................................................ 390

    11.3.7 结果查看与评估 ................................................................................ 390

    11.3.8 其他结果显示工具及报告文件 ........................................................ 392

# 第 **1** 章　Inventor 2019 基础概述

**本章提要**　随着计算机辅助设计——CAD（Computer Aided Design）技术的飞速发展和普及，越来越多的工程设计人员开始利用计算机进行产品的设计和开发，Inventor 作为一种当前流行的三维 CAD 软件，越来越受到我国工程技术人员的青睐。本章内容主要包括：

- 用 CAD 工具进行产品设计的一般过程。
- Inventor 主要功能模块简介。
- Inventor 新功能简介。

## 1.1　CAD 产品设计的一般过程

应用计算机辅助设计——CAD（Computer Aided Design）技术进行产品设计的一般流程如图 1.1.1 所示。

**具体说明如下：**

- CAD 产品设计的过程一般是从概念设计、零部件三维建模到二维工程图。有的产品，特别是民用产品，对外观要求比较高（如汽车和家用电器），在概念设计以后，往往还需进行工业外观造型设计。
- 在进行零部件三维建模或三维建模完成以后，根据产品的特点和要求，要进行大量的分析和其他工作，以满足产品结构强度、运动、生产制造与装配等方面的需求。这些分析工作包括应力分析、结构强度分析、疲劳分析、塑料流动分析、热分析、公差分析与优化、NC 仿真及优化、动态仿真等。
- 产品的设计方法一般可分为两种：自底向上（Down-Top）和自顶向下（Top-Down），这两种方法也可同时进行。

　　自底向上：这是一种从零件开始，然后到子装配、总装配、整体外观的设计过程。

　　自顶向下：与自底向上相反，它是从整体外观（或总装配）开始，然后到子装配、零件的设计方式。

随着信息技术的发展，同时面对日益激烈的市场竞争，企业采用并行、协同设计势在必行，只有这样，企业才能适应迅速变化的市场需求，提高产品竞争力，解决所谓的 TQCS 难题，即以最快的上市速度（T——Time to Market）、最好的质量（Q——Quality）、最低的成本（C——Cost）以及最优的服务（S——Service）来满足市场的需求。

图 1.1.1　CAD 产品设计一般流程

# 1.2　Inventor 功能模块简介

Inventor 是美国 Autodesk 公司推出的一款三维可视化实体建模软件，Autodesk Inventor 产品系列正在改变传统的 CAD 工作流程。它简化了复杂三维模型的创建过程，这样工程师就可专注于设计的功能，通过快速创建数字样机，并利用数字样机来验证设计的功能，就可在投产前更容易发现设计中的错误，及时更改，以更快的速度把新的产品推向市场。

Inventor 的主要应用模块简介如下。

● 零件设计

Inventor 可以帮助设计人员更为轻松地重复利用已有的设计数据，生动地表现设计意图。借助其中全面关联的模型，零件设计中的任何变化都可以反映到装配模型和工程图文件中。由此，设计人员的工作效率将得到显著提高。Inventor 还可以把经常使用的自定义特征和零件的设计进行标准化和系列化，从而提高客户的生产效率。利用 Inventor 中的 iPart 技术，设计公司可以轻松设置智能零件库，以确保始终以同种方式创建常用零件。

- 装配设计

Inventor 将设计加速器与易于使用的装配工具相结合，使用户可以确保装配设计中每一个零部件的安装正确。精确地验证干涉情况和各种属性，以便快速创建高质量的产品。Inventor 提供的强大工具可有效控制和管理大型装配设计中创建的数据，因此用户只需专心工作在所关心的部分零部件上。

- 钣金设计

Inventor 能够帮助用户简化复杂钣金零件的设计。Inventor 中的数字样机结合了加工信息（如冲压工具参数和自定义的折弯表）、精确的钣金折弯模型以及展开模型编辑环境。在展开模型编辑环境中，工程师可以对钣金展开模型进行细微的改动，因此能够帮助用户提高设计钣金零件的效率。

- 电缆线束设计

从电路设计软件导出的导线表，可以接着进行电缆和线束设计，将电缆与线束（包括软质排线）集成到数字样机中，用户可以准确计算路径长度，避免过小的弯曲半径，并确保电气零部件与机械零部件匹配，从而节约大量时间和成本。

- 管线设计

用户可以按照最小或最大长度标准以及折弯半径等布管规则选择不同的布管方式。此外，用户也可以通过创建三维几何草图手动定义管线，或利用管线编辑工具交互式创建管线。自动布好的管段可以与用户定义的管段结合在一起，让用户实现最大限度的控制。

- 工程制图

Inventor 包含从数字样机中生成工程设计和制造文档的全套工具。这些工具可减少设计错误，缩短设计交付时间。Inventor 还支持所有主流的绘图标准、与三维模型的完全关联（在出现设计变更时，工程图将同步更新），以及 DWG 输出格式，因此是创建和共享 DWG 工程图的理想选择。

- 工程师手册

设计加速器中的工程师手册提供了丰富的工程理论、公式和算法参考资料，以及一个可在 Inventor 中任意位置访问的设计知识库。

- 内置的零部件数据资源库

LinkAble PARTcommunity 旨在为基于 Inventor 环境的设计者提供完善而有效的零部件三维数据资源，用于本地产品的开发和配置。LinkAble PARTcommunity 除包含完整的 ISO / EN / DIN 标准件模型数据资源外，更囊括数百家国内外厂商的零部件产品模型，涉及气动、液压、FA 自动化、五金、管路、操作件、阀门、紧固件等多个门类，能够满足机电产品及装备制造业的产品研发人员日常所需。

PARTsolutions 是翎瑞鸿翔与德国 CADENAS 共同面向中国市场推出的 Inventor 离线版零部件数据资源库解决方案，其不仅可提供比 PARTcommunity 更为丰富的零部件数据资源，还采取局域网服务器到客户端安装方式，大大提高了 Inventor 终端对模型数据的搜索和调用效率。此外，PARTsolutions 可与 Inventor 及其 PLM 环境实现紧密集成，实现企业内部物料信息与模型信息的对接，从而在源头上避免和减少了一物多码现象。同时为了制造行业的需求，该模型库提供企业自有数据资源的配置模块，可为企业本地服务器提供兼容多 CAD 环境的企业标准件和特定供应商产品数据的配置任务。

- 运动仿真模块

借助 Autodesk Inventor Professional 的运动仿真功能，用户能了解产品在真实条件下如何运转，从而能节省花费在构建物理样机上的成本、时间和高额的咨询费用。用户可以跟据实际工况添加载荷、摩擦特性和运动约束，然后通过运行仿真功能验证设计。借助与应力分析模块的无缝集成，可将工况传递到某一个零件上来优化零部件设计。

# 1.3　Inventor 2019 新功能简介

Inventor 2019 是目前市场上的较新版本，它能帮助机械设计师更快地开发更优秀的产品。与早期的版本相比，Inventor 2019 做出了如下改进。

- 常规功能方面：ilogic 及颜色方案功能增强；具有移植自定义设置功能。
- 零件模块方面："孔"命令可根据交互推断孔的放置位置，更快速、更智能；具有反转圆角的选项；螺旋曲线功能增强。
- 装配模块方面：装配约束功能增强，浏览器中的图标进行了更新。
- 其他模块方面：三维布管中增加了锁定软管长度功能；焊件中切割明细栏功能也得到了增强。

**注意**：以上有关 Inventor 2019 功能模块的介绍仅供参考，如有变动应以 Autodesk 公司的最新相关正式资料为准，特此说明。

# 1.4　Inventor 2019 安装的硬件要求

Inventor 2019 软件系统可在工作站（Work station）或个人计算机（PC）上运行。如果在个人计算机上安装，为了保证软件安全和正常使用，计算机硬件要求如下。

- CPU 芯片：Intel 或 AMD，支持 SSE2，建议使用 64 位 CPU。
- 内存：一般要求 2GB 以上。如果要装配大型部件或产品，进行结构、运动仿真分析或产生数控加工程序，则建议使用 8GB 以上的内存。
- 显卡：一般要求支持 Open_GL 的 3D 显卡，分辨率为 1024×768 像素以上，推荐至少使用 64 位独立显卡，显存 512MB 以上。如果显卡性能太低，打开软件后，会自动退出。
- 硬盘：安装 Inventor 2019 软件系统的基本模块，需要 12GB 左右的硬盘空间，考虑到软件启动后虚拟内存及获取联机帮助的需要，建议在硬盘上准备 15GB 以上的空间。
- 鼠标：强烈建议使用三键（带滚轮）鼠标，如果使用二键鼠标或不带滚轮的三键鼠标，会极大地影响工作效率。
- 显示器：一般要求使用 15in 以上显示器。
- 键盘：标准键盘。

## 1.5　Inventor 2019 安装的操作系统要求

- 操作系统：Inventor 2019 不能在 Windows XP 系统上安装，推荐使用 Windows 7 系统；Internet Explorer 要求是 IE 8 或 IE 9；Excel 和 Word 版本要求 2007 版或 2010 版。
- 硬盘格式：建议使用 NTFS 格式，FAT 也可。
- 网络协议：TCP/IP 协议。
- 显示设置：分辨率为 1024×768 像素以上，真彩色。

## 1.6　单机版 Inventor 2019 软件的安装

安装 Inventor 2019 的操作步骤如下。

Step1. 将 Inventor 2019 的安装光盘放入光驱内（如果已将系统安装文件复制到硬盘上，可双击系统安装目录下的 **A Setup.exe** 文件）。

Step2. 系统显示"设置初始化"界面。等待数秒后，在弹出图 1.6.1 所示的"Autodesk Inventor 2019"界面（一）中单击 **↓ Install** 按钮。

Step3. 系统弹出"Autodesk Inventor 2019"界面（二），在 Country or Region: 下拉列表中选择 **China** 选项，选中 ⊙ I Accept 复选框，单击对话框中的 **Next** 按钮。

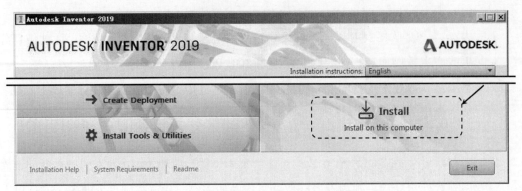

图 1.6.1 "Autodesk Inventor 2019"界面（一）

Step4. 系统弹出"Autodesk Inventor 2019"界面（三），选择相应的产品类型，单击对话框中的 Next 按钮。

Step5. 系统弹出"Autodesk Inventor 2019"界面（四），采用系统默认的安装配置，单击对话框中的 Install 按钮，此时系统显示"安装进度"界面。

Step6. 经过几分钟后，Inventor 2019 软件安装完成，系统弹出"安装完成"界面，单击该对话框中的 Finish 按钮。

Step7. 启动中文版 Inventor 2019。在 Inventor 安装完成后，系统将在 Windows 的"开始"菜单中创建一个菜单项，并在桌面上创建一个快捷图标。当第一次启动 Inventor 2019 时，系统要求进行初始设置，具体操作如下。

双击 Windows 桌面上的 Inventor 2019 软件快捷图标来启动软件；或者从 开始 菜单依次选择 所有程序 ➡ Autodesk ➡ Autodesk Inventor 2019 ➡ Autodesk Inventor Professional 2019 - English 命令来启动软件。

Step8. 在系统弹出的"Autodesk"界面中单击 enter a serial number 类型，然后在弹出的"Autodesk Licensing"界面中单击 Activate 按钮，此时系统弹出"Autodesk Licensing – Activation Options"界面（一）。

Step9. 在系统弹出的"Autodesk Licensing – Activation Options"界面（一）中将序列号和产品密钥输入对应的文本框中，然后单击 Next 按钮，此时系统弹出"Autodesk Licensing – Activation Options"界面（二）。

Step10. 激活中文版 Inventor2019。

（1）在图 1.6.2 所示的"Autodesk Licensing – Activation Options"界面（二）中选中 I have an activation code from Autodesk 单选项，在其下方的文本框中输入软件激活码并单击 Next 按钮。

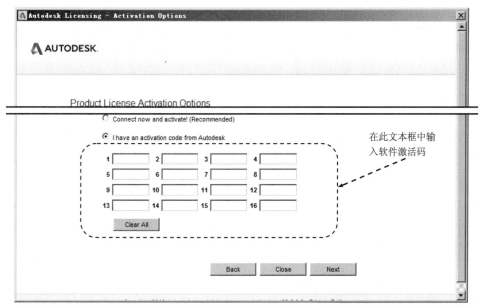

图 1.6.2　"Autodesk Licensing – Activation Options"界面（二）

（2）系统弹出"Autodesk Licensing – Activation Options"界面，表明 Inventor 2019 软件已被激活，单击该界面中的 [Finish] 按钮。至此便完成了 Inventor 2019 的激活，以后启动 Inventor 2019 时无须再激活。

# 第2章　软件的工作界面与基本设置

**本章提要**　　为了正常、高效地使用 Inventor 软件，同时也为了方便教学，在学习和使用 Inventor 软件前，需要先进行一些必要的设置。本章内容主要包括：

- 创建 Inventor 用户文件目录。
- Inventor 软件的启动。
- Inventor 显示设置。
- Inventor 2019 工作界面。
- Inventor 基本操作技巧。
- Inventor 工作环境的设置。

## 2.1　创建用户文件目录

使用 Inventor 软件时，应该注意文件的目录管理。如果文件管理混乱，会造成系统找不到正确的相关文件，从而严重影响 Inventor 软件的安全相关性，同时也会使文件的保存、删除等操作产生混乱，因此应按照操作者的姓名、产品名称（或型号）建立用户文件目录，如本书要求在 D 盘上创建一个名为 Inventor-course 的文件夹作为用户目录。

## 2.2　启动 Inventor 2019 软件

一般来说，有两种方法可启动并进入 Inventor 软件环境。

**方法一：** 双击 Windows 桌面上的 Autodesk Inventor 软件快捷图标（见图 2.2.1）。

图 2.2.1　Inventor 快捷图标

**说明：** 只要是正常安装，Windows 桌面上均会显示 Autodesk Inventor 软件快捷图标。快捷图标的名称，可根据需要进行修改。

**方法二：** 从 Windows 系统的"开始"菜单进入 Inventor，操作方法如下。

Step1. 单击 Windows 桌面左下角的 开始 按钮。

Step2. 选择 ▶ 所有程序 ➡ Autodesk ➡ Autodesk Inventor 2019 ➡ Autodesk Inventor Professional 2019 – 简体中文 (Simplified Chinese) 命令，进入 Inventor 软件环境。

## 2.3　设置模型显示

Inventor 2019 安装完成后，默认的视图设置可能会造成较差的显示效果，为了保证软件显示正常并流畅使用，建议读者参考以下操作步骤进行模型显示设置。

Step1. 选择下拉菜单中的 文件 ➡ 选项 命令，系统弹出"应用程序选项"对话框。

Step2. 在"应用程序选项"对话框中分别单击 显示 和 常规 选项卡，参考图 2.3.1 和图 2.3.2 所示的对话框进行参数设置，完成后单击 应用(A) 按钮。

图 2.3.1　"应用程序选项"对话框"显示"选项卡

图 2.3.2　"应用程序选项"对话框"常规"选项卡

## 2.4　Inventor 2019 工作界面

在学习本节时，请先打开目录 D:\inv19.1\work\ch02.04 下的 down_base.par 文件。

在图 2.4.1 所示的 Inventor 2019 用户界面中包括"文件菜单"按钮、快速访问工具栏、标题栏、功能区面板、浏览器、图形区、消息区、信息中心、View Cube 工具以及动态观察导航区。

### 1. "文件菜单"按钮

单击"文件菜单"按钮 **文件** 可以弹出"文件菜单"下拉菜单，该菜单用于新建、打开和保存文件，并能设置系统的配置选项。

### 2. 快速访问工具栏

快速访问工具栏包含用于新建、保存、修改模型和设置 Inventor 模型的材料和外观等命令。快速访问工具栏为快速进入命令及设置工作环境提供了极大的方便，用户可以根据具体情况定制快速访问工具栏。

### 3. 标题栏

标题栏显示了当前活动的模型文件的名称。

图 2.4.1　Inventor 2019 用户界面

## 4．信息中心

信息中心是 Autodesk 产品独有的界面，使用该功能可以搜索信息、显示关注的网址、帮助用户实时获得网络支持和服务等。

## 5．功能区面板

功能区面板显示了 Inventor 建模中的所有功能按钮，并以选项卡的形式进行分类；有的面板中没有足够的空间显示所有的按钮，用户在使用时可以单击下方带三角的按钮，以展开折叠区域，显示其他相关的命令按钮；如果在 Inventor 中分别打开零件、装配和工程图文件，则功能区变化分别如图 2.4.2a、b、c 所示。

a）零件功能面板

b）装配功能面板

c）工程图功能面板

图 2.4.2　功能区面板

**注意**：用户会看到有些菜单命令和按钮处于非激活状态（呈灰色，即暗色），这是因为它们目前还没有处在发挥功能的环境中，一旦它们进入有关的环境，便会自动激活。

下面是零件模块功能区中部分选项卡的介绍。

- 图 2.4.3 所示的"三维模型"选项卡包含 Inventor 中所有的零件建模工具，主要有实体建模工具、平面工具、草图工具、阵列工具及特征编辑工具等。

图 2.4.3　"三维模型"选项卡

- 图 2.4.4 所示的"检验"选项卡用于测量零件中的物理属性，用于检测曲线和曲面的光顺程度。

图 2.4.4 "检验"选项卡

- 图 2.4.5 所示的"工具"选项卡用于特征模型的外观设置、物理属性的测量、系统选项的设置以及零部件的查找等。

图 2.4.5 "工具"选项卡

- 图 2.4.6 所示的"管理"选项卡用于更新模型文件、修改模型参数、生成零部件、创建钣金冲压工具等。

图 2.4.6 "管理"选项卡

- 图 2.4.7 所示的"视图"选项卡主要用于设置管理模型的视图，可以调整模型的显示效果，设置显示样式，控制基准特征的显示与隐藏，文件窗口管理等。

图 2.4.7 "视图"选项卡

● 图 2.4.8 所示的"环境"选项卡用于将当前实体建模环境转换到钣金建模环境。

图 2.4.8 "环境"选项卡

### 6．浏览器

浏览器中列出了活动文件中的所有零件、特征以及基准和坐标系等，并以树的形式显示模型结构。通过"浏览器"可以很方便地查看及修改模型。

通过"浏览器"可以使以下操作更为简洁快速。

● 通过右击某特征，然后选择 **特性(P)** 命令修改特征的显示名称。

● 通过右击某特征，然后选择 **显示尺寸(M)** 命令来显示特征的尺寸。

● 通过右击某特征，然后选择 **编辑特征** 命令来修改特征参数。

● 重排序特征。在浏览器中通过拖动及放置来重新调整特征的创建顺序。

### 7．图形区

Inventor 各种模型图像的显示区。

### 8．信息区

在用户操作软件的过程中，信息会实时地显示与当前操作相关的提示信息等，以引导用户的操作。

### 9．ViewCube 工具

ViewCube 工具直观反映了图形在三维空间内的方向，是模型在二维模型空间或三维视觉样式中处理图形时的一种导航工具。使用 ViewCube 工具，可以方便地调整模型的视点，使模型在标准视图和等轴测视图间切换。

### 10．动态观察导航区

动态观察导航区包含通用导航工具和特定于产品的导航工具。

# 2.5　Inventor 的基本操作技巧

Inventor 软件的使用以鼠标操作为主，用键盘输入数值。执行命令时，主要使用鼠标单击工具图标，也可以通过选择下拉菜单或用键盘输入来执行命令。

## 2.5.1　鼠标的操作

与其他 CAD 软件类似，Inventor 提供各种鼠标按钮的组合功能，包括执行命令、选择对象、编辑对象以及对视图的平移、旋转和缩放等。

在 Inventor 工作界面中选中的对象被加亮。选择对象时，在图形区与在浏览器上选择是相同的，并且是相互关联的。

移动视图是最常用的操作，如果每次都单击工具栏中的按钮，将会浪费用户很多时间。Inventor 中可以通过鼠标快速地完成视图的移动。

Inventor 中鼠标操作的说明如下。

- 缩放图形区：滚动鼠标中键滚轮，向前滚动鼠标可看到图形在缩小，向后滚动鼠标可看到图形在变大。
- 平移图形区：按住鼠标中键，移动鼠标，可看到图形跟着鼠标移动。
- 旋转图形区：先按住 Shift 键，然后按住鼠标中键，移动鼠标可看到图形在旋转。

## 2.5.2　对象的选择

下面介绍在 Inventor 中选择对象常用的几种方法。

### 1．选取单个对象

- 直接单击需要选取的对象。
- 在"浏览器"中单击对象的名称，即可选择对应的对象，被选取的对象会高亮显示。

### 2．选取多个对象

按住 Ctrl 键，单击多个对象，可选择多个对象。

# 2.6　Inventor 工作环境的设置

设置 Inventor 的工作环境是用户学习和使用 Inventor 应该掌握的基本技能。合理设置 Inventor 的工作环境，对于提高工作效率，使用个性化环境具有极其重要的意义。Inventor 中的环境设置包括"应用程序选项"和"文档设置"。

### 1．应用程序选项的设置

单击 工具 选项卡 选项▼ 区域中的"应用程序选项"按钮，系统弹出"应用程序选项"对话框，利用该对话框可以设置草图、颜色、显示和工程图等参数。在该对话框单击 草图 选项卡（图 2.6.1），此时可以设置草图的相关选项。在该对话框中单击 颜色 选项卡（图 2.6.2），可以设置 Inventor 环境中的颜色。单击"应用程序选项"对话框中的 导出(X)... 按钮，可以将设置的颜色方案保存。

图 2.6.1　"应用程序选项"对话框"草图"选项卡

图 2.6.2 "应用程序选项"对话框"颜色"选项卡

### 2．文档设置

单击 工具 选项卡 选项 ▾ 区域中的"文档设置"按钮 ，系统弹出"文档设置"对话框（图 2.6.3），利用此对话框可以设置有关标注、单位、草图及造型的一些参数。

图 2.6.3 "文档设置"对话框

# 第 **3** 章 二维截面的草绘

**本章提要** 截面草图的绘制是创建许多特征的基础，例如创建拉伸、旋转、扫掠、放样等特征时，往往需要先草绘特征的截面（剖面）形状，其中扫掠特征还需要绘制草图以定义扫掠轨迹。另外，草绘孔、横截面等也需要定义草图。本章内容包括：

- 草图环境的设置。
- 基本草图图元（如点、直线、圆等）的绘制。
- 截面草图的编辑与修改。
- 截面草图中约束的创建。
- 截面草图的标注。
- 截面草图绘制范例。

## 3.1 概　　述

Inventor 零件设计是以特征为基础进行的，大部分几何体特征都来源于二维截面草图。创建零件模型的过程，就是先创建几何特征的二维草图，然后将二维草图变换为三维特征，并对所创建的各个特征进行适当的布尔运算，最终得到完整零件的过程。因此二维草图是零件建模的基础，十分重要。掌握合理的草图绘制方法和技巧，可以极大地提高零件设计的效率。

**注意**：要进入草图设计环境，必须选择一个平面作为草图平面，也就是要确定新草图在三维空间的放置位置。它可以是系统默认的三个基准参考平面（YZ 平面、XZ 平面和 XY 平面，如图 3.1.1 所示），也可以是模型表面，还可以通过单击 三维模型 选项卡 定位特征 面板中的"平面"按钮 ，如图 3.1.2 所示，在弹出的图 3.1.3 所示的快捷命令中创建一个基准平面作为草图平面。

## 3.2 草绘环境中的关键术语

下面列出了 Inventor 软件草绘环境中经常使用的关键术语。

图元：指截面的任意几何元素（如直线、矩形、圆弧、圆、椭圆、样条曲线、点等）。

尺寸：图元大小、图元间位置的量度。

图 3.1.1　系统默认的基准参考平面

图 3.1.2　"平面"按钮命令

图 3.1.3　创建"平面"快捷命令

约束：定义图元间的位置关系。约束定义后，其约束符号会出现在被约束的图元旁边。例如，可以约束两条直线垂直，完成约束后，垂直的直线旁边会出现一个垂直约束符号。

# 3.3　进入与退出草图设计环境

### 1．进入草图设计环境的操作方法

Step1．新建零件模型。启动 Inventor 软件后，单击"文件菜单"按钮 文件 ，然后选择下拉菜单 新建 ➡ 零件 命令，新建一个零件模型，系统自动进入零件设计环境。

说明：进入零件设计环境还有两种方法。

方法一：直接单击图 3.3.1 所示的"新建"按钮，系统弹出"新建文件"对话框，选择"Standard.ipt"模板，单击 创建 按钮。

方法二：在"快速访问"工具栏中单击 后的 ，选择 零件 命令。

图 3.3.1　"创建"界面

Step2. 在 三维模型 选项卡 草图 区域单击 按钮，然后选择 XY 平面为草图平面，系统进入草图设计环境。

说明：进入草图设计环境还有两种方法。

方法一：在 草图 选项卡 草图 区域单击 按钮。

方法二：在创建某些特征（例如拉伸、旋转、扫掠等）时，以这些特征命令为入口，进入草图设计环境，详见第4章的有关内容。

**2．退出草图设计环境的操作方法**

在草图设计环境中，在 草图 选项卡 退出 区域单击"完成草图"按钮 ，即可退出草图设计环境。

说明：退出草图设计环境还有两种方法。

方法一：在 三维模型 选项卡 退出 区域单击 按钮。

方法二：在 三维模型 选项卡 草图 区域单击 按钮。

# 3.4　草绘工具按钮简介

进入草绘环境后，屏幕上方的 草图 选项卡中会出现草绘时所需要的各种工具按钮，如图 3.4.1 所示。

图 3.4.1　"草图"选项卡

图 3.4.1 所示的 草图 选项卡中各区域的工具按钮的简介如下。

- 草图 区域：用于开始创建二维或三维草图命令。

- 创建 ▼ 区域：用于绘制直线、圆、圆弧、矩形和样条曲线等图元。

- 修改 区域：用于对图元进行移动、复制、旋转、修剪、缩放、拉伸和偏置等。

- 阵列 区域：用于对图元进行矩形阵列、环形阵列和镜像的操作。

- 约束 ▼ 区域：用于控制草图中图元与图元之间的几何关系。

- 插入 区域：用于将外部图片、表格或者 AutoCAD 文件插入到草图中。
- 格式▼ 区域：用于调整图元或者尺寸的格式。
- 退出 区域：通过单击该区域中的 ✔ 按钮，可退出草绘环境。

# 3.5　草绘前的准备

**1．设置栅格间距**

根据模型的大小，可设置草绘环境中的栅格大小。设置合适的栅格大小，可以保证所绘制的图形尺寸与最终尺寸不至于相差太大，以利于尺寸的修改。其操作流程如下。

Step1. 在 工具 选项卡 选项▼ 区域中单击"应用程序选项"按钮 ，此时系统弹出"应用程序选项"对话框。

Step2. 在"应用程序选项"对话框中单击 草图 选项卡，在 显示 区域选中 ☑ 网格线 复选项，单击 确定 按钮。

Step3. 在 工具 选项卡 选项▼ 区域中单击"文档设置"按钮 ，此时系统弹出"文档设置"对话框，在"文档设置"对话框中单击 草图 选项卡，在"捕捉间距"区域 X 文本框中输入值 10；在 Y 后的文本框中输入值 10，在网格显示区域中设置数值为 1，单击 确定 按钮，完成网格设置。

**2．草图设计环境中图形区的快速调整**

当显示栅格时，如果看不到栅格，或者栅格太密，可以缩放图形区。如果想调整图形在草图设计环境上下、左右的位置，可以移动图形区。

**鼠标操作方法说明。**

- 缩放图形区：滚动鼠标中键滚轮，向前滚可看到图形以光标所在位置为基准在缩小，向后滚可看到图形以光标所在位置为基准在放大（或者按住 F3 键，按住鼠标左键移动鼠标，向前移动图形以光标所在位置为基准在缩小，向后移动可看到图形以光标所在位置为基准在放大）。

- 移动图形区：按住鼠标中键移动鼠标，可看到图形跟着鼠标移动（或者按住 F2 键，按住鼠标左键移动鼠标，可看到图形跟着鼠标移动）。

- 旋转图形区：按住 Shift 键，按住鼠标中键移动鼠标，可看到图形跟着鼠标旋转（或者按住 F4 键，同时按住鼠标左键移动鼠标，可看到图形跟着鼠标旋转）。此时可通过 F5 键调整至上一视图状态，或者通过 ViewCube 工具调整至我们需要的平面上。

注意：图形区这样的调整不会改变图形的实际大小和实际空间位置，它的作用是便于用户查看和操作图形。

# 3.6 草图的绘制

## 3.6.1 草图绘制概述

要进行草图绘制，应先从"主页"功能选项卡 三维模型 区域中单击 ⬚ 按钮，然后在屏幕图形区中选取一个基准平面，最后在 创建 ▾ 区域中选择相应的命令就可以绘制草图。

草图绘制的基本思路是先绘制草图的大致轮廓，然后将轮廓进行编辑，添加各种几何约束（关系），标注尺寸，尺寸标注完成后再修改尺寸到最终的尺寸。

在绘制图元的过程中，当移动鼠标指针时，系统会自动确定可添加的约束并将其显示。草绘图元后，用户还可以通过 约束 ▾ 区域中的工具栏继续添加约束。

**草绘环境中鼠标的使用说明。**

- 草绘时，可通过单击在图形区中选择点。
- 当不处于绘制图元状态时，按 Ctrl 键并单击，可选取多个项目。
- 右击将显示带有最常用草绘命令的快捷菜单（在不处于绘制模式时使用）。
- 按键盘上的 Esc 键可结束当前命令。

## 3.6.2 绘制直线

Step1. 新建零件文件后，在"三维模型"功能选项卡中单击 ⬚ 按钮，然后选取 XY 平面为草图平面。

说明：

- 如果创建新草图，则在进入二维草绘环境之前，必须先选取草图平面，也就是要确定新草图在空间的哪个平面上绘制。
- 以后在创建新草图时，如果没有特别的说明，则草图平面为 XY 平面。
- 草图平面可以是原始坐标系中的面，也可以是已有特征上的平面，还可以是新创建的工作平面。

Step2. 在 绘制 ▾ 区域中单击"直线"命令按钮 ✏ 。

说明：还有两种方法进入直线绘制命令。

- 在绘图区空白处按住鼠标右键，从系统弹出的图 3.6.1 所示的快捷菜单按钮界面中

单击  按钮。

图 3.6.1　快捷菜单按钮界面

- 进入草绘环境后，直接按下键盘上的 L 键即可执行绘制直线命令。

Step3. 指定第一点。将鼠标光标移至绘图区中的某点处，然后单击鼠标以指定第一点；此时如果移动鼠标，可看到当前鼠标光标的中心与第一点间有一条"连线"，这条线随着鼠标光标的移动可拉长或缩短，并可绕着第一点转动，一般形象地称这条"连线"为"橡皮筋"。

Step4. 指定第二点。将鼠标光标移至绘图区的另一点并单击，这样系统便绘制出一条线段。此时如果移动鼠标，可看到在第二点与鼠标光标之间生成一条"橡皮筋"，移动鼠标光标可调整"橡皮筋"的长短及位置，以确定下一条线段。

Step5. 重复 Step 4，可创建一系列连续的线段。

Step6. 按 Esc 键，结束直线的绘制。

说明：

- 在草绘环境中，单击"撤销"按钮 可撤销上一个操作，单击"重做"按钮 可重新执行被撤销的操作。这两个按钮在草绘环境中十分有用。

- Inventor 具有尺寸驱动功能，即图形的大小随着图形尺寸的改变而改变。

- 用 Inventor 进行设计，一般是先绘制大致的草图，然后再修改其尺寸，在修改尺寸时输入准确的尺寸值，即可获得最终所需的图形。

### 3.6.3　绘制矩形

矩形对于绘制拉伸、旋转的截面草图等十分有用，可省去绘制四条直线的麻烦。

**方法一：创建两点矩形**

Step1. 在 创建 区域中单击 矩形 按钮，然后单击 矩形两点 按钮（或在绘图区空白处按住鼠标右键，在弹出的快捷菜单中单击 两点矩形 按钮）。

Step2. 指定矩形的第一角点。在系统 选择第一个拐角 的提示下，将鼠标光标移至绘图区中的某一点处，并单击以指定矩形的第一个角点，此时移动鼠标，就会有一个临时矩形从该点延伸到光标所在处，并且矩形的大小随光标的移动而不断变化。

Step3. 指定矩形的第二角点。在系统 选择对角 的提示下，将鼠标光标移至绘图区中的另一点处并单击，以指定矩形的另一个角点，此时系统即在两个对角点间绘制一个矩形并结束命令。

Step4. 按 Esc 键，结束矩形的绘制。

### 方法二：创建三点矩形

Step1. 单击 矩形 按钮，然后单击 矩形三点 按钮。

Step2 指定矩形的第一角点。在图形区所需位置单击，放置矩形的一个角点，然后拖至所需宽度。

Step3. 指定矩形的第二角点。再次单击，放置矩形的第二个角点。此时，绘制出矩形的一条边线，向此边线的法线方向拖动鼠标至所需大小。

Step4. 指定矩形的第三角点。再次单击，放置矩形的第三个角点，此时，系统即在第一角点、第二角点和第三角点间绘制一个矩形。

Step5. 按 Esc 键，结束矩形的绘制。

### 方法三：创建两点中心矩形

Step1. 单击 矩形 按钮，然后单击 矩形两点中心 按钮。

Step2. 定义矩形的中心点。在图形区所需位置单击，放置矩形的中心点，然后将该矩形拖至所需大小。

Step3. 定义矩形的一个角点。再次单击，放置矩形的一个角点。

Step4. 按 Esc 键，结束矩形的绘制。

### 方法四：创建三点中心矩形

Step1. 单击 矩形 按钮，然后单击 矩形三点中心 按钮。

Step2. 定义矩形的中心点。在图形区所需位置单击，放置矩形的中心点，然后将该矩形拖至所需宽度。

Step3. 定义矩形的一边中点。再次单击，定义矩形的一边中点，然后将该矩形拖至所需长度。

Step4. 定义矩形的一个角点。再次单击，放置矩形的一个角点。

Step5. 按 Esc 键，结束矩形的绘制。

## 3.6.4  绘制多边形

下面介绍多边形的创建方法。

**方法一：绘制内接正多边形**

Step1. 在 创建 ▼ 区域中单击 矩形 按钮，然后单击 多边形 按钮，系统弹出图 3.6.2 所示的"多边形"对话框。

图 3.6.2  "多边形"对话框

Step2. 在"多边形"对话框中单击"内切"按钮，然后在"边数量"文本框中输入边数值为 6。

**说明：** 此处的"内切"按钮，应为"内接"按钮，软件翻译有误。

Step3. 在绘图区的某位置单击，放置多边形的中心点，然后拖动鼠标至多边形所需的大小，单击完成多边形的创建。

Step4. 按 Esc 键，结束多边形的绘制。

**方法二：绘制外切正多边形**

Step1. 在 创建 ▼ 区域中单击 多边形 按钮，然后单击 多边形 按钮，系统弹出"多边形"对话框。

Step2. 在"多边形"对话框中单击"外切"按钮，然后在"边数量"文本框中输入边数值为 6。

Step3. 在绘图区的某位置单击，放置多边形的中心点，然后拖动鼠标至多边形所需的大小，单击完成多边形的创建。

Step4. 按 Esc 键，结束多边形的绘制。

**说明：**

● 这里绘制的多边形不是通常概念上的多边形，而是正多边形。

● 在 Inventor 中正多边形的边数最少为 3 条，最多可以是 120 条。

● 在多边形创建完毕后，多边形的边数无法进行编辑或控制。

### 3.6.5 绘制圆

**方法一：中心/点——通过选取中心点和圆上一点来创建圆**

Step1. 在 创建 ▼ 区域中单击 圆 ▼ 按钮，然后单击 圆心 按钮。

Step2. 在某位置单击，放置圆的中心点，然后将该圆拖至所需大小并单击，完成该圆的创建。

Step3. 按 Esc 键，结束圆的绘制。

**方法二：相切圆——通过选取三条直线来创建圆**

在确定要相切的三条直线后，可以绘制出与三条直线相切的圆。下面以图 3.6.3 所示为例来进行说明。

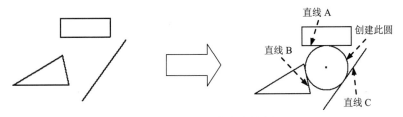

图 3.6.3 通过选取三条直线绘制圆

Step1. 打开随书光盘中的文件 D:\inv19.1\work\ch03.06\circle.ipt。

**注意：**打开草图文件后，需将草图处于编辑轮廓状态，具体方法是通过在"浏览器"区域中右击对应的草图，在弹出的快捷菜单中选择 编辑草图 命令。类似操作将不再赘述。

Step2. 在 创建 ▼ 区域中单击 圆 ▼ 按钮，然后单击 相切 按钮。

Step3. 选取直线 A 为第一参考元素，选取直线 B 为第二参考元素，选取直线 C 为第三参考元素。

Step4. 按 Esc 键，结束圆的绘制。

### 3.6.6 绘制椭圆

Step1. 在 创建 ▼ 区域中单击 椭圆 ▼ 按钮，然后单击 椭圆 按钮。

Step2. 定义椭圆中心点。在图形区的某位置单击，放置椭圆的中心点。

Step3. 定义椭圆长轴。在图形区的某位置单击，定义椭圆的长轴和方向。

Step4. 确定椭圆短轴。移动鼠标指针，将椭圆拉至所需形状并单击，以定义椭圆的短轴。

Step5. 按 Esc 键，结束椭圆的绘制。

### 3.6.7 绘制圆弧

共有三种绘制圆弧的方法。

**方法一：三点画圆弧——确定圆弧的两个端点和弧上的一个附加点来创建一个三点圆弧**

Step1. 在 创建 ▼ 区域中单击 圆弧 ▼ ，然后单击 圆弧三点 按钮。

Step2. 在绘图区某位置单击，放置圆弧一个端点；在另一位置单击，放置圆弧上另一个端点。

Step3. 此时移动鼠标指针，圆弧呈"橡皮筋"样变化，单击确定圆弧上的一点。

Step4. 按 Esc 键，结束圆弧的绘制。

**方法二：创建相切圆弧——确定圆弧的一个切点和弧上的一个附加点来创建圆弧**

Step1. 在 创建 ▼ 区域中单击 圆弧 ▼ ，然后单击 圆弧相切 按钮。

Step2. 选取一个图元，在图形区某位置单击作为圆弧的终点，系统便自动创建与这个图元相切的圆弧。

Step3. 按 Esc 键，结束圆弧的绘制。

**注意**：选取直线时，在不同的位置单击，则可创建不同的相切圆弧。

**方法三：中心和点画圆弧——通过圆心、起点和终点绘制圆弧**

Step1. 在 创建 ▼ 区域中单击 圆弧 ▼ ，然后单击 圆弧圆心 按钮。

Step2. 在某位置单击，确定圆弧中心点，然后将圆拖动至所需大小，并在圆上单击两点以确定圆弧的两个端点。

Step3. 按 Esc 键，结束圆弧的绘制。

## 3.6.8　绘制圆角

下面以图 3.6.4 为例，说明绘制圆角的一般操作过程。

a）绘制圆角前　　　　　　　　　　b）绘制圆角后

图 3.6.4　绘制圆角

Step1. 打开文件 D:\inv19.1\work\ch03.06\fillet.ipt。

Step2. 在 创建 ▼ 区域中单击 圆角 ▼ 中的 ▼ ，然后单击 圆角 按钮，系统弹出图 3.6.5 所示的"二维圆角"对话框。

图3.6.5　"二维圆角"对话框

Step3. 在"二维圆角"对话框"半径"文本框中输入数值15，然后选取两个图元（两条边），系统便在这两个图元间创建圆角，并将两个图元裁剪至交点。

说明：

● 对于具有公共端点的图元，选定这个端点也可以创建圆角；对于没有公共端点的图元，必须选定两条线进行倒圆角。

● 如果两条线可以成功创建圆角，那么在选定第二条线时，两条线均呈高亮显示的状态，否则只有当前选定的线高亮显示。

● 当图3.6.5所示的 = 按钮被按下时，则所有圆角都将被添加"相等"半径的约束，只有一个驱动尺寸，否则每个圆角都有各自的驱动尺寸。

## 3.6.9　绘制倒角

下面以图3.6.6为例，说明绘制倒角的一般操作过程。

Step1. 打开文件 D:\inv19.1\work\ch03.06\chamfer.ipt。

Step2. 在 创建 ▾ 区域中单击 □ 圆角 ▾ 中的 ▾ ，然后单击 △ 倒角 按钮，系统弹出图3.6.7所示的"二维倒角"对话框。

a）绘制前　　　　　　　　　　　b）绘制后

图3.6.6　绘制倒角

图3.6.7　"二维倒角"对话框

Step3. 定义倒角参数。在"二维倒角"对话框中单击 按钮，在"倒角边长1"文本框中输入距离值9，在"倒角边长2"文本框中输入距离值16；在绘图区域选取图3.6.6所示的边线1与边线2，系统便在这两个图元间创建倒角，并将两个图元裁剪至交点。

Step4. 在"二维倒角"对话框中单击 确定 按钮，完成倒角的创建。

图3.6.7所示的"二维倒角"对话框中的部分选项的说明如下。

- ⌐： 采用"相等距离"方式绘制倒角。
- ⌐： 按照"距离－距离"方式绘制倒角。
- ⌐： 按照"角度－距离"方式绘制倒角。
- 倒角边长1 文本框：用于输入距离1。
- 倒角边长2 文本框：用于输入距离2。

## 3.6.10  绘制样条曲线

共有两种绘制样条曲线的方法，下面将分别介绍。

**方法一：通过选定的点来创建样条曲线**

下面以图3.6.8为例，说明绘制样条曲线的一般操作过程。

图3.6.8  绘制样条曲线

Step1. 在 创建 ▼ 区域中单击 线 按钮，然后单击 样条曲线 插值 按钮。

Step2. 定义样条曲线的通过点。单击一系列点，可观察到一条"橡皮筋"样的线附着在鼠标指针上。

Step3. 单击 ✔ 按钮，结束样条曲线的绘制。

**方法二：通过控制点来创建样条曲线**

下面以图3.6.9为例，说明绘制样条曲线的一般操作过程。

图3.6.9  绘制样条曲线

Step1. 在 创建 ▼ 区域中单击 线 按钮，然后单击 样条曲线 控制顶点 按钮，

Step2. 定义样条曲线的控制顶点。单击一系列点，可观察到一条"橡皮筋"样的线附着在鼠标指针上。

Step3. 单击 ✔ 按钮，结束样条曲线的绘制。

## 3.6.11　绘制文本轮廓

文本轮廓可以作为草图元素创建，也可以在零件上构造代表文本的特征。共有两种绘制文本轮廓的方法，下面将分别介绍。

**方法一：绘制普通文本轮廓**

下面以图 3.6.10 为例，说明绘制普通文本轮廓的一般操作过程。

图 3.6.10　绘制文本轮廓

Step1. 进入草绘环境后，在 创建 ▼ 区域中单击 **A** 文本 ▼ 中的 ▼ 按钮，然后单击 **A** 文本 按钮，在绘图区域合适的位置单击确定文本位置，此时系统弹出图 3.6.11 所示的"文本格式"对话框。

图 3.6.11　"文本格式"对话框

Step2. 在"文本格式"对话框"文本"区域下面输入"机 械 工 业"，其他选项采用系统默认设置，然后单击 确定 按钮。

Step3. 按 Esc 键，结束文本轮廓的绘制。

**方法二：绘制几何图元文本**

下面以图 3.6.12 为例，说明绘制几何图元文本的一般操作过程。

Step1. 进入草绘环境后，绘制图 3.6.12 所示的圆弧。

Step2. 在 创建 ▼ 区域中单击 A 文本 ▼ 中的 ▼ 按钮，然后单击 A 几何图元文本 按钮，在绘图区域选取绘制的圆弧以确定对齐文本，此时系统弹出图 3.6.13 所示的"几何图元文本"对话框。

图 3.6.12　绘制几何图元文本　　　　　图 3.6.13　　"几何图元文本"对话框

Step3. 在"几何图元文本"对话框"文本"区域下面输入"兆 迪 科 技"，单击 按钮，其他选项采用系统默认设置，然后单击 确定 按钮。

Step4. 按 Esc 键，结束几何图元文本的绘制。

## 3.6.12　创建点

点的创建很简单。在设计曲面时，点会起到很大的作用。

Step1. 在 创建 ▼ 区域中单击 ╬ 点 按钮。

Step2. 在图形区的某位置单击以放置该点。

## 3.6.13　将一般图元变成构造元素

Inventor 中构造图元（构造线）的作用是作为辅助线（参考线），构造图元以双点画线显示。草绘中的直线、圆弧和样条线等图元都可以转化为构造图元。下面以图 3.6.14 为例，说明其创建方法。

Step1. 打开文件 D:\inv19.1\work\ch03.06\construct.ipt。

Step2. 在浏览器中右击草图 1，在弹出的快捷菜单中单击 编辑草图 按钮。

Step3. 按住 Ctrl 键选取图 3.6.14a 中的直线、圆和圆弧，在 格式 ▼ 区域中单击"构造"
按钮 ⊥，结果如图 3.6.14b 所示。

a)　一般图元　　　　　　　　　　　　　　　　b)　构造图元

图 3.6.14　将图元转换为构造图元

## 3.6.14　偏移草图

偏移复制是对选定图元（如线、圆弧和圆等）进行同心复制。对于线而言，其圆心为
无穷远，因此是平行复制。偏移曲线对象所生成的新对象将变大或变小，这取决于将其放
置在源对象的哪一边。例如，将一个圆的偏移对象放置在圆的外面，将生成一个更大的同
心圆；向圆的内部偏移，将生成一个小的同心圆。

偏移草图功能可以对现有的图元进行平行偏置，也可以提取已有的实体边在当前草图
平面上的投影进行偏置。下面介绍偏移草图的一般操作过程。

Step1. 打开文件 D:\inv19.1\work\ch03.06\offset.ipt，如图 3.6.15 所示。

Step2. 在浏览器中右击草图 1，在弹出的快捷菜单中单击 编辑草图 按钮，在 修改 区
域中单击 偏移 按钮，在图形区中选取图 3.6.16 所示的图元。

Step3. 在合适的位置单击确定偏移后的位置，具体的定位可参考 3.10.5 节。

说明：读者也可参考状态栏中 偏移 = 8.530 mm 的数值大概放置偏移线。

Step4. 按 Esc 键，完成草图的偏移，如图 3.6.16 所示。

图 3.6.15　偏置前的草图

选此偏置图元

图 3.6.16　偏置后的草图

说明：偏置后曲线的图元片段数量必须与原始曲线的图元数量保持相等（即组成片段
一一对应）才可以创建成功，否则 inventor 将拒绝创建新的曲线。

## 3.7　草图的编辑

### 3.7.1　删除图元

Step1. 在绘图区单击或框选（框选时要框住整个图元）要删除的图元（可看到被选中的图元颜色发生变化）。

Step2. 按 Delete 键，所选图元即被删除。

### 3.7.2　直线的操纵

Inventor 提供了图元操纵功能，可方便地旋转、拉伸和移动图元。

操纵 1 的方法：在绘图区，把鼠标指针移到直线上，按下左键不放，同时移动鼠标，此时直线随着鼠标指针一起移动（见图 3.7.1）。达到绘制意图后，松开鼠标左键。

操纵 2 的方法：在绘图区，把鼠标指针移到直线的某个端点上，按下左键不放，同时移动鼠标（鼠标指针变为），此时会看到直线以另一端点为固定点伸缩或转动，如图 3.7.2 所示。达到绘制意图后，松开鼠标左键。

图 3.7.1　直线的操纵 1　　　　　　图 3.7.2　直线的操纵 2

### 3.7.3　圆的操纵

操纵 1 的方法：把鼠标指针移到圆的边线上，按下左键不放，同时移动鼠标，此时会看到圆在变大或缩小，如图 3.7.3 所示。达到绘制要求后，松开鼠标左键。

操纵 2 的方法：把鼠标指针移到圆心上，按下左键不放，同时移动鼠标，此时会看到圆随着指针一起移动，如图 3.7.4 所示。达到绘制要求后，松开鼠标左键。

图 3.7.3　圆的操纵 1　　　　　　图 3.7.4　圆的操纵 2

### 3.7.4　圆弧的操纵

操纵 1 的方法：把鼠标指针移到圆弧上，按下左键不放，同时移动鼠标，此时圆弧以远离鼠标指针的端点为固定点旋转,并且圆弧的圆心角及半径也在变化,如图 3.7.5 所示。达到绘制要求后,松开鼠标左键。

操纵 2 的方法:把鼠标指针移到圆弧的端点上,按下左键不放,同时移动鼠标,此时会看到圆弧以另一端点为固定点旋转,并且圆弧的圆心角也在变化,如图 3.7.6 所示。达到绘制要求后,松开鼠标左键。

操纵 3 的方法:把鼠标指针移到圆弧的圆心点上,按下左键不放,此时圆弧随着指针一起移动,如图 3.7.7 所示。达到绘制要求后,松开鼠标左键。

图 3.7.5　圆弧的操纵 1　　　　图 3.7.6　圆弧的操纵 2　　　　图 3.7.7　圆弧的操纵 3

## 3.7.5　样条曲线的操纵与编辑

操纵 1 的方法(见图 3.7.8):把鼠标指针移到样条曲线上,按下左键不放,同时移动鼠标,此时会看到样条曲线随着指针一起移动。达到绘制要求后,松开鼠标左键。

操纵 2 的方法(见图 3.7.9):把鼠标指针移到样条曲线的中间点或者端点上,按下左键不放,同时移动鼠标(此时鼠标指针变为),此时样条曲线的另一端点和中间点固定不变,其曲率随着指针移动而变化。达到绘制要求后,松开鼠标左键。

图 3.7.8　样条曲线的操纵 1　　　　　　图 3.7.9　样条曲线的操纵 2

## 3.7.6　缩放草图实体

下面以图 3.7.10 为例,说明缩放草图实体的一般操作过程。

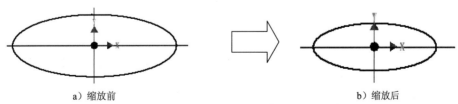

a) 缩放前　　　　　　　　　　　　　　b) 缩放后

图 3.7.10　缩放草图实体

Step1. 打开文件 D:\inv19.1\work\ch03.07\zoom.ipt。

Step2. 在浏览器中右击草图 1，在弹出的快捷菜单中单击  按钮。

Step3. 选择命令。单击 草图 选项卡 修改 区域的 按钮，系统弹出图 3.7.11 所示的"缩放"对话框，然后在图形区选取椭圆为缩放的对象。

图 3.7.11 "缩放"对话框

图 3.7.11 所示的"缩放"对话框中的选项说明如下。

- : 用于选择要缩放的图元元素，默认情况下，当选取"缩放"命令后，选择命令自动激活。

- : 用于设置图元元素缩放的中心点。读者也可以选中☑精确输入复选框输入基点的具体 X、Y 坐标值。

- 比例系数 文本框：用于指定对象缩小或者放大的倍数，如果输入了具体数值，对象会及时地发生变化；也可以在鼠标的控制下进行缩放，此时该文本框中的数值将随着鼠标在图形窗口中的移动而更新。

- ☑优化单个选择：选中该复选框，只能选择单个图元元素；当清除该复选框后，可以在选择基点前选取多个几何图元。

Step4. 定义比例中心点。单击"选择基准点"按钮 ，然后选择椭圆圆心为比例缩放的中心点。

Step5. 在 比例系数 的文本框中输入数值 0.5，单击 应用 按钮，单击 完毕 按钮，完成草图实体比例缩放的操作。

## 3.7.7 旋转草图实体

下面以图 3.7.12 所示的圆弧为例，说明旋转草图实体的一般操作过程。

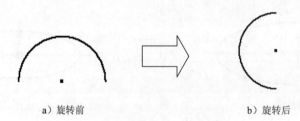

a）旋转前　　　　　　　　b）旋转后

图 3.7.12 旋转草图实体

Step1. 打开文件 D:\inv19.1\work\ch03.07\circumgyrate.ipt。

Step2. 在浏览器中右击草图 1，在弹出的快捷菜单中单击  按钮。

Step3. 选择命令。单击 草图 选项卡 修改 区域的 旋转 按钮，系统弹出图 3.7.13 所示的"旋转"对话框。选择图形区的草图为要旋转的对象。

图 3.7.13　"旋转"对话框

Step4. 定义旋转中心。单击"选择中心点"按钮 ，在图形区选择圆的圆心作为旋转中心。

Step5. 在 角度 的文本框中输入数值 90，单击 应用 按钮，单击 完毕 按钮，完成旋转的操作。

## 3.7.8　移动草图实体

下面以图 3.7.14 所示的圆弧为例，说明移动草图实体的一般操作过程。

a）平移前　　　　　　　　　　　　　b）平移后

图 3.7.14　平移草图实体

Step1. 打开文件 D:\inv19.1\work\ch03.07\move.ipt。

Step2. 在浏览器中右击草图，在弹出的快捷菜单中单击 编辑草图 按钮。

Step3. 选择命令。单击 草图 选项卡 修改 区域的 移动 按钮，系统弹出图 3.7.15 所示的"移动"对话框。

图 3.7.15　"移动"对话框

Step4. 定义要移动的元素。在图形区选择图 3.7.14a 所示的圆。

Step5. 定义移动的点。单击"基准点"按钮 ，在图形区选择圆的圆心作为基准点。然后移动鼠标将元素移动至所需的位置单击。

Step6. 单击 完毕 按钮，完成草图实体的移动操作。

### 3.7.9　镜像图元

镜像操作就是围绕定义的直线或轴镜像所选的一个或多个元素。既可以执行不进行复制的镜像，也可以执行进行复制的镜像。下面以图 3.7.16 为例，说明镜像草图实体的一般操作过程。

a）镜像前　　　　　　　　　　　b）镜像后

图 3.7.16　草图的镜像

Step1. 打开文件 D:\inv19.1\work\ch03.07\mirror.ipt。

Step2. 在浏览器中右击草图，在弹出的快捷菜单中单击 编辑草图 按钮。

Step3. 选择命令。单击 草图 选项卡 阵列 区域的"镜像"按钮 ，系统弹出"镜像"对话框。

Step4. 选取要镜像的草图实体。根据系统 选择要镜像的几何图元 的提示，在图形区框选要镜像的草图实体。

Step5. 定义镜像中心线。单击"镜像线"按钮 ，在系统 选择镜像线 的提示下，选择图 3.7.16a 所示的构造线为镜像中心线。

Step6. 单击 应用 按钮，单击 完毕 按钮，完成镜像的操作。

### 3.7.10　修剪图元

修剪图形就是指沿着给定的剪切边界来断开对象，并删除该对象位于剪切边某一侧的部分。如果修剪对象没有与剪切边相交，则可以延伸修剪对象，使其与剪切边相交。

#### 1. 修剪相交的对象

下面以图 3.7.17 为例，说明其一般操作步骤。

Step1. 打开文件 D:\inv19.1\work\ch03.07\trim1.ipt。

Step2. 在浏览器中右击草图，在弹出的快捷菜单中单击 编辑草图 按钮。

Step3. 单击 草图 功能选项卡 修改 区域中的 修剪 按钮。

Step4. 分别单击各相交图元上要去掉的部分，如图 3.7.17 所示。

说明：也可以通过拖动鼠标指针使其形成轨迹，让轨迹经过要修剪区域即可。

#### 2. 修剪不相交的对象

下面以图 3.7.18 为例，说明其一般操作步骤。

Step1. 打开文件 D:\inv19.1\work\ch03.07\trim2.ipt。

Step2. 在浏览器中右击草图，在弹出的快捷菜单中单击 编辑草图 按钮。

Step3. 单击 草图 功能选项卡 修改 区域中的 修剪 按钮。

Step4. 单击图元上要去掉的部分，如图 3.7.18 所示。

a）修剪前　　　　　　　b）修剪后　　　　　a）裁剪前　　　　　　b）裁剪后

图 3.7.17　修剪相交图元　　　　　　图 3.7.18　修剪不相交图元

## 3.7.11　拉伸图元

下面以图 3.7.19 为例，说明其一般操作步骤。

框选此矩形

选取此点

a）拉伸前　　　　　　　　　　　　　　　　　　b）拉伸后

图 3.7.19　拉伸图元

Step1. 打开文件 D:\inv19.1\work\ch03.07\stretch.ipt。

Step2. 在浏览器中右击草图，在弹出的快捷菜单中单击 编辑草图 按钮。

Step3. 单击 草图 功能选项卡 修改 区域中的 按钮，系统弹出"拉伸"对话框。

Step4. 在系统 选择要拉伸的几何图元 的提示下，框选图 3.7.19 所示的矩形为要拉伸的对象，单击"基准点"按钮 ，在系统 选择基准点 的提示下，选择图 3.7.19a 所示的点为基准点，然后移动鼠标将元素移动至所需的位置单击，如图 3.7.19b 所示。

注意：框选的对象中除了包括矩形四条边以外，还要包括与矩形相交的四个点。

Step5. 单击 完毕 按钮，完成拉伸图元的操作。

## 3.7.12　延伸草图实体

下面以图 3.7.20 为例，说明延伸草图实体的一般操作过程。

Step1. 打开文件 D:\inv19.1\work\ch03.07\extend.ipt。

Step2. 在浏览器中右击草图，在弹出的快捷菜单中单击  按钮。

图 3.7.20 延伸草图实体

Step3. 选择命令。单击 草图 选项卡 修改 区域的 延伸 按钮。

Step4. 选取要延伸的草图实体。在系统 选择要延伸的曲线或按住控制键 的提示下，单击图 3.7.20a 所示的直线，系统自动将该直线延伸到最近的边界。

## 3.7.13 分割草图实体

下面以图 3.7.21 为例，说明分割草图实体的一般操作过程。

图 3.7.21 分割草图实体

Step1. 打开文件 D:\inv19.1\work\ch03.07\divide.ipt。

Step2. 在浏览器中右击草图，在弹出的快捷菜单中单击 编辑草图 按钮。

Step3. 选择命令。单击 草图 选项卡 修改 区域的 分割 按钮。

Step4. 选取要分割的草图实体。在系统 选择要分割的曲线 的提示下，单击图 3.7.21 所示的直线。

Step5. 按 Esc 键退出，完成分割草图实体的创建，此时将鼠标移动至分割对象时会显示两段。

## 3.7.14 投影

"投影"功能是将其他草图中的集合图形元素、特征或者草图几何图元投影到激活的草图平面上。投影过来的元素与之前的元素具有关联性，原来的元素作了修改，投影过来的元素也会相应地发生变化。由于关联性，这些包含的元素的位置都是相对固定的，这会给建模带来极大的方便。下面以图 3.7.22 为例，说明创建投影的一般过程。

Step1. 打开文件 D:\inv19.1\work\ch03.07\projection.ipt。

Step2. 选择命令。单击 三维模型 选项卡 草图 区域中的 按钮，然后在左侧浏览器中选取 XY 平面为草图平面。

图 3.7.22 投影曲线

Step3. 单击 创建 ▼ 区域中 🗔 下的 投影几何图元 ▼ 按钮，然后单击 🗔 投影几何图元 按钮。

Step4. 定义要投影的对象。根据系统 选择边、顶点、工作几何图元或草图几何图元来投影。 的提示，在图形区选取图 3.7.22a 所示的曲线。

Step5. 单击"完成草图"按钮 ✔，完成图 3.7.22b 所示的投影曲线的创建。

说明：投影曲线共有五种创建方法。

- 🗔 投影几何图元 ：将现有对象中的几何图元投影到当前平面上。
- 🗗 投影切割边 ：将与草图平面相交的模型边线投影到草图中。
- 🗇 投影展开模式 ：将钣金中的折叠面投影到当前草图。
- 🗀 投影 到三维草图 ：将几何图元从激活的草图平面投影到选定的曲面上。
- 🗏 投影 DWG 几何图元 ：将 DWG 中的图元投影到当前草图中。

# 3.8 草图中的几何约束

按照工程技术人员的设计习惯，在草绘时或草绘后，希望对绘制的草图增加一些平行、相切、相等和共线等约束来帮助定位几何，Inventor 软件可以很容易地做到这一点。下面对约束进行详细的介绍。

## 3.8.1 约束的显示与隐藏

### 1. 约束的屏幕显示控制

单击 草图 选项卡 约束 ▼ 区域中的 🔲 按钮，然后框选绘图区域的全部图元即可显示所有约束。

说明：也可以通过键盘上的快捷键 F8 与 F9 来控制约束的显示与隐藏。F8 键用来显示所有约束，F9 键用来隐藏所有约束。

### 2. 各种约束符号列表

各种约束的显示符号见表 3.8.1。

表 3.8.1　约束符号列表

| 约 束 名 称 | 约束显示符号 |
| :---: | :---: |
| 重合 |  |
| 共线 |  |
| 同心 |  |
| 固定 |  |
| 平行 |  |
| 垂直 |  |
| 水平 |  |
| 竖直 |  |
| 相切 |  |
| 平滑 |  |
| 对称 |  |
| 等长 |  |

## 3.8.2　Inventor 软件所支持的约束种类

Inventor 软件所支持的约束种类见表 3.8.2。

表 3.8.2　Inventor 所支持的约束种类

| 按 钮 | 约 束 |
| :---: | :--- |
|  | 使选取的点位于二维或者三维草图的其他图元中 |
|  | 使两条直线重合 |
|  | 使选取的两个圆的圆心位置重合 |
|  | 使选取的草图实体位置固定 |
|  | 当两条直线被指定该约束后，这两条直线将自动处于平行状态 |
|  | 使两直线垂直 |
|  | 使直线或两点水平 |
|  | 使直线或两点竖直 |
|  | 使选取的两个草图实体相切 |
|  | 使样条曲线和其他曲线之间建立曲率连接 |
|  | 使选取的草图实体对称于中心线 |
|  | 使选取的直线长度相等或圆弧的半径相等 |

### 3.8.3　创建几何约束

下面以图 3.8.1 所示的相切约束为例，说明创建约束的步骤。

#### 1. 相切约束

Step1. 打开文件 D:\inv19.1\work\ch03.08\tangency1.ipt。

Step2. 在浏览器中右击草图，在弹出的快捷菜单中单击 编辑草图 按钮。

Step3. 单击 草图 功能选项卡 约束 ▼ 区域中的"相切"按钮 。

Step4. 在系统信息区 选择第一曲线 提示下，选取图 3.8.1 所示的直线；然后在 选择第二曲线 提示下，选取图 3.8.1 所示的圆；图 3.8.1 中会显示"相切"约束符号 。

说明：若约束符号不显示，可单击图 3.8.2 所示的"约束"区域中的 ，然后选取图 3.8.1 所示的直线或圆，此时约束符号即可显示出来。

图 3.8.1　图元的相切约束

图 3.8.2　"约束"区域

#### 2. 水平竖直约束

Step1. 打开文件 D:\inv19.1\work\ch03.08\constrain_01.ipt。

Step2. 在浏览器中右击草图，在弹出的快捷菜单中单击 编辑草图 按钮。

Step3. 选择命令。单击 草图 功能选项卡 约束 ▼ 区域中的"竖直约束"按钮 。

Step4. 在系统信息区 选择直线、椭圆轴或第一点 提示下，选取图 3.8.3a 所示的直线 1 添加竖直约束，

Step5. 选择命令。单击 草图 功能选项卡 约束 ▼ 区域中的"水平约束"按钮 。

Step6. 在系统信息区 选择直线、椭圆轴或第一点 提示下，选取图 3.8.3a 所示的直线 2 添加水平约束。

a）约束前　　　　　　　　　　　　　　b）约束后

图 3.8.3　水平竖直约束

### 3. 重合约束

Step1. 打开文件 D:\inv19.1\work\ch03.08\constrain_02.ipt。

Stcp2. 在浏览器中右击草图，在弹出的快捷菜单中单击 [编辑草图] 按钮。

Step3. 选择命令。单击 [草图] 功能选项卡 [约束▼] 区域中的"重合约束"按钮 |— 。

Step4. 选取图 3.8.4a 所示的点 1 和点 2，则在这两条线的端点处添加了重合约束，结果如图 3.8.4b 所示。

图 3.8.4　重合约束

### 4. 平行约束

Step1. 打开文件 D:\inv19.1\work\ch03.08\constrain_03.ipt。

Step2. 在浏览器中右击草图，在弹出的快捷菜单中单击 [编辑草图] 按钮。

Step3. 选择命令。单击 [草图] 功能选项卡 [约束▼] 区域中的"平行约束"按钮 // 。

Step4. 选取图 3.8.5a 所示的直线 1 和直线 2，则在这两条线上添加了平行约束，结果如图 3.8.5b 所示。

图 3.8.5　平行约束

### 5. 相等约束

Step1. 打开文件 D:\inv19.1\work\ch03.08\constrain_03.ipt。

Step2. 在浏览器中右击草图，在弹出的快捷菜单中单击 [编辑草图] 按钮。

Step3. 选择命令。单击 [草图] 功能选项卡 [约束▼] 区域中的"等长约束"按钮 = 。

Step4. 选取图 3.8.6a 所示的直线 1 和直线 2，则在这两条线上添加了相等约束，结果如图 3.8.6b 所示。

图 3.8.6　相等约束

### 6. 对称约束

Step1. 打开文件 D:\inv19.1\work\ch03.08\constrain_04.ipt。

Step2. 在浏览器中右击草图，在弹出的快捷菜单中单击 编辑草图 按钮。

Step3. 选择命令。单击 草图 功能选项卡 约束 ▼ 区域中的"对称约束"按钮 。

Step4. 选取图 3.8.7a 所示的直线 2 和直线 3，然后选取直线 1 为对称中心线，则这两条线关于中心线对称，结果如图 3.8.7b 所示。

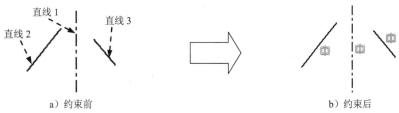

图 3.8.7 对称约束

说明：线与线的对称只能保证两条线分别与对称线的夹角保持不变，不能保证线的端点与对称线对称，若需保证两端点关于对称线对称，可添加两点与线的对称约束。

### 7. 同心约束

Step1. 打开文件 D:\inv19.1\work\ch03.08\constrain_05.ipt。

Step2. 在浏览器中右击草图，在弹出的快捷菜单中单击 编辑草图 按钮。

Step3. 选择命令。单击 草图 功能选项卡 约束 ▼ 区域中的"同心约束"按钮 。

Step4. 选取图 3.8.8a 所示的圆 1 和圆 2，则在这两圆上添加了同心约束，结果如图 3.8.8b 所示。

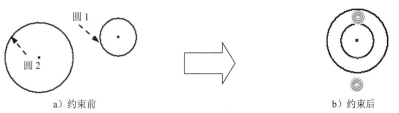

图 3.8.8 同心约束

### 8. 垂直约束

Step1. 打开文件 D:\inv19.1\work\ch03.08\constrain_03.ipt。

Step2. 在浏览器中右击草图，在弹出的快捷菜单中单击 编辑草图 按钮。

Step3. 选择命令。单击 草图 功能选项卡 约束 ▼ 区域中的"垂直约束"按钮 。

Step4. 选取图 3.8.9a 所示的直线 1 和直线 2，则在这两直线上添加了垂直约束，结果如图 3.8.9b 所示。

图 3.8.9　垂直约束

### 9. 共线约束

Step1. 打开文件 D:\inv19.1\work\ch03.08\constrain_06.ipt。

Step2. 在浏览器中右击草图，在弹出的快捷菜单中单击 编辑草图 按钮。

Step3. 选择命令。单击 草图 功能选项卡 约束 ▾ 区域中的"共线约束"按钮 。

Step4. 选取图 3.8.10a 所示的直线 1 和直线 2，则在这两直线上添加了共线约束，结果如图 3.8.10b 所示。

图 3.8.10　共线约束

## 3.8.4　删除约束

**方法一：**

Step1. 单击要删除的约束的显示符号（如上例中的" "），选中后，约束符号的颜色发生变化。

Step2. 按下 Delete 键，系统删除所选的约束。

**方法二：**

在绘图区域选中要删除的约束符号，按住鼠标右键，在弹出的快捷菜单中选择 删除(D) 命令。

## 3.8.5　操作技巧：使用约束捕捉设计意图

一般用户的习惯是在绘制完毕后，手动创建大量所需的约束，其实在绘制过程中，大量的约束可以由系统自动创建。下面举例说明这个操作技巧。

如图 3.8.11 所示，要在圆 A 和直线 B 之间创建一个圆弧。

Step1. 打开文件 D:\inv19.1\work\ch03.08\tangency.ipt。

Step2. 在浏览器中右击草图，在弹出的快捷菜单中单击 编辑草图 按钮。

Step3. 单击 按钮，在弹出的快捷菜单中单击 三点 按钮，此时系统提示"选择圆弧的起点"。

Step4. 当把鼠标指针移到圆 A 上时，可看到圆上出现黄色的点且右下角出现 符号（图 3.8.12），表明系统已经捕捉到圆上一点作为圆弧的起点；然后单击，接受"点在圆上"这一约束，此时系统便将该点作为圆弧的起点，同时系统提示"选择圆弧的终点"。

图 3.8.11 创建一个圆弧　　　　图 3.8.12 将鼠标指针移到弧线上

Step5. 移动鼠标指针寻找圆弧的终点（设计意图是想把终点放在直线 B 上），当鼠标指针移到直线 B 上时，鼠标指针右下方出现 图标（图 3.8.13），表明系统已经捕捉到直线上的一点作为圆弧的终点。

Step6. 沿直线 B 移动鼠标，当移到直线的中点位置时，可看到 图标变成 （图 3.8.14），表明系统已经捕捉到直线的中点。

图 3.8.13 捕捉直线　　　　图 3.8.14 移到直线中点

Step7. 继续移动鼠标指针，当鼠标指针移到直线的某一端点处时，可看到端点右下角出现 符号（图 3.8.15），表明系统已捕捉到该端点。

注意：以上步骤讲的是与直线有关的几种 Inventor 系统自动捕捉的约束形式，下面以其中的一种形式——圆弧的终点在直线 B 的下部端点上为例，说明系统如何进一步帮助用户捕捉设计意图。

图 3.8.15 移到直线端点

Step8. 当鼠标指针再次移到直线 B 的下部端点处，端点右下角出现 符号时，单击，接受"终点与直线 B 的端点重合"这一约束，此时系统提示"选择圆弧上的一点"。

**Step9.** 随着鼠标指针的不断移动，系统继续自动捕捉许多约束或约束组合。

**需要说明其中两种情况：**

- 如图 3.8.16 所示，圆弧与圆相切。
- 如图 3.8.17 所示，圆弧与直线相切。

图 3.8.16　圆弧与圆相切　　　　　　　　　图 3.8.17　圆弧与直线相切

**Step10.** 当以上某种约束（组合）符合用户的设计要求时，单击，接受显示的约束，完成圆弧的创建。

# 3.9　草图关系检查

"草图关系检查"可以通过预定义颜色的显示检查草图是否已经完全约束。草图的完全约束是指草图的几何关系和尺寸均满足绘制的要求，并且草图的形状和位置完全确定。不同约束条件下的草图颜色是不同的，还可通过以下几种方法查看草图是否完全约束。

- 通过查看草图的自由度判断草图是否完全约束，操作方法如下：单击状态栏中的"显示所有自由度"按钮，若草图完全约束，则草图中不会有任何的自由度方向；若草图没有完全约束，则草图中会出现某点或者某线的移动或者旋转的箭头，以表示该草图在箭头方向上可以移动或者旋转。
- 通过查看状态栏右侧的约束提示区域中的约束提示来判断草图是否完全约束，若草图没有完全约束，提示栏显示 需要 1 个尺寸 ；若草图已经完全约束，提示栏显示 全约束 。

# 3.10　草图的标注

## 3.10.1　草图标注概述

草图标注就是确定草图中的几何图形的尺寸，例如长度、角度、半径和直径等，它是一种以数值来确定草图实体精确尺寸的约束形式。一般情况下，在绘制草图之后，需要对图形进行尺寸定位，使尺寸满足预定的要求。在绘制过程中，应先将草图的几何关系处理完成后再标注尺寸，在标注尺寸时，最好将所需尺寸标注完成后，确定草图处于完全定义的状态下，再修改尺寸。

## 3.10.2 标注线段长度

Step1. 打开文件 D:\inv19.1\work\ch03.10\length.ipt。

Step2. 在浏览器中右击草图，在弹出的快捷菜单中单击 编辑草图 按钮。

Step3. 选择命令。选择 草图 选项卡 约束 ▼ 区域中的"尺寸"命令 。

Step4. 在系统 选择要标注尺寸的几何图元 的提示下，单击位置 1 以选择直线（见图 3.10.1）。

Step5. 确定尺寸的放置位置。在位置 2 单击，系统弹出图 3.10.2 所示的"编辑尺寸"对话框。

图 3.10.1 线段长度尺寸的标注

图 3.10.2 "编辑尺寸"对话框

Step6. 单击 按钮，完成线段长度的标注。

## 3.10.3 标注一点到一条直线之间的距离

Step1. 打开文件 D:\inv19.1\work\ch03.10\distance_02.ipt。

Step2. 在浏览器中右击草图，在弹出的快捷菜单中单击 编辑草图 按钮。

Step3. 选择命令。选择 草图 选项卡 约束 ▼ 区域中的"尺寸"命令 。

Step4. 单击位置 1 以选择点，单击位置 2 以选择直线，单击位置 3 放置尺寸，如图 3.10.3 所示。

Step5. 单击 按钮，完成一点到一条直线之间距离的标注。

## 3.10.4 标注两点间的距离

Step1. 打开文件 D:\inv19.1\work\ch03.10\distance_03.ipt。

Step2. 在浏览器中右击草图，在弹出的快捷菜单中单击 编辑草图 按钮。

Step3. 选择命令。选择 草图 选项卡 约束 ▼ 区域中的"尺寸"命令 。

Step4. 分别单击位置 1 和位置 2 以选择两点，单击位置 3 放置尺寸，如图 3.10.4 所示。

Step5. 单击 按钮，完成两点间距离的标注。

图 3.10.3 点、线间距离的标注          图 3.10.4 两点间距离的标注

## 3.10.5 标注两条平行线间的距离

Step1. 打开文件 D:\inv19.1\work\ch03.10\distance_01.ipt。

Step2. 在浏览器中右击草图，在弹出的快捷菜单中单击 编辑草图 按钮。

Step3. 选择命令。选择 草图 选项卡 约束 ▼ 区域中的"尺寸"命令 。

Step4. 分别单击位置 1 和位置 2 以选择两条平行线，然后单击位置 3 以放置尺寸，结果如图 3.10.5 所示。

Step5. 单击 按钮，完成两条平行线间距离的标注。

## 3.10.6 标注直径

Step1. 打开文件 D:\inv19.1\work\ch03.10\diameter.ipt。

Step2. 在浏览器中右击草图，在弹出的快捷菜单中单击 编辑草图 按钮。

Step3. 选择命令。选择 草图 选项卡 约束 ▼ 区域中的"尺寸"命令 。

Step4. 选取要标注的元素。单击位置 1 以选择圆，如图 3.10.6 所示。

Step5. 确定尺寸的放置位置。在位置 2 处单击以放置尺寸，如图 3.10.6 所示。

Step6. 单击 按钮，完成直径的标注。

## 3.10.7 标注半径

Step1. 打开文件 D:\inv19.1\work\ch03.10\radius.ipt。

Step2. 在浏览器中右击草图，在弹出的快捷菜单中单击 编辑草图 按钮。

Step3. 选择命令。选择 草图 选项卡 约束 ▼ 区域中的"尺寸"命令 。

Step4. 单击位置 1 选择圆上一点，然后单击位置 2 以放置尺寸，如图 3.10.7 所示。

图 3.10.5 平行线间距离的标注          图 3.10.6 直径的标注          图 3.10.7 半径的标注

Step5. 单击  按钮，完成半径的标注。

说明：若想标注图 3.10.8 所示圆弧的直径可参考以下步骤。

Step6. 打开文件 D:\inv19.1\work\ch03.10\radius.ipt。

Step7. 在浏览器中右击草图，在弹出的快捷菜单中单击"编辑草图"按钮 📝 编辑草图。

Step8. 选择命令。选择 草图 选项卡 约束▼ 区域中的"尺寸"命令 |↦|。

Step9. 单击位置 1 选择圆上一点，然后右击，系统弹出图 3.10.9 所示的下拉式快捷菜单，将尺寸类型设置为直径，然后单击位置 2 以放置尺寸，如图 3.10.8 所示。

Step10. 单击  按钮，完成圆弧直径的标注。

图 3.10.8　圆弧直径的标注　　　　　　　图 3.10.9　下拉式快捷菜单

## 3.10.8　标注两条直线间的角度

Step1. 打开文件 D:\inv19.1\work\ch03.10\angle.ipt。

Step2. 在浏览器中右击草图，在弹出的快捷菜单中单击"编辑草图"按钮 📝 编辑草图。

Step3. 选择命令。选择 草图 选项卡 约束▼ 区域中的"尺寸"命令 |↦|。

Step4. 分别在两条直线上选择点 1 和点 2；单击位置 3 以放置尺寸（锐角，见图 3.10.10），或单击位置 4 放置尺寸（钝角，见图 3.10.11）。

Step5. 单击  按钮，完成角度的标注。

图 3.10.10　两条直线间角度的标注——锐角　　图 3.10.11　两条直线间角度的标注——钝角

# 3.11　修改尺寸标注

## 3.11.1　移动尺寸

Step1. 把鼠标指针移到尺寸数值上，此时可看到尺寸被预选中，并且鼠标指针变化为。

说明：若鼠标指针并没有发生变化，可先在空白区域单击，然后再进行 Step1 的操作。

Step2. 按下左键并移动鼠标，将尺寸文本拖至所需位置。

## 3.11.2 修改尺寸值的小数位数

可以使用"文档设置"对话框来指定尺寸值的默认小数位数。

Step1. 选择命令。单击 工具 选项卡 选项▼ 区域中的"文档设置"按钮 📄 ，

Step2. 在系统弹出的"文档设置"对话框中单击 单位 选项卡，此时"文档设置"对话框如图 3.11.1 所示。

Step3. 定义尺寸值的小数位数。在"文档设置"对话框的 造型尺寸显示 区域的 线性尺寸显示精度 与 角度尺寸显示精度 下拉列表中选择尺寸值的小数位数。

Step4. 单击"文档设置"对话框中的 确定 按钮，完成尺寸值的小数位数的修改。

图 3.11.1 "文档设置"对话框

## 3.11.3 修改尺寸值

Step1. 打开文件 D:\inv19.1\work\ch03.11\dim.ipt。

Step2. 在浏览器中右击草图，在弹出的快捷菜单中单击 📝 编辑草图 按钮。

Step3. 在要修改的尺寸（如 2.22）文本上双击，此时出现图 3.11.2b 所示的"编辑尺寸"对话框。

Step4. 在尺寸修正框 编辑尺寸：d2 📝 中输入新的尺寸值（如 1.8）后，按 Enter 键完成修改，如图 3.11.2c 所示。

a）修改前          b）修改中          c）修改后

图 3.11.2 修改尺寸值

Step5. 重复步骤 Step3 和 Step4，修改其他尺寸值。

## 3.11.4　删除尺寸

删除尺寸的操作方法如下。

Step1. 单击需要删除的尺寸（按住 Ctrl 键可多选）。

Step2. 按键盘中的 Delete 键（或右击，在弹出的快捷菜单中选择 删除(D) 命令），选取的尺寸即被删除。

# 3.12　草绘范例 1

与其他二维软件（如 AutoCAD）相比，Inventor 的二维截面草图的绘制有自己的方法、规律和技巧。用 AutoCAD 绘制二维图形，通过一步步地输入准确的尺寸，可以直接得到最终需要的图形。而用 Inventor 绘制二维图形，一般开始不需要给出准确的尺寸，而是先绘制草图，勾勒出图形的大概形状，然后对草图创建符合工程需要的尺寸布局，最后修改草图的尺寸，在修改时输入各尺寸的准确值（正确值）。因为 Inventor 具有尺寸驱动功能，所以草图在修改尺寸后，图形的大小会随着尺寸而变化。这样绘制图形的方法虽然烦琐，但在实际的产品设计中，它比较符合设计师的思维方式和设计过程。例如，某个设计师需要对产品中的一个零件进行全新设计，在设计刚开始时，设计师的脑海里只会有这个零件的大概轮廓和形状，所以他会先以草图的形式把它勾勒出来，草图完成后，设计师接着会考虑图形（零件）的尺寸布局和基准定位等，最后设计师根据诸多因素（如零件的功能、零件的强度要求、零件与产品中其他零件的装配关系等），确定零件每个尺寸的最终准确值，从而完成零件的设计。由此看来，Inventor 的这种"先绘草图、再改尺寸"的绘图方法更加符合设计者的思维习惯。

【范例概述】本范例从新建一个草图开始，详细介绍草图的绘制、编辑和标注的过程，要重点掌握的是绘图前的设置、约束的处理以及尺寸的处理技巧。图形如图 3.12.1 所示，其绘制过程如下。

### Stage1. 新建文件

启动 Inventor 软件，选择"文件菜单"按钮 文件 下的 新建 ➡ 零件 零件模板，系统自动进入零件设计环境。

### Stage2. 绘制草图前的准备工作

在 三维模型 选项卡 草图 区域单击 按钮，然后选择 XY 平面为草图平面，系统进入草图设计环境（如未加说明，本章中的范例均采用 XY 平面为草图平面）。

### Stage3. 绘制草图的大致轮廓

说明：由于 Inventor 具有尺寸驱动功能，开始绘图时只需绘制大致的形状即可。

单击 创建 ▾ 区域中的"直线"按钮 ，在图形区绘制图 3.12.2 所示的大体轮廓，按 F8 键可查看系统自动添加的约束关系。

图 3.12.1　范例 1

图 3.12.2　绘制大体轮廓

### Stage4. 添加几何约束

Step1. 添加图 3.12.3 所示的"水平"约束。在 约束 ▾ 区域单击 按钮，选择图 3.12.3 所示的两条直线，系统则在此线条上添加水平约束。

Step2. 添加图 3.12.4 所示的"竖直"约束。在 约束 ▾ 区域单击 按钮，选择图 3.12.4 所示的直线，系统则在此线条上添加竖直约束。

图 3.12.3　添加"水平"约束

图 3.12.4　添加"竖直"约束

Step3. 添加图 3.12.5 所示的"重合"约束。在 约束 ▾ 区域单击 按钮，选择图 3.12.5 所示的直线的端点和原点，系统则在此线条上添加重合约束。

说明：在添加重合约束时，若没有显示坐标系，可通过单击 工具 选项卡 选项 ▾ 区域中的"应用程序选项"按钮 ，在该对话框单击 草图 选项卡，然后选中 ☑坐标系指示器 复选框即可。

Step4. 添加图 3.12.6 所示的"相等"约束。在 约束 ▾ 区域单击 按钮，选择图 3.12.6

所示的两条直线，系统则在这两条线上添加相等约束。

Step5. 添加构造线。首先确认 格式▼ 区域的 ⊥ 按钮被按下，然后单击 绘制▼ 区域中的"直线"按钮 ╱，在图形区绘制图 3.12.7 所示的直线。

图 3.12.5  添加"重合"约束　　图 3.12.6  添加"相等"约束　　图 3.12.7  添加构造线

### Stage5. 添加尺寸约束

选择 草图 选项卡 约束▼ 区域中的"尺寸"命令 ⊢⊣，添加图 3.12.8 所示的尺寸约束。

### Stage6. 修改尺寸约束

Step1. 在图 3.12.8 所示要修改的尺寸文本上双击，在系统弹出的"编辑尺寸"文本框中输入数值 110，按 Enter 键，结果如图 3.12.9 所示。

Step2. 参照 Step1 修改其他尺寸约束，完成后的结果如图 3.12.10 所示。

图 3.12.8  添加尺寸约束　　图 3.12.9  完成修改尺寸　　图 3.12.10  修改其他尺寸

### Stage7. 保存文件

单击 草图 区域中的"完成草图"按钮 ✔ 退出草绘环境，单击 🖫 命令，系统弹出"另存为"对话框，在其中的 保存在 (I) 下拉列表中选择目录 D:\inv19.1\work\ch03.12，在文件名 (N) 文本框中输入 spsk1，单击 保存 按钮，完成文件的保存操作。

# 3.13　草绘范例2

【**范例概述**】本范例主要介绍对已有草图的编辑过程，重点讲解用"修剪""延伸"的方法进行草图的编辑。图形如图 3.13.1 所示，其编辑过程如下。

图 3.13.1　范例 2

### Stage1．打开文件

打开文件 D:\inv19.1\work\ch03.13\spsk2.ipt，在浏览器中右击草图，在弹出的快捷菜单中单击 编辑草图 按钮，进入草图的编辑状态。

### Stage2．编辑草图

Step1. 延伸草图实体，如图 3.13.2 所示。

（1）选择命令。选择 修改 区域中的 延伸 按钮。

（2）定义延伸的草图实体。选取图 3.13.2a 所示的边线，系统自动将该曲线延伸到最近的边界。

a）延伸前　　　　　　　　　　　　　　　　　　b）延伸后

图 3.13.2　延伸草图实体

Step2. 修剪草图实体，如图 3.13.3 所示。

a）修剪前　　　　　　　　　　　　　　　　　　b）修剪后

图 3.13.3　修剪草图实体

（1）选择命令。选择 修改 区域中的 修剪 按钮。

（2）定义修剪的草图实体。按住鼠标左键并拖动绘制图 3.13.3a 所示的路径，与此路径相交的部分被剪掉。

**Stage3．保存文件**

单击 按钮，退出草绘环境，并保存文件。

# 3.14  草绘范例 3

【范例概述】本范例主要介绍利用"添加约束"的方法进行草图编辑的过程。图形如图 3.14.1 所示，其编辑过程如下。

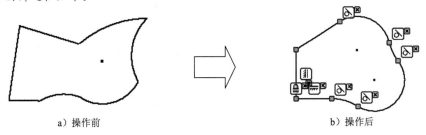

a）操作前                                  b）操作后

图 3.14.1  范例 3

**Stage1．打开文件**

打开文件 D:\inv19.1\work\ch03.14\spsk3.ipt，在浏览器中右击草图，在弹出的快捷菜单中单击 编辑草图 按钮，进入草图的编辑状态。

**Stage2．添加几何约束**

Step1. 添加图 3.14.2 所示的"竖直"约束。

a）操作前                                  b）操作后

图 3.14.2  添加"竖直"约束

Step2. 添加图 3.14.3 所示的"水平"约束。

图 3.14.3　添加"水平"约束

**Step3. 调整图形。**

（1）单击顶点 1，拖动鼠标至位置 1。如图 3.14.4 所示。

（2）单击顶点 2，拖动鼠标至位置 2。如图 3.14.5 所示。

（3）单击顶点 3，拖动鼠标至位置 3。如图 3.14.6 所示。

**Step4.** 添加图 3.14.7 所示的其他"相切"约束（若图形变化太大可通过操纵命令将图形调整至合适的状态，然后再添加相应的约束）。

图 3.14.4　移动顶点 1

图 3.14.5　移动顶点 2

图 3.14.6　移动顶点 3

图 3.14.7　添加其他"相切"约束

**Stage3. 保存文件**

单击 ✔ 按钮，退出草绘环境，并保存文件。

# 3.15　草绘范例 4

【范例概述】本范例讲解的是草图标注的技巧。在图 3.15.1a 中，标注了圆角圆心到一个顶点的距离值 12.8，如果要将该尺寸变为图 3.15.1b 中的尺寸 17.1，那么就必须先绘制两直线的交点，然后创建尺寸 17.1。操作步骤如下。

图 3.15.1　范例 4

### Stage1．打开文件

打开文件 D:\inv19.1\work\ch03.15\spsk4.ipt，在浏览器中右击草图，在弹出的快捷菜单中单击 编辑草图 按钮，进入草图的编辑状态。

### Stage2．绘制草图

Step1. 删除水平尺寸 12.8。在绘图区域选中水平尺寸 12.8，按 Delete 键将尺寸删除。

Step2. 绘制点。单击"点"命令按钮 点。

Step3. 在图形区的某位置单击以放置该点，如图 3.15.2 所示。

### Stage3．添加几何约束

Step1. 添加图 3.15.3 所示的"重合"约束 1。选择图 3.15.3 所示的直线 1 和点。

Step2. 添加图 3.15.3 所示的"重合"约束 2。选择图 3.15.3 所示的直线 2 和点。

图 3.15.2　绘制点　　　　　　图 3.15.3　添加"重合"约束

### Stage4．添加尺寸约束

选择 草图 选项卡 约束▼ 区域中的"尺寸"按钮，添加图 3.15.4 所示的尺寸约束。

图 3.15.4　添加尺寸

Stage5．保存文件

单击 ✔ 按钮，退出草绘环境，并保存文件。

# 3.16　草绘范例5

【范例概述】本范例主要介绍利用"缩放和旋转"和"镜像"命令进行图形编辑的过程。图形如图3.16.1所示，其编辑过程如下。

a）操作前　　　　　　　b）操作后

图3.16.1　范例5

Stage1．打开文件

打开文件 D:\inv19.1\work\ch03.16\spsk5.ipt，在浏览器中右击草图，在弹出的快捷菜单中单击 🔲 编辑草图 按钮，进入草图的编辑状态。

Stage2．镜像图元

Step1. 选择命令。选择 草图 选项卡 阵列 区域的"镜像"命令 ◫◫，系统弹出"镜像"对话框。

Step2. 选取要镜像的草图实体。在系统 选择要镜像的几何图元 的提示下，在图形区框选要镜像的草图实体。

Step3. 定义镜像线。在"镜像"对话框中单击 ▲ 按钮，然后在系统 选择镜像线 的提示下，选择图 3.16.2a 所示的中心线为镜像线，单击 应用 按钮，单击 完毕 按钮，结果如图3.16.2b所示。

a）镜像前　　　　镜像线　　　　　　　　b）镜像后

图3.16.2　镜像草图

Stage3．旋转图元

Step1. 选择命令。选择 草图 选项卡 修改 区域中的 ↻ 旋转 命令，系统弹出"旋转"命令条，框选图形区的草图为要旋转的元素。

Step2. 定义旋转中心。单击"选择中心点"按钮 ▲，在图形区选择图 3.16.3 所示的点作为旋转中心。

　　**注意**：若此时系统提示"是否删除约束"，应删除约束，否则元素不能旋转。

　　Step3. 在 角度 的文本框中输入数值 30，单击 应用 按钮，单击 完毕 按钮，完成旋转的操作。

a）旋转前　　　　　　　　　　　　　　b）旋转后

图 3.16.3　旋转草图

### Stage4. 缩放图元

　　Step1. 选择命令。选择 草图 选项卡 修改 区域中的 缩放 命令，系统弹出"缩放"对话框，然后在图形区框选所有草图为缩放的对象。

　　Step2. 定义比例中心点。单击"选择基准点"按钮，然后选择图 3.16.4 所示的点为比例缩放的中心点。

　　Step3. 在 比例系数 的文本框中输入数值 0.5，按 Enter 键，单击 完毕 按钮，完成草图的比例缩放的操作。

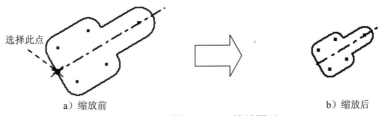

a）缩放前　　　　　　　　　　　　　　b）缩放后

图 3.16.4　缩放图元

### Stage5. 保存文件

　　单击 ✔ 按钮，退出草绘环境，并保存文件。

# 3.17　草绘范例 6

　　**【范例概述】**本范例主要介绍草图的绘制、编辑和标注的过程，需要重点掌握约束与尺寸的处理技巧。图形如图 3.17.1 所示。

图 3.17.1　范例 6

说明：本范例的详细操作过程请参见随书光盘中 video 文件下的语音视频讲解文件。模型文件为 D:\inv19.1\work\ch03.17\spsk06.ipt。

## 3.18　草绘范例 7

【范例概述】本范例主要介绍草图的绘制、编辑和标注的过程，需要重点掌握绘制草图的技巧，先绘制大体轮廓，然后再修剪，最后添加相关的约束与尺寸。图形如图 3.18.1 所示。

图 3.18.1　范例 7

说明：本范例的详细操作过程请参见随书光盘中 video 文件下的语音视频讲解文件。模型文件为 D:\inv19.1\work\ch03.18\spsk07.ipt。

## 3.19　习　　题

### 1．习题 1

绘制并标注图 3.19.1 所示的草图。

### 2．习题 2

绘制并标注图 3.19.2 所示的草图。

### 3．习题 3

绘制并标注图 3.19.3 所示的草图。

图 3.19.1 习题 1

图 3.19.2 习题 2

### 4. 习题 4

绘制并标注图 3.19.4 所示的草图。

图 3.19.3 习题 3

图 3.19.4 习题 4

### 5. 习题 5

绘制并标注图 3.19.5 所示的草图。

### 6. 习题 6

绘制并标注图 3.19.6 所示的草图。

图 3.19.5 习题 5

图 3.19.6 习题 6

### 7. 习题 7

绘制并标注图 3.19.7 所示的草图。

图 3.19.7　习题 7

# 第**4**章 零件设计

零件设计是以零件建模为基础，而零件模型则是建立在特征的运用之上。本章先介绍用拉伸特征创建一个零件模型的一般操作过程，然后介绍其他一些基本的特征工具，包括旋转、倒角、圆角、孔、抽壳和加强筋（肋）等。主要内容包括：

- 实体特征的创建（包括拉伸、旋转、扫掠、放样和螺旋扫掠等）。
- 三维建模的管理工具——浏览器。
- 特征的编辑和编辑定义。
- 特征失败的出现和处理方法。
- 参考几何体（包括工作平面、工作轴、点和坐标系）的创建。
- 构建特征的创建（包括圆角、倒角、孔、拔模和抽壳等）。

## 4.1 三维建模基础

### 4.1.1 基本的三维模型

一般来说，基本的三维模型是具有长、宽（或直径、半径等）和高的三维几何体。图 4.1.1 中列举了几种典型的基本模型，它们是由三维空间的几个面组成的实体模型，这些面形成的基础是线，线构成的基础是点，要注意三维几何图形中的点是三维概念的点，也就是说，点需要由三维坐标系（例如笛卡儿坐标系）中的 X、Y、Z 三个坐标值来定义。用 CAD 软件创建基本三维模型的一般过程如下。

（1）选取或定义一个用于定位的三维坐标系或三个垂直的空间平面，如图 4.1.2 所示。

（2）选定一个面（一般称为"草图平面"），作为二维平面几何图形的绘制平面。

（3）在草图平面上创建形成三维模型所需的截面和轨迹线等二维平面几何图形。

（4）形成三维立体模型。

图 4.1.1　基本三维模型　　　　图 4.1.2　坐标系

**注意：** 三维坐标系其实是由三个相互垂直的平面——XY 平面、XZ 平面和 YZ 平面构成的（图 4.1.2），这三个平面的交点就是坐标原点，XY 平面与 XZ 平面的交线就是 X 轴所在的直线，XY 平面与 YZ 平面的交线就是 Y 轴所在的直线，YZ 平面与 XZ 平面的交线就是 Z 轴所在的直线。这三条直线按笛卡儿右手定则确定方向，就产生了 X 轴、Y 轴和 Z 轴。

## 4.1.2  复杂的三维模型

图 4.1.3 所示图形是一个由基本的三维几何体构成的复杂三维模型。

在目前的 CAD 软件中，对于这类复杂的三维模型有两种创建方法，下面分别予以介绍。

一种方法是布尔运算，通过对一些基本的三维模型做布尔运算（并、交、差）来形成复杂的三维模型。例如图 4.1.3 中的三维模型的创建过程如下。

（1）用 4.1.1 节介绍的"基本三维模型的创建方法"创建本体 1。

（2）在本体 1 上减去一个半圆柱体，形成拉伸切削 2。

（3）在本体 1 上加上一个长圆形实体，形成拉伸 3。

（4）在本体 1 上减去四个截面为弧形的柱体，形成倒圆 4。

（5）在拉伸 3 上减去一个圆柱体，形成孔 5。

（6）在本体 1 上减去四个圆柱体，形成孔 6。

（7）在本体 1 上减去四个圆柱体，形成孔 7。

（8）在本体 1 上减去一个长方体，形成拉伸切削 8。

图 4.1.3  复杂三维模型

这种方法的优点是，无论什么形状的实体都能创建，但其缺点如下。

第一，用 CAD 软件创建的所有三维模型将来都要进行生产、加工和装配，以获得真正的产品，所以我们希望 CAD 软件在创建三维模型时，从创建的原理、方法和表达方式上，应该有很强的工程意义（制造意义）。显然，在用布尔运算的方法创建圆角、倒角、筋（肋）、壳等这类工程意义很强的几何形状时，从创建原理和表达方式来说，其工程意义不是很明确，因为它强调的是点、线、面、体等没有什么实际工程意义的内容，以及由这些要素构成的"几何形状"的并、交、差运算。

第二，这种方法的图形和 NC 处理等的计算非常复杂，需要较高配置的计算机硬件，同时用这种方法创建的模型，一般需要得到边界评估的支持来处理图形和 NC 计算等问题。

下面的 4.1.3 节将介绍第二种三维模型的创建方法，即"特征添加"的方法。

## 4.1.3 "特征"与三维建模

目前，"特征"或者"基于特征的"这些术语在 CAD 领域中频频出现，在创建三维模型时，人们普遍认为这是一种更直接、更有用的创建表达方式。

下面是一些书中或文献中对"特征"的定义：

- "特征"是表示与制造操作和加工工具相关的形状和技术属性。
- "特征"是需要一起引用的成组几何或者拓扑实体。
- "特征"是用于生成、分析和评估设计的单元。

一般来说，"特征"构成一个零件或者装配件的单元，虽然从几何形状上看，它也包含作为一般三维模型基础的点、线、面或者实体单元，但更重要的是，它具有工程制造意义，也就是说，基于特征的三维模型具有常规几何模型所没有的附加的工程制造等信息。

用"特征添加"方法创建三维模型的优点如下。

- 表达更符合工程技术人员的习惯，并且三维模型的创建过程与其加工过程十分相近，操作容易上手和深入。
- 添加特征时，可附加三维模型的工程制造等信息。
- 由于在模型的创建阶段，特征结合于零件模型中，并且采用来自数据库的参数化通用特征来定义几何形状，这样在设计进行阶段就可以很容易地做出一个更为丰富的产品工艺，能够有效地支持下游活动的自动化，如模具和刀具等的准备、加工成本的早期评估等。

下面以图 4.1.4 为例，说明用"特征"创建三维模型的一般过程。

（1）创建或选取作为模型空间定位的基准特征，如基准面、基准线或基准坐标系。

（2）创建基础拉伸特征——本体 1。

（3）添加切削拉伸特征——拉伸切削 2。

（4）添加拉伸特征——拉伸 3。

（5）添加倒圆角特征——倒圆 4。

（6）添加孔特征——孔 5。

（7）添加孔特征——孔 6、孔 7。

（8）添加切削拉伸特征——拉伸切削 8。

图 4.1.4　复杂三维模型的创建流程

# 4.2　创建 Inventor 零件模型的一般过程

用 Inventor 系统创建零件模型，其方法十分灵活，按大的方法分类，有以下几种。

### 1．积木式方法

这是大部分机械零件的实体三维模型的创建方法。这种方法是先创建一个反映零件主要形状的基础特征，然后在这个基础特征上添加其他的一些特征，如伸出、切槽（口）、倒角和圆角等。

### 2．由曲面生成零件的实体三维模型的方法

这种方法是先创建零件的曲面特征，然后把曲面转换成实体模型。

### 3．从装配中生成零件的实体三维模型的方法

这种方法是先创建装配体，然后在装配体中创建零件。

本章将主要介绍用第一种方法创建零件模型的一般过程，其他的方法将在后面的章节中陆续介绍。

下面以一个零件——滑块（slide.ipt）为例，说明用 Inventor 软件创建零件三维模型的一般过程，同时介绍拉伸（Extrude）特征的基本概念及创建方法。滑块的三维模型如图 4.2.1 所示。

## 4.2.1　新建一个零件三维模型

新建一个零件模型文件的操作步骤如下。

选择下拉菜单 文件 ➡ 新建 ➡ 零件 命令。

图 4.2.1 滑块三维模型

说明：每次新建一个文件时，Inventor 会显示一个默认名。如果要创建的是零件，默认名的格式是.ipt 前跟一个序号（如零件 1.ipt），以后再新建一个零件，序号自动加 1。

## 4.2.2 创建一个拉伸特征作为零件的基础特征

基础特征是一个零件的主要轮廓特征，创建什么样的特征作为零件的基础特征比较重要，一般由设计者根据产品的设计意图和零件的特点灵活掌握。本小节中，滑块零件的基础特征是一个拉伸特征（图 4.2.2）。拉伸特征是将截面草图沿着草图平面的垂直方向拉伸而形成的，它是最基本且经常使用的零件建模工具。

### 1．选取特征命令

图 4.2.2 "拉伸"示意图

进入 Inventor 零件设计环境后，在软件界面上方会显示图 4.2.3 所示的"三维模型"选项卡，该功能选项卡中包含 Inventor 中所有的零件建模工具，特征命令的选取方法一般是单击其中的命令按钮。

图 4.2.3 "三维模型"选项卡

在 创建 区域中单击 按钮后，系统弹出图 4.2.4 所示的"创建拉伸"对话框。

图 4.2.4　"创建拉伸"对话框

### 2．定义拉伸特征的截面草图

定义拉伸特征的截面草图的方法有两种：一是选择已有草图作为截面草图；二是创建新草图作为截面草图。本例中，介绍定义拉伸特征截面草图的第二种方法，具体定义过程如下。

**Step1．定义草图平面。**

对草图平面的概念和有关选项介绍如下：

● 草图平面是特征截面草图或轨迹的绘制平面。

● 选择的草图平面可以是 XZ 平面、XY 平面和 YZ 平面中的一个，也可以是模型的某个平整的表面。

单击图 4.2.4 所示"创建拉伸"对话框中的 创建二维草图 按钮，完成本步操作后，在系统 选择平面以创建草图或选择现有草图以进行编辑 的提示下，选取 XY 平面作为草图平面，进入草图绘制环境。

**Step2．创建特征的截面草图。**

基础拉伸特征的截面草图如图 4.2.5 所示。下面以此为例介绍特征截面草图的一般创建步骤。

图 4.2.5　基础拉伸特征的截面草图

（1）设置草绘环境，调整草绘区。

**操作提示与注意事项：**

- 进入草绘环境后，如果草图视图与屏幕不平行，可通过 ViewCube 工具调整至需要的平面上。

- 除可以移动和缩放草绘区外，如果用户想在三维空间绘制草图或希望看到模型截面草图在三维空间的方位，可以旋转草绘区，方法是按住键盘上的 Shift 键和鼠标的中键并移动鼠标，此时可看到图形跟着鼠标旋转。

（2）创建截面草图。下面将介绍创建截面草图的一般过程，在以后的章节中，创建截面草图时，可参照这里的内容。

① 绘制截面几何图形的大体轮廓。

**操作提示与注意事项：**

绘制草图时，开始时没有必要很精确地绘制截面的几何形状、位置和尺寸，只要大概的形状与图 4.2.6 相似即可。

② 建立几何约束。建立图 4.2.7 所示的水平、竖直、对称和重合约束。

③ 建立尺寸约束。单击"草图"选项卡中的 ⬚ 按钮，标注图 4.2.8 所示的五个尺寸，建立尺寸约束。

说明：每次标注尺寸时，系统都会弹出"编辑尺寸"对话框，此时可不作修改。若不想让系统弹出"编辑尺寸"对话框，可通过以下操作进行设置：单击 工具 选项卡 选项 ▼ 区域中的"应用程序选项"按钮 ⬚，系统弹出"应用程序选项"对话框，单击该对话框中的"草图"选项卡，选择 二维草图 区域 约束设置 中的 设置... 按钮，系统弹出"约束设置"对话框，取消选中 尺寸 区域中的 □ 在创建后编辑尺寸 选项。

图 4.2.6 草绘横断面的初步图形

图 4.2.7 建立几何约束

④ 修改尺寸。将尺寸修改为设计要求的尺寸，如图 4.2.9 所示。

图 4.2.8 建立尺寸约束

图 4.2.9 修改尺寸

其操作提示与注意事项如下：

● 尺寸的修改应安排在建立完约束以后进行。

● 注意修改尺寸的顺序，先修改对截面外观影响不大的尺寸。

Step3．完成草图绘制后，单击"三维建模"选项卡中的"完成草图"按钮 ✔，退出草绘环境。

说明：除 Step3 中的叙述外，还有两种方法可退出草绘环境。

● 在图形区右击，在系统弹出的图 4.2.10 所示的菜单按钮界面中单击 完成二维草图 按钮。

● 在浏览器中右击"草图 1"，在弹出的快捷菜单中选择 完成二维草图 命令。

图 4.2.10　菜单按钮界面

说明：草图轮廓主要有两种类型，开放的和封闭的。封闭的轮廓多用于创建实体特征，开放的轮廓主要用于创建路径或者曲面。另外，草图轮廓也可以通过投影模型中的几何图元的方式来进行创建。

### 3．定义拉伸深度属性

Step1．再次在 创建 区域中单击 ⬚ 按钮，系统弹出图 4.2.11 所示的"拉伸"对话框（一）。

图 4.2.11　"拉伸"对话框（一）

说明：

● 在完成草图后原则上可通过单击 草图 选项卡 返回到三维 中的 ⬚ 按钮，就可切换至三维环境，然后定义深度属性即可，无须再次单击 ![]按钮。但由于此草图在进行编辑时，草图 选项卡 返回到三维 区域处于隐藏状态，无法单击区域中的 ![]按钮，因此需再次在 创建 ▼ 区域中单击 ![]按钮。在后续特征创建时，若可以单击 草图 选项卡 返回到三维 中的 ![]按钮，直接执行此命令即可。

- 如果草图中包含一个封闭的轮廓，则在使用拉伸命令时，草图轮廓会被自动选中，如果草图中包含两个或者多个轮廓，就需要在拉伸特征中手动选择我们需要的封闭轮廓。在本例中所绘制的草图只有一个封闭的轮廓，所以在选取拉伸命令后会自动选取该封闭轮廓。

Step2. 定义拉伸深度方向。采用系统默认的深度方向。

**说明：** 按住键盘上的 Shift 键和鼠标的中键并移动鼠标，可将草图旋转到便于观察的三维视图状态。若要改变拉伸深度的方向，可拖动图 4.2.12 所示的方向箭头使它处于草图法向的某一侧，也可以通过"拉伸"对话框中的方向箭头来调整拉伸深度方向。

Step3. 定义拉伸深度类型。

在"拉伸"对话框 范围 区域的下拉列表中选择 距离 选项，将拉伸方向设置为"两侧对称"拉伸类型 ![]。

图 4.2.12 定义拉伸深度类型

"拉伸"对话框的部分选项说明如下。

- "拉伸"对话框 形状 选项卡中的选项说明如下。
  - ☑ ![]按钮：单击此按钮用于选择要拉伸的面域或者截面轮廓。如果草图中有多个截面轮廓，并且没有选择其中的一个，可以单击此按钮，然后在绘图区域选取一个或多个封闭的截面轮廓；对于"实体"类型的输出结果，必须是封闭的草图，对于"曲面"类型的输出结果，截面可以开放。
  - ☑ ![]按钮：若模型中存在多个实体，单击此按钮可选择单个实体参与运算。
  - ☑ ![]按钮：用于从开放或闭合轮廓创建实体特征，对于基础特征不能选择开放的截面轮廓。
  - ☑ ![]按钮：用于从开放或闭合轮廓创建曲面特征，可以用来构造曲面作为其他特征的终止条件，也可以作为分割工具创建分割零件或将单个零件分割为多个实体。需要注意的是此选项对部件拉伸或基本要素不可用。

☑ ⊟按钮：用于将拉伸特征产生的体积添加到另外一个特征或实体中，此选项对于部件的拉伸不可用，效果如图 4.2.13 所示。

☑ ⊟按钮：用于将拉伸特征产生的体积从另外一个特征或实体中移除，效果如图 4.2.14 所示。

图 4.2.13　求并操作　　　　　　　图 4.2.14　求差操作

☑ ⊟按钮：用于将拉伸特征产生的体积与其他特征的公共体积作为新特征，未包含在公共体积内的材料将被移除，此选项对部件拉伸不可用，效果如图 4.2.15 所示。

☑ ⊡按钮：用于创建新实体，如果拉伸的是零件文件中的第一个实体，那么此选项就是默认的选项；选择该选项可在包含实体的零件文件中创建新实体；每个实体都与其他的实体相互分离，成为独立的特征集合，此时在浏览器中会多出一个实体特征，如图 4.2.16 所示。

图 4.2.15　求交操作　　　　　　a）创建实体前　　b）创建实体后

图 4.2.16　新建实体操作

● 打开"拉伸"对话框中 范围 区域的下拉列表，特征的各拉伸深度类型选项说明如下。

☑ 距离 按钮：可以创建确定深度尺寸类型的特征，此时特征将从草图平面开始，按照所输入的数值（拉伸深度值）向特征创建的方向一侧进行拉伸，效果如图 4.2.17 所示。

☑ 到表面或平面 按钮：用于创建按箭头方向拉伸到第一个有意义的接触面而进行的拉伸，效果如图 4.2.18 所示。

a）方向1

b）方向2

图 4.2.17　距离选项　　　　　　　　图 4.2.18　到表面或者平面选项

☑　**到** 按钮：用于创建按箭头方向拉伸到我们选定的终点、顶点、面或者平面。
　　对于点或者顶点相当于在选定的点或者顶点上创建一个平行于草图平面的
　　基准面，以此面作为拉伸的终止条件；对于面或者平面，将以我们选定的面
　　作为拉伸的终止面，效果如图 4.2.19 所示。

☑　**介于两面之间** 按钮：用于创建在指定的起始面和终止面之间进行拉伸，效果如
　　图 4.2.20 所示。

图 4.2.19　到选项　　　　　　　　图 4.2.20　介于两面之间选项

☑　**贯通** 按钮：用于创建在指定的方向上拉伸至与所有的面相交，选择此选项后
　　并集操作将不可用，效果如图 4.2.21 所示。

a）方向1

b）方向2

图 4.2.21　贯通选项

☑　选项：表示特征从草图基准面的法向方向进行拉伸，效果如图 4.2.22 所示。

☑　选项：表示特征从草图基准面的另外一个法向方向进行拉伸，效果如
　　图 4.2.23 所示。

图 4.2.22 方向 1

图 4.2.23 方向 2

☑ ◪选项：表示特征从草图基准面的两个方向同时进行拉伸，并且两侧拉伸的值均为输入值的一半，效果如图 4.2.24 所示。

☑ ◪选项：表示特征从草图基准面的两个方向同时进行拉伸，且两侧拉伸的值可以随意指定，效果如图 4.2.25 所示。

图 4.2.24 对称

图 4.2.25 不对称

● "拉伸"对话框 更多 选项卡中的部分选项说明如下。

☑ 锥度 下拉列表：用于在创建拉伸特征的同时，对实体进行拔模操作，如果输入的值为正值，则特征将沿矢量方向增大截面面积；如果输入的值为负值，则特征将沿矢量方向减小截面面积，效果如图 4.2.26 所示。

a）正锥度

b）负锥度

图 4.2.26 锥度选项

Step4. 定义拉伸深度值。在"拉伸"对话框 距离 下拉列表中输入数值 90.0，完成拉伸深度值的定义。

### 4．完成凸台特征的定义

Step1. 特征的所有要素被定义完毕后，预览所创建的特征，以检查各要素的定义是否正确。

说明：预览时，可按住键盘上的 Shift 键加鼠标中键进行旋转查看，如果所创建的特征不符合设计意图，可选择对话框中的相关选项重新定义。

Step2. 预览完成后，单击"拉伸"对话框中的 确定 按钮，完成特征的创建。

## 4.2.3 添加其他拉伸特征

### 1. 添加拉伸特征

在创建零件的基本特征后，可以增加其他特征。现在要创建图 4.2.27 所示的拉伸特征，操作步骤如下。

Step1. 选择命令。在 创建 区域中单击 按钮后，系统弹出"创建拉伸"对话框。

图 4.2.27　添加拉伸特征

Step2. 创建截面草图。

（1）选取草图平面。单击"创建拉伸"对话框中的 创建二维草图 按钮，选取图 4.2.28 所示的模型表面作为草图平面，进入草图绘制环境。

说明：在选取图 4.2.28 所示的平面进入草绘环境后，若系统自动投影了模型边线，而这些边线并不是我们需要的，可进行如下操作，单击 工具 选项卡 选项▼ 区域中的"应用程序选项"按钮 ，系统弹出"应用程序选项"对话框，单击 草图 选项卡，取消 □ 自动投影边以创建和编辑草图 选项。

（2）绘制特征的截面草图。

a）绘制一条图 4.2.29 所示的竖直中心线。

图 4.2.28　选取草图平面　　　　　图 4.2.29　绘制竖直中心线

b）在 约束▼ 区域单击 按钮，选择图 4.2.30 所示的图元元素（一条中心线与一个点），系统则在此线条上添加重合约束。

图 4.2.30　添加重合约束

c）绘制草图轮廓。绘制图 4.2.31 所示的截面草图的大体轮廓。

d）建立几何约束。建立图 4.2.32 所示的对称、相切、重合和同心约束。

图 4.2.31　大体轮廓　　　　　　　　图 4.2.32　建立几何约束

e）建立尺寸约束。标注图 4.2.33 所示的三个位置的尺寸。

f）修改尺寸。修改后的尺寸如图 4.2.34 所示。

图 4.2.33　标注尺寸　　　　　　　　图 4.2.34　修改尺寸

g）完成草图绘制后，单击 草图 选项卡 返回到三维 区域中的 按钮，然后单击草图的封闭区域，退出草图绘制环境。

Step3. 选择拉伸类型。在"拉伸"对话框 范围 区域的下拉列表中选择 距离 选项，将拉伸方向设置为方向 2 的拉伸类型 ；在"拉伸"对话框 距离 下拉列表中输入数值 30.0，完成拉伸深度值的定义。

Step4. 完成特征的创建。

（1）特征的所有要素被定义完毕后，预览所创建的特征，以检查各要素的定义是否正确。如果所创建的特征不符合设计意图，可选择操控板中的相关项，重新定义。

（2）在对话框中单击 确定 按钮，完成特征的创建。

注意：我们在上述截面草图的绘制中引用了基础特征的一条边线的中点，这就形成了它们之间的父子关系，则该拉伸特征是基础特征的子特征。在创建和添加特征的过程中，特征的父子关系很重要，父特征的删除或隐含等操作会直接影响到子特征。

### 2．添加图 4.2.35 所示的切削特征

Step1．选择命令。在 创建 区域中单击 按钮，系统弹出"创建拉伸"对话框。

Step2．创建特征的截面草图。

（1）选取草图平面。单击"创建拉伸"对话框中的 创建二维草图 按钮，选取图 4.2.35 所示的模型表面作为草图平面。

（2）绘制截面草图。在草绘环境中创建图 4.2.36 所示的截面草图。

（3）完成草图绘制后，单击"三维建模"选项卡中的"完成草图"按钮 ，退出草绘环境。

图 4.2.35 添加切削特征

图 4.2.36 截面草图

Step3．选择拉伸类型。在 创建 区域中单击 按钮，在"拉伸"对话框中单击 按钮，然后在 范围 下拉列表中选择 贯通 选项。

Step4．单击对话框中的 确定 按钮，完成特征的创建。

## 4.2.4 保存 Inventor 文件

Step1．单击"快速访问工具栏"中的 按钮（或选择下拉菜单 文件 ➜ 保存 命令），系统弹出"另存为"对话框，文件名出现在 文件名(N)：文本框中。

Step2．在"另存为"对话框的 保存在 (I)：下拉列表中选择文件保存的路径，在 文件名 (N)：文本框中输入可以识别的文件名，单击 保存 按钮，即可保存文件。如果不进行保存操作，单击 取消 按钮。

注意：

● 文件 下拉菜单中还有一个 另存为 命令。 保存 与 另存为 命令的区别在于： 保存 命令是保存当前的文件， 另存为 命令是将当前的文件复制进行保存，并且保存时可以更改文件的名称，而原文件不受影响。

● 如果打开多个文件，并对这些文件进行了编辑，可以选择下拉菜单

文件 ➡ 💾 保存 ➡ 💾 全部保存 命令，将所有文件进行保存。
保存所有打开的文件。

# 4.3 打开 Inventor 文件

进入 Inventor 软件后，假设要打开名称为 down_base 的文件，其操作过程如下。

Step1. 选择下拉菜单 文件 ➡ 📂 打开 命令（或单击快速访问工具栏中的"打开"按钮 📂，或单击 快速入门 选项卡 启动 区域中的 📂 按钮），系统弹出图 4.3.1 所示的"打开"对话框。

Step2. 在文件列表中选择要打开的文件名 down_base.ipt，然后单击 打开(0) 按钮，即可打开文件，或者双击文件名也可打开文件。

图 4.3.1 "打开"对话框

# 4.4 控制模型的显示

学习本节时，请先打开模型文件 D:\inv19.1\work\ch04.04\orient.ipt。

在 Inventor 中单击 视图 功能选项卡，将进入图 4.4.1 所示的界面，该选项卡用于控制模型视图和管理文件窗口。

图 4.4.1 所示的"视图"选项卡中各个区域的功能按钮简要说明如下。

● 可见性 区域：用于控制特征、用户特征、二维草图、三维草图、UCS 特征、重心空间坐标系、分析结果、iMate 图示符的显示与隐藏。

● 外观 ▼ 区域：用于设置模型的外观以及视图样式等。

● 窗口 区域：用于定制工作界面以及切换文件窗口等。

- **导航** 区域: 用于调整模型在图形区中的显示大小，控制模型的显示方位。

图 4.4.1 "视图" 选项卡

## 4.4.1 模型的几种显示方式

在 Inventor 软件中，模型有十种显示方式，单击 **视图** 功能选项卡 **外观 ▼** 区域中的 "视觉样式" 按钮 ，在弹出的菜单中选择相应的显示样式，可以切换模型的显示方式。

a) 真实显示方式　b) 着色显示方式　c) 带边着色显示方式　d) 带隐藏边着色显示方式　e) 线框显示方式

f) 带隐藏边的线框显示　g) 可见边显示方式　h) 灰度显示方式　i) 水彩色显示方式　j) 插图显示方式

图 4.4.2 模型的十种显示方式

- 显示方式（真实）: 使用真实外观显示零部件的材料、颜色和纹理，如图 4.4.2a 所示。

- 显示方式（着色）: 将可见零部件显示为着色对象，模型边为不可见，如图 4.4.2b 所示。

- 显示方式（带边着色）: 使用标准外观显示零部件，且外部模型边为可见，如图 4.4.2c 所示。

- 显示方式（带隐藏边着色）: 使用标准外观显示零部件，且隐藏模型边可见，如图 4.4.2d 所示。

- 显示方式（线框）: 模型以线框形式显示，模型所有的边线显示为深颜色的实线，如图 4.4.2e 所示。

- 显示方式（带隐藏边的线框）: 模型以线框形式显示，可见的边线显示为深颜色的实线，不可见的边线显示为虚线，如图 4.4.2f 所示。

- 显示方式（仅带可见边的线框）：模型以线框形式显示，可见的边线显示为深颜色的实线，不可见的边线被隐藏起来（即不显示），如图4.4.2g所示。
- 显示方式（灰度）：使用灰度的简化外观显示可见的零部件，如图4.4.2h所示。
- 显示方式（水彩色）：使用手绘水彩色外观显示可见的零部件，如图4.4.2i所示。
- 显示方式（插图）：使用手绘外观显示可见的零部件，如图4.4.2j所示。

## 4.4.2 模型的移动、旋转与缩放

视图的平移、旋转与缩放是零部件设计中常用的操作，这些操作只改变模型的视图方位而不改变模型的实际大小和空间位置，下面叙述其操作方法。

### 1. 平移的操作方法

（1）单击 视图 功能选项卡 导航 区域中的"平移"按钮 ，然后在图形区按住左键并移动鼠标，此时模型会随着鼠标的移动而平移。

（2）在绘图区域单击"导航栏"中的"平移"按钮 ，然后在图形区按住左键并移动鼠标，此时模型会随着鼠标的移动而平移。

（3）按住鼠标中键不放并移动鼠标，模型将随着鼠标的移动而平移。

### 2. 旋转的操作方法

（1）单击 视图 功能选项卡 导航 区域中 下的"动态观察"按钮 ，然后在图形区按住左键并移动鼠标，此时模型会随着鼠标的移动而旋转（此命令的快捷键为 F4 加鼠标左键）。

（2）单击 视图 功能选项卡 导航 区域中 下的"受约束的动态观察"按钮 ，然后在图形区按住左键并移动鼠标，此时模型会随着鼠标的移动而旋转。

（3）在绘图区域单击"导航栏"中的"自由动态观察"按钮 ，然后在图形区按住左键并移动鼠标，此时模型会随着鼠标的移动而旋转。

（4）按住键盘上的 Shift 键和鼠标中键并移动鼠标，模型将随着鼠标的移动而旋转。

### 3. 缩放的操作方法

（1）使用智能鼠标滚轮放大和缩小。

向后滚动鼠标滚轮以在当前光标位置放大，向前滚动鼠标滚轮缩小。

（2）使用全部缩放命令缩小或放大。

单击 视图 功能选项卡 导航 区域中 下的"全部缩放"按钮 ，此时绘图区域的所有元素都显示在图形窗口中。

（3）使用缩放命令缩小或放大。

单击 视图 功能选项卡 导航 区域中 下的"缩放"按钮 ，然后在图形区按住左键并移动鼠标，向下移动时放大，向上移动时缩小。

（4）使用缩放窗口命令缩小或放大。

单击 视图 功能选项卡 导航 区域中 下的"缩放窗口"按钮 ，然后在图形区合适的位置按住左键并移动鼠标绘制出一个矩形轮廓，松开鼠标左键，此时矩形区域内的元素都会显示在图形窗口中。

（5）使用缩放选定实体命令缩小或放大。

单击 视图 功能选项卡 导航 区域中 下的"缩放选定实体"按钮 ，然后在图形区选取边、特征或其他元素，此时选定的元素都会显示在图形窗口中。

（6）也可以在"导航栏"中找到对应的命令进行缩放的操作。

注意：采用以上方法对模型进行缩放和移动操作时，只是改变模型的显示状态，而不能改变模型的真实大小和位置。

## 4.4.3　模型的视图定向

在设计零部件时，经常需要改变模型的视图方向，利用模型的"定向"功能可以将绘图区中的模型精确定向到某个视图方向（图 4.4.3）。通过 ViewCube 工具调整至我们所需要的视图方位。

● （前视）：沿着 Z 轴正向的平面视图，如图 4.4.4 所示。

说明：将视图调整至前视图后还可以通过图 4.4.5 所示的旋转箭头对视图进行旋转，单击图 4.4.5 所示的箭头后，视图将调整为图 4.4.6 所示的位置。

图 4.4.3　原始视图方位　　　图 4.4.4　前视图 1　　　图 4.4.5　ViewCube 工具　　　图 4.4.6　前视图 2

● （后视）：沿着 Z 轴负向的平面视图，如图 4.4.7 所示。
● （左视）：沿着 X 轴正向的平面视图，如图 4.4.8 所示。
● （右视）：沿着 X 轴负向的平面视图，如图 4.4.9 所示。

图 4.4.7 后视图

图 4.4.8 左视图

图 4.4.9 右视图

- （下视）：沿着 Y 轴负向的平面视图，如图 4.4.10 所示。
- （上视）：沿着 Y 轴正向的平面视图，如图 4.4.11 所示。

图 4.4.10 下视图

图 4.4.11 上视图

说明：若在创建好一个视图后又想返回到主视图的状态，可单击 ViewCube 工具中的
"主视图"按钮 🏠，或者使用键盘上的快捷键 F6 快速将视图调回至主视图状态。

### 4.4.4 模型的剖切

下面介绍模型剖切的一般操作过程。

Step1. 打开模型文件 D:\inv19.1\work\ch04.04\orient.ipt。

Step2. 选择命令。单击 检验 功能选项卡 分析 区域中的"剖视"按钮 🔲，系统弹出"截面分析"对话框。

Step3. 设置平面。在浏览器中选取 YZ 平面为参考面。

Step4. 设置方向。将方向箭头调整至图 4.4.12 所示的方向。

Step5. 单击 确定 按钮，完成模型剖切的创建，如图 4.4.13 所示。

图 4.4.12 调整方向箭头

图 4.4.13 模型的剖切

说明：在浏览器右击 ▷ ▢分析：剖视1（开），在弹出的快捷菜单中选中 ✔ 分析可见性 选项，则剖视图显示，若取消 ▷▷ 分析可见性 选项，则剖视图隐藏。

**"截面分析"对话框各选项的说明如下。**

- ▮选项：表示分析类型按照单一剖切平面提供零件的剖视图，与二维草图中的切片类似。

- ▶ 平面 选项：用于选取剖切平面，此剖切面可以是模型的表面，也可以是系统提供的基准平面。

- ▷ ◁ 方向 选项：用于设置剖切的方向。

- 剖视偏移 选项：用于设置相对于选定平面的偏移值，可以在文本框中输入一个具体的值，也可以在绘图区域拖动平面动态设置该值。

- ▮选项：此选项提供了有关任意数量的剖切平面的更详细的信息，其中包括壁厚分析和面积物理特性的计算。

# 4.5  Inventor 浏览器

## 4.5.1  浏览器概述

Inventor 的浏览器一般出现在窗口左侧，它的功能是以树的形式显示当前活动模型中的所有特征或零件，在树的顶部显示根（主）对象，并将从属对象（零件或特征）置于其下。在零件模型中，树列表的顶部是零部件名称，下方是每个特征的名称；在装配体模型中，树列表的顶部是总装配，总装配下是各子装配和零件，每个子装配下方则是该子装配中的每个零件的名称，每个零件名称的下方是零件的各个特征的名称。

如果打开了多个 Inventor 窗口，则浏览器内容只反映当前活动文件（活动窗口中的模型文件）。

## 4.5.2  浏览器界面简介

在学习本节时，请先打开模型文件 D:\inv19.1\work\ch04.05\slide.ipt，Inventor 的浏览器界面如图 4.5.1 所示。

## 4.5.3  浏览器的作用与操作

（1）在浏览器中选取对象。可以从浏览器中选取要编辑的特征或零件对象。当要选取的特征或零件在图形区的模型中不可见时，此方法尤为有用。当要选取的特征和零件在模型中禁用选取时，仍可在浏览器中进行选取操作。

（2）更改项目的名称。在浏览器的项目名称上右击，选择 特性(P) 命令，然后在 名称(N) 对话框中输入新名称，即可更改所选项目的名称。

（3）在浏览器中使用快捷命令。单击或右击浏览器中的特征名或零件名，可弹出一个快捷菜单，从中可选择相对于选定对象的特定操作命令。

（4）确认和更改特征的生成顺序。浏览器中有一个"造型终止"选项，作用是指明在创建特征时特征的插入位置。在默认情况下，它的位置总是在浏览器列出的所有项目的最后。可以在浏览中将其上下拖动，将特征插入到浏览器中的其他特征之间。将"造型终止"选项移动到新位置时，"造型终止"后面的项目将被隐含，这些项目将不在图形区的模型上显示。

可在"造型终止"位于任何地方时保存模型；当再次打开文档时，可直接拖动"造型终止"选项至所需位置。

图 4.5.1　浏览器操作界面

# 4.6　设置零件模型的材料

## 4.6.1　概述

在零件模块中，选择 工具 选项卡 材料和外观 ▼ 区域中的"材料"命令 ，系统弹出图 4.6.1 所示的"材料浏览器"对话框（一），在此对话框中可创建新材料并定义零件材料的属性。

图 4.6.1 "材料浏览器"对话框（一）

## 4.6.2 零件模型材料的设置

下面以一个简单模型为例，介绍设置零件模型材料属性的一般操作步骤，操作前打开模型文件 D:\inv19.1\work\ch04.06\slide.ipt。

Step1. 将材料应用到模型。

（1）选择 **工具** 选项卡 材料和外观▼ 区域中的"材料"命令 🌑，系统弹出"材料浏览器"对话框（二）。

（2）在 Inventor 材料库 区域中单击图 4.6.2 所示的"将材料添加到文档中"按钮 ⬆ 或者双击材料，将材料应用到模型，然后关闭此对话框。

Step2. 创建新材料。

（1）选择 **工具** 选项卡 材料和外观▼ 区域中的"材料"命令 🌑，在弹出的"材料浏览器"对话框（二）中单击"在文档中创建新材质"按钮 🔲，系统弹出图 4.6.3 所示的"材料编辑器"对话框，在"材料编辑器"对话框"标识"选项卡的"名称"文本框中输入"45steel"，然后在外观特性以及物理特性选项卡中分别填入材料的属性值，如 热膨胀系数 、 密度 和 泊松比 等，设置完成后单击 确定 按钮。

图 4.6.2　"材料浏览器"对话框（二）

图 4.6.3　"材料编辑器"对话框

（2）在"材料浏览器"对话框 **文档材料** 区域会多出一个上步创建的 45steel 材质，单击该材质，即可将材料应用到模型。

## 4.7　特征的编辑

特征的编辑是指修改特征尺寸，编辑草图轮廓，改变特征的深度变化方式，隐藏以及删除特征。在学习本节前，请打开模型文件 D:\inv19.1\work\ch04.07\slide.ipt。

## 4.7.1 编辑特征尺寸

特征尺寸的编辑是指对特征的尺寸和相关修饰元素进行修改，以下将举例说明其操作方法。

### 1. 显示特征尺寸值

Step1. 打开文件 D:\inv19.1\work\ch04.07\slide.ipt。

Step2. 在图 4.7.1 所示模型（slide）的浏览器中，右击实体拉伸特征（特征名为"拉伸2"），在弹出的快捷菜单中选择 显示尺寸(M) 命令（图 4.7.2），此时该特征的所有尺寸都显示出来，如图 4.7.3 所示，以便进行编辑。

### 2. 修改特征尺寸值

通过上述方法进入尺寸的编辑状态后，如果要修改特征的某个尺寸值，方法如下。

Step1. 在模型中双击要修改的某个尺寸，系统弹出图 4.7.4 所示的"编辑尺寸"对话框。

Step2. 在对话框的文本框中输入新的尺寸（如 25），并单击对话框中的 ✔ 按钮。

图 4.7.1 浏览器　　　　　　　　　　图 4.7.2 快捷菜单

Step3. 编辑特征的尺寸后，尺寸会重新应用到模型上。若没有更新需选择 管理 选项卡 更新 区域中的"更新"按钮 。

图 4.7.3　显示尺寸

图 4.7.4　"编辑尺寸"对话框

## 4.7.2　编辑特征属性

当特征创建完毕后，如果需要重新定义特征的属性或特征的深度选项，就必须对特征进行"编辑定义"，也叫"编辑特征"。下面以滑块（slide）模型为例，说明其操作方法。

在图 4.7.1 所示的滑块（slide）的浏览器中，右击实体拉伸特征（特征名为"拉伸 1"），在弹出的快捷菜中选择 ![编辑特征] 命令（图 4.7.2），此时系统弹出图 4.7.5 所示的"拉伸"对话框，即可重新定义该特征的属性。

图 4.7.5　"拉伸"对话框

## 4.7.3　编辑草图属性

在图 4.7.1 所示的滑块（slide）的浏览器中，右击实体拉伸特征（特征名为"拉伸 1"），在弹出的快捷菜单中选择 ![编辑草图] 命令（图 4.7.2），系统再次进入草绘环境，可以在草绘环境中修改特征草绘截面的尺寸、约束关系和形状等；修改完成后，单击"完成草图"按钮 ![✓]。

## 4.7.4　三维夹点编辑

三维夹点编辑特征的一般操作步骤如下。

Step1. 选择命令。在浏览器中右击某一特征，然后在图 4.7.2 所示的快捷菜单中，选择命令。

Step2. 编辑尺寸。选取此命令后，绘图区域会将该特征的尺寸显示出来（图 4.7.6），此时双击要修改的尺寸，系统会弹出图 4.7.7 所示的"编辑尺寸"对话框，然后输入尺寸值，单击 确定 按钮。

图 4.7.6　显示尺寸　　　　　　　　　　图 4.7.7　"编辑尺寸"对话框

Step3. 在绘图区域空白处右击，选择 完毕 命令，完成编辑特征的操作。

说明：

● 此方法在修改尺寸后，特征也会随尺寸改变而变化，无须再进行更新。

● 除 Step2 中修改尺寸的方法外，还有另外一种方法修改尺寸值。将鼠标移动至草图的边线上，此时会出现一个与此线段垂直的箭头，我们可以通过拖动此箭头来更改整体尺寸的大小。

## 4.7.5　修改特征的名称

在浏览器中，可以修改各特征的名称，以便于识别特征。

**操作说明如下。**

在浏览器中右击图 4.7.8 所示的 拉伸3 ，在弹出的快捷菜单中选择 特性(P) 命令，系统弹出"特征特性"对话框，然后在"名称"文本框中输入切削拉伸 3，并按 Enter 键确认。

a)　修改名称前　　　　　　　　　　　b)　修改名称后

图 4.7.8　修改特征的名称

### 4.7.6 删除特征

删除特征的一般操作步骤如下。

（1）选择命令。在浏览器中右击图 4.7.8 所示的 ，然后在图 4.7.2 所示的快捷菜单中选择 删除(D) 命令，系统弹出图 4.7.9 所示的"删除特征"对话框。

图 4.7.9 "删除特征"对话框

（2）定义是否删除已使用的草图和特征。在"删除特征"对话框中选中 ☑ 已使用的草图和特征。对话框。

**说明：**已使用的草图和特征即所选特征的子代特征，如本例中所选特征的已使用的草图和特征即"草图 3（草图）"，若取消选中 ☐ 已使用的草图和特征。复选框，则系统执行删除命令时，只删除特征，而不删除草图。

（3）单击对话框中的 确定 按钮，完成特征的删除。

**说明：**如果要删除的特征是零部件的基础特征（如模型 slide 中的拉伸特征"拉伸 1"），可选中 ☑ 已使用的草图和特征。和 ☑ 相关的草图和特征。复选框，所有特征将均被删除。

### 4.7.7 特征的显示与隐藏

在滑块零件模型（slide）的浏览器中，右击某些基准特征名（如 XY 平面），从弹出的图 4.7.10 所示的快捷菜单中选择 可见性(V) 命令，即可"显示"该基准特征，也就是在零件模型上能看见此特征。

如果想要隐藏基准特征，可在浏览器中右击隐藏特征名，再在弹出的快捷菜单中选择 ✓ 可见性(V) 命令，如图 4.7.11 所示，即可"隐藏"该基准特征，也就是在零件模型上看不见此特征。

图 4.7.10 "显示"命令　　　　　　图 4.7.11 "隐藏"命令

## 4.7.8 特征的抑制

在滑块零件模型（slide）的浏览器中，右击某些零件特征（如拉伸 3），在弹出的图 4.7.12 所示的快捷菜单中选择 抑制特征 命令，即可"抑制"该零件特征，在零件模型上看不见此特征。浏览器中的符号也会更改，以反映抑制了该特征，如图 4.7.14 所示。

如果想要取消被抑制的特征，可在浏览器中右击被抑制的特征，再在弹出的快捷菜单中选择 解除特征抑制 命令，如图 4.7.13 所示。

图 4.7.12 "抑制"命令　　　　　　图 4.7.13 "取消抑制"命令

a）抑制前　　　　　　　　　b）抑制后

图 4.7.14 浏览器

## 4.8　特征的多级撤销/重做功能

多级撤销/重做（Undo/Redo）功能，意味着在所有对特征、组件和制图的操作中，如果错误地删除、重定义或修改了某些内容，只需一个简单的"撤销"操作就能恢复原状。下面以一个例子进行说明。

Step1. 新建一个零件模型。

Step2. 创建图 4.8.1 所示的拉伸特征。

Step3. 创建图 4.8.2 所示的拉伸切削特征。

Step4. 删除上步创建的拉伸切削特征，然后单击快速访问工具栏中的 ⇦（撤销）按钮，则刚刚被删除的拉伸切削特征又恢复回来；如果再单击快速访问工具栏中的 ⇨（重做）按钮，恢复的拉伸切削特征又被删除了。

图 4.8.1　拉伸特征

图 4.8.2　拉伸切削特征

## 4.9　旋转特征

### 4.9.1　旋转特征简述

如图 4.9.1 所示，旋转（Revolve）特征是将截面绕着一条中心轴线旋转而形成的形状特征。注意旋转特征必须有一条绕其旋转的中心线。

要创建或重新定义一个旋转特征，可按下列操作顺序给定特征要素。

定义特征属性包括草图平面→绘制旋转中心线→绘制特征截面→确定旋转方向→输入旋转角。

**注意：**旋转体特征分为旋转特征和旋转切削特征（图 4.9.1 所示为旋转特征），这两种旋转特征的截面草图都必须是封闭的。

### 4.9.2　创建旋转特征的一般过程

下面以图 4.9.1 所示的零件——短轴（Pin）为例，说明在新建一个以旋转特征为基础特征的零件模型时，创建旋转特征的详细过程。

图 4.9.1 旋转特征示意图

## Task1. 新建文件

选择下拉菜单 文件 ➡ 新建 ➡ 零件 命令。

## Task2. 创建图 4.9.1 所示的实体旋转特征

Step1. 在 创建 区域中选择 命令后，系统弹出图 4.9.2 所示的"创建旋转"对话框。

图 4.9.2 "创建旋转"对话框

Step2. 定义特征的截面草图。

（1）选择草图平面。单击 创建二维草图 按钮，在系统 选择平面以创建草图或选择现有草图以进行编辑 的提示下，选取 XZ 平面作为草图平面，进入草图绘制环境。

（2）绘制图 4.9.3 所示的截面草图（包括旋转中心线）。

① 绘制草图的大致轮廓。

② 建立图 4.9.3 所示的几何约束和尺寸约束，修改并整理尺寸。

Step3. 定义旋转属性。单击 草图 选项卡 返回到三维 区域中的 按钮，系统弹出"旋转"对话框。在"旋转"对话框 范围 区域的下拉列表中选中 全部 选项。

Step4. 单击对话框中的 确定 按钮，完成旋转的创建。

图 4.9.3　截面草图

Step5. 选择下拉菜单 文件 ➡ 保存 命令，命名为 pin.ipt，保存零件模型。

说明：

- 旋转特征必须有一条旋转轴线，围绕轴线旋转的草图只能在该轴线的一侧。
- 实体特征的截面必须是封闭的，而曲面特征的截面则可以不封闭。
- 旋转轴线一般是用 命令绘制的一条中心线，也可以是用 命令绘制的一条直线，还可以是草图轮廓的一条直线边。

## 4.9.3　创建旋转切削特征的一般过程

下面以图 4.9.4 所示的一个简单模型为例，说明创建旋转切削特征的一般过程。

a）旋转前　　　　　　　　　　　　　　b）旋转后

图 4.9.4　旋转切削特征

Step1. 打开文件 D:\inv19.1\work\ch04.09\revolve_cut.ipt。

Step2. 选择命令。在 创建 区域中选择 命令后，系统弹出图 4.9.2 所示的"创建旋转"对话框。

Step3. 定义特征的截面草图。

（1）选择草图平面。单击 创建二维草图 按钮，在系统 选择平面以创建草图或选择现有草图以进行编辑 的提示下，选取 XZ 平面作为草图平面，进入草图绘制环境。

（2）绘制图 4.9.5 所示的截面草图（包括旋转中心线）。

① 绘制草图的大致轮廓。

② 建立图 4.9.5 所示的几何约束和尺寸约束，修改并整理尺寸。

图 4.9.5　截面草图

**Step4.** 定义旋转属性。单击 草图 选项卡 返回到三维 区域中的 按钮，系统弹出"旋转"对话框，在"旋转"对话框 范围 区域的下拉列表中选中 全部 选项，将布尔运算类型设置为"求差"类型 。

**Step5.** 单击窗口中的 确定 按钮，完成旋转切除的定义。

**Step6.** 选择下拉菜单 文件 ➡ 另存为 命令，命名为 revolve_cut_ok.ipt，保存零件模型。

# 4.10　倒 角 特 征

## 4.10.1　倒角特征简述

倒角（Chamfer）特征实际上是一个在两个相交面的交线上建立斜面的特征。倒角特征属于构建特征。构建特征不能单独生成，而只能在其他特征之上生成，构建特征包括倒角特征、圆角特征、孔特征和修饰特征等。

## 4.10.2　创建简单倒角特征的一般过程

下面以图 4.10.1 所示的简单零件为例，说明在一个模型上添加倒角特征的详细过程。

a）倒角前　　　　　　　　　　　　b）倒角后

图 4.10.1　倒角特征

**Step1.** 打开文件 D:\inv19.1\work\ch04.10\chamfer.ipt。

**Step2.** 选择命令，在 修改 ▼ 区域中单击 倒角 按钮，系统弹出图 4.10.2 所示的"倒角"对话框。

图 4.10.2　"倒角"对话框

图 4.10.2 所示的"倒角"对话框的说明如下。

● 　选项：创建的倒角沿两个邻接曲面距选定边的距离相等，需输入倒角的值。

● 　选项：创建的倒角沿一邻接曲面距选定边的距离为倒角值，并且与该面成一指定夹角；只能在两个平面之间使用该命令，需输入角度和倒角边长的值，如图 4.10.3 所示。

● 　选项：创建的倒角沿第一个曲面距选定边的距离为倒角边长 1，沿第二个曲面距选定边的距离为倒角边长 2，需输入倒角边长 1 和倒角边长 2 的值，如图 4.10.4 所示。

图 4.10.3　应用"倒角边长和角度"的倒角　　　图 4.10.4　应用"两个倒角边长"的倒角

● 　边选项：用于定义要倒角的各条边。

● 　面选项：用于定义由距离和角度定义的倒角边。

● 　选项：对于由两个距离定义的倒角，使倒角距离的方向相反。

● 倒角边长 文本框：用于指定倒角的距离。

● 角度 文本框：用于指定由距离和角度选项定义倒角时倒角的角度。

● 　选项：用于选择所有相连相切边。

● 　选项：用于选择独立的边。

● 　选项：用于在平面相交处连接倒角，如图 4.10.5 所示。

● 　选项：用于在相交处形成角点，如图 4.10.6 所示。

Step3. 定义倒角类型。在"倒角"对话框中定义倒角类型为"倒角边长"选项 。

Step4. 选取模型中要倒角的边线，如图 4.10.1 所示。

Step5. 定义倒角参数。在"倒角"对话框 倒角边长 文本框中输入数值 2.0。

Step6. 单击"倒角"对话框中的 确定 按钮，完成倒角特征的定义。

Step7. 选择下拉菜单 文件 ➡ 另存为 命令，命名为 chamfer_ok，保存零件模型。

图 4.10.5 应用"过渡"的倒角

图 4.10.6 无过渡的倒角

# 4.11 圆 角 特 征

## 4.11.1 圆角特征简述

使用圆角（Round）命令可创建曲面间的圆角或中间曲面位置的圆角。曲面可以是实体模型的曲面，也可以是曲面特征。在 Inventor 中提供了三种圆角的方法，用户可以根据不同情况进行圆角操作。

## 4.11.2 创建等半径圆角

下面以图 4.11.1 所示的一个简单模型为例，说明创建等半径圆角特征的一般操作步骤。

a）圆角前

b）圆角后

图 4.11.1 等半径圆角特征

Step1. 打开文件 D:\inv19.1\work\ch04.11\round_1.ipt。

Step2. 选择命令。在 修改 ▼ 区域中单击 按钮，系统弹出图 4.11.2 所示的"圆角"对话框（一）。

Step3. 定义圆角类型。在"圆角"对话框（一）中单击"边圆角"按钮 ，并确认 等半径 选项卡被激活。

Step4. 选取要圆角的对象。在系统 选择一条边进行圆角 的提示下，选取图 4.11.1 所示的模型边线作为圆角的对象。

Step5. 定义圆角参数。在"圆角"对话框 半径 区域中输入数值 10。

Step6. 单击"圆角"对话框中的 确定 按钮，完成等半径圆角特征的创建，如图 4.11.1b 所示。

图 4.11.2 "圆角"对话框（一）

图 4.11.2 所示的"圆角"对话框（一）的说明如下。

- （边圆角）选项：用于在零件的一条或者多条边线上添加圆角。

- （面圆角）选项：用于在不需要共享边的两个选定的面集之间添加圆角。

- （全圆角）选项：用于添加与三个相邻面相切的变半径的圆角。

- 边 选项：用于显示当前所选边的数目。

- 半径 选项：用于指定所选边线倒圆的半径值。

- 选择模式 区域：用于改变在一组边中添加或者删除边的方法。

  - ☑ 边 选项：用于选择或者删除单条边线。

  - ☑ 回路 选项：用于选择或者删除在一个面上形成封闭回路的边。

  - ☑ 特征 选项：用于选择或者删除因某个特征与其他面相交所导致的边以外的所有边。

- 实体 选项区域：用于选择多实体零件中的参与实体，在单实体零件中不可用。

  - ☑ 所有圆角 选项：用于选择或删除所有剩余的凹边和拐角，在部件环境中不可用。

  - ☑ 所有圆边 选项：用于选择或删除所有剩余的凸边和拐角，在部件环境中不可用。

- ☐ 沿尖锐边旋转 选项：选中该复选框可以在需要时改变指定的半径，以保证相邻面的边壁延伸。

- ☑ 在可能的位置使用球面连接 选项：选中该复选框用于创建一个边圆角，若清除该复选框则在锐利拐角的边圆角之间建立连续相切的过渡（效果如图4.11.3所示）。

a）选中　　　　　　　　　　　　　　　　　　　　b）不选中

图4.11.3　在可能的位置使用球面连接选项

- ☑ 自动链选边 选项：选中该复选框可以在选择一条圆角边时自动选取所有与其相切的边。

- ☐ 保留所有特征 选项：选中该复选框，所有与圆角相交的特征都会被选中，并且在进行圆角操作时计算它们的交线。如果清除了该复选框，则在圆角操作中只计算参与操作的边。

- ☑ ᎧᎧ 选项：用于提供当前选择的圆角预览。

## 4.11.3　创建变半径圆角

下面以图4.11.4所示的一个简单模型为例，说明创建变半径圆角特征的一般过程。

a）圆角前　　　　　　　　　　　　　　　　　b）圆角后

图4.11.4　变半径圆角特征

Step1. 打开文件 D:\inv19.1\work\ch04.11\round_2.ipt。

Step2. 选择命令。在 修改 ▼ 区域中单击 🔘 按钮，系统弹出"圆角"对话框（一）。

Step3. 定义圆角类型。在"圆角"对话框（一）中单击"边圆角"按钮 🔘，并单击 🔘 变半径 选项卡（图4.11.2）。

Step4. 选取要圆角的对象。在系统 选择一条边进行圆角 的提示下，选取图4.11.4a所示的模型边线1为要圆角的对象。

Step5. 定义圆角参数。在绘图区域选取图 4.11.5 所示的两个参考点,此时在"圆角"对话框"点"区域会添加除了开始点与结束点之外的另外两个点,然后在"圆角"对话框半径义本框中修改控制点的半径值,并修改点 1 与点 2 的位置(具体数值可参考图 4.11.6 所示)。

图 4.11.5　添加参考点　　　　　　图 4.11.6　"圆角"对话框(二)

Step6. 单击"圆角"对话框中的 **确定** 按钮,完成变半径圆角特征的定义。

图 4.11.6 所示的"圆角"对话框(二)的部分选项说明如下。

- ☑ **平滑半径过渡** 选项:选中该复选框可以使圆角在控制点之间逐渐过渡,若清除该复选框则在控制点之间用线性过渡来创建圆角,效果如图 4.11.7 所示。

　　　　a) 不选中　　　　　　　　　　　　　　　　b) 选中

图 4.11.7　平滑半径过渡选项

## 4.11.4　创建面圆角

下面以图 4.11.8 所示的一个简单模型为例,说明创建面圆角特征的一般过程。

　　a) 圆角前　　　　　　　　　　　　　　b) 圆角后

图 4.11.8　创建面圆角特征

Step1. 打开文件 D:\inv19.1\work\ch04.11\round_3.ipt。

Step2. 选择命令。在 修改 ▼ 区域中单击 🍪 按钮，系统弹出"圆角"对话框（一）。

Step3. 定义圆角类型。在"圆角"对话框单击"面圆角"按钮 🏠，系统弹出图 4.11.9 所示的"圆角"对话框（二）。

图 4.11.9 "圆角"对话框（二）

图 4.11.9 所示的"圆角"对话框（二）的部分选项说明如下。

● 面集1 选项：用于指定要创建圆角的第一个面集中的模型或曲面的一个或多个相切、连续面，可通过反转按钮改变选取曲面的对象。

● 面集2 选项：用于指定要创建圆角的第二个面集中的模型或曲面的一个或多个相切、连续面，可通过反转按钮改变选取曲面的对象。

● ☑ 包括相切面 选项：选中此选项则允许圆角在相切面、相邻面上自动延续。

● ☑ 优化单个选择 选项：选中此选项后，当单个选择后，系统自动进入下一个"选择"命令。

● 半径 文本框：用于指定所选面集的圆角半径。

Step4. 选取要圆角的对象。在系统 选择面进行过渡 的提示下，选取图 4.11.8a 所示的模型面 1、面 2。

Step5. 定义圆角参数。在"圆角"对话框 半径 文本框中输入数值 10。

Step6. 单击对话框中的 确定 按钮，完成圆角特征的定义。

## 4.11.5 创建全圆角

全圆角是指生成相切于三个相邻面组（一个或多个面相切）的圆角。

下面以图 4.11.10 所示的一个简单模型为例，说明创建全圆角特征的一般操作步骤。

a）圆角前　　　　　　　　　　　　　　　　b）圆角后

图 4.11.10　完整圆角特征

Step1. 打开文件 D:\inv19.1\work\ch04.11\round_4.ipt。

Step2. 选择命令。在 修改 ▼ 区域中单击 按钮，系统弹出"圆角"对话框（一）。

Step3. 定义圆角类型。在"圆角"对话框（一）单击"全圆角"按钮 ，系统弹出图 4.11.11 所示的"圆角"对话框（二）。

图 4.11.11　"圆角"对话框（二）

Step4. 选取要圆角的对象。在系统 选择面进行过渡 的提示下，依次选取图 4.11.10a 所示的模型侧面集 1、中心面集、侧面集 2。

Step5. 单击对话框中的 确定 按钮，完成圆角特征的定义。

**说明：** 一般而言，在生成圆角时最好遵循以下规则。

● 在添加小圆角之前添加较大圆角。当有多个圆角汇聚于一个顶点时，应先生成较大的圆角。

● 在生成圆角前先添加拔模。如果要生成具有多个圆角边线及拔模面的铸模零件，在大多数情况下，应在添加圆角之前添加拔模特征。

● 最后添加装饰用的圆角。在大多数其他几何体定位后，尝试添加装饰圆角。越早添加它们，则系统需要花费越长的时间重建零件。

● 如要加快零件重建的速度，请使用单一圆角操作来处理需要相同半径圆角的多条边线。但是，如果改变此圆角的半径，则在同一操作中生成的所有圆角都会改变。

# 4.12 孔 特 征

Inventor 中提供了专门的孔特征（Hole）命令，用户可以方便而快速地创建各种要求的孔。

## 4.12.1 孔特征简述

在 Inventor 中，可以创建两种类型的孔特征。

● 简单孔：具有圆截面的切口，它始于放置曲面并延伸到指定的终止曲面或用户定义的深度。

● 标准孔：具有基本形状的螺纹孔。它是基于相关的工业标准，可带有不同的末端形状的配合孔、螺纹孔和锥螺纹孔。对于选定的紧固件，既可计算攻螺纹孔所需参数，也可计算间隙直径；用户既可利用系统提供的标准查找表，也可创建自己的查找表来查找这些直径。

## 4.12.2 创建孔特征（直孔）的一般过程

下面以图 4.12.1 所示的简单模型为例，说明在模型上创建孔特征（简单直孔）的一般操作步骤。

Step1. 打开文件 D:\inv19.1\work\ch04.12\piston_hole.ipt，如图 4.12.1 所示。

孔的放置面

a）钻孔前　　　　　　　　　　　　b）钻孔后

图 4.12.1　孔特征

Step2. 选择命令。在 修改 ▼ 区域中单击 按钮，系统弹出图 4.12.2 所示的"孔"对话框。

图 4.12.2 所示的"孔"对话框中各选项的说明如下。

● 图 4.12.2 所示"孔"对话框的 ▼ 放置 选项组用于定义孔中心的放置方式，可通过选择面和位置、草图点或工作点来进行放置。

图 4.12.2 "孔"对话框

- 图 4.12.2 所示"孔"对话框的 ▼类型 选项组用于定义孔的类型及样式，各按钮的说明如下。
  - ☑ ▥（简单孔）选项：表示创建孔的类型为不带螺纹的简单孔。
  - ☑ ▥（配合孔）选项：表示创建孔的类型为与选定的紧固件配合的孔。
  - ☑ ▤（螺纹孔）选项：表示创建孔的类型为带螺纹的孔。
  - ☑ ▼（锥螺纹孔）选项：表示创建孔的类型为带螺纹的锥度孔。
  - ☑ ⊘（无）选项：表示创建孔的样式为直孔。
  - ☑ ▥（沉头孔）选项：表示创建孔的样式为沉头孔。
  - ☑ ▢（沉头平面孔）选项：表示创建孔的样式为沉头平面孔。
  - ☑ ▽（倒角孔）选项：表示创建孔的样式为倒角孔（或者称为埋头孔）。
- 图 4.12.2 所示"孔"对话框的 ▼尺寸 选项组用于定义孔的终止方式及方向，部分按钮的说明如下。
  - ☑ ▯（距离）选项：可以创建确定深度尺寸类型的特征，此时特征将从草绘平面开始，按照所输入的数值（即拉伸深度值）向特征创建的方向一侧生成。
  - ☑ ▤（贯通）选项：特征将与所有曲面相交。
  - ☑ ▤（到）选项：特征在拉伸方向上延伸，直到与指定的平面相交。

- ☑ ⬚ 选项：表示孔特征从草图基准面的法向方向进行拉伸。

- ☑ ⬚ 选项：表示孔特征从草图基准面的另外一个法向方向进行拉伸。

- ☑ ⬚ 选项：表示孔特征从草图基准面的两个方向同时进行拉伸，并且两侧拉伸的值均为输入值的一半。

- ● 图 4.12.2 所示 "孔" 对话框的 ▼高级设置 选项组用于定义孔的高级参数设置，各按钮的说明如下。

  - ☑ iMate ☑ 复选框：选中后，可生成用来预定义装配要素的条件。

  - ☑ 延伸端部 ☑ 复选框：选中后，表示与草图相邻的孔的另一端也会延伸。

Step3. 定义孔的放置面。在系统 添加孔点或选择线性或环形边以添加约束 的提示下，选取图 4.12.1a 所示的模型表面为孔的放置面。

Step4. 定义孔的放置参考。选取图 4.12.3 所示的两条边线为放置的参考，定位尺寸均为 10。

Step5. 定义孔的类型及样式。在 "孔" 对话框 ▼类型 选项组中确认 "简单孔" 按钮 ⬚ 与 "无" 按钮 ⬚ 被选中。

图 4.12.3　选取边线

Step6. 定义孔的参数。

（1）定义孔的深度。在 "孔" 对话框 ▼尺寸 选项组 终止方式 区域中选择 "贯通" 选项 ⬚。

（2）定义孔的直径。在 "孔" 对话框预览图像区域输入孔的直径为 8.0。

Step7. 单击 "孔" 对话框中的 确定 按钮，完成孔的创建。

## 4.12.3　创建螺纹孔（标准孔）

下面以图 4.12.4 所示的简单模型为例，说明在模型上创建孔特征（标准孔）的一般操作步骤。

Step1. 打开文件 D:\inv19.1\work\ch04.12\piston_hole.ipt，如图 4.12.1 所示。

Step2. 选择命令。在 修改 ▼ 区域中单击 ⬚ 按钮，系统弹出 "孔" 对话框。

Step3. 定义孔的放置面。在系统 添加孔点或选择线性或环形边以添加约束 的提示下，选取图 4.12.4a 所示的模型表面为孔的放置面。

Step4. 定义孔的放置参考。选取图 4.12.5 所示的两条边线为放置的参考，定位尺寸均为 10。

Step5. 定义孔的类型及样式。在"孔"对话框▼ 类型 选项组中确认"螺纹孔"按钮和"沉头孔"按钮被选中，在▼ 螺纹 选项组 类型 的下拉列表中选择 GB Metric profile 选项，在 尺寸 下拉列表中选择 8，在 规格 下拉列表中选择 M8x0.5，其余参数接受系统默认。

孔的放置面

a）钻孔前　　　　　　　　　　　　　　　b）钻孔后

图 4.12.4　螺纹孔特征

Step6. 定义孔的参数。

（1）定义孔的深度。在"孔"对话框▼ 尺寸 选项组 终止方式 区域中选择"贯通"选项。

（2）定义孔的直径。在"孔"对话框孔预览图像区域输入图 4.12.6 所示的参数。

图 4.12.5　选取边线　　　　　　　　　图 4.12.6　设置参数

Step7. 单击"孔"对话框中的 确定 按钮，完成孔的创建。

# 4.13　拔模特征

## 4.13.1　拔模特征简述

注射件和铸件往往需要一个拔模斜面才能顺利脱模，Inventor 的拔模（斜度）特征就是用来创建模型的拔模斜面的。拔模特征共三种：固定边拔模、固定平面拔模和分模线拔模。

## 4.13.2　从固定平面拔模

下面以图 4.13.1 所示的模型为例，说明从固定平面拔模的一般操作过程。

Step1. 打开文件 D:\inv19.1\work\ch04.13\draft_general.ipt。

Step2. 选择命令。在 修改 ▼ 区域中单击按钮，系统弹出图 4.13.2 所示的"面拔模"对话框。

a）拔模前          b）拔模后

图 4.13.1 拔模（斜度）特征

图 4.13.2 "面拔模"对话框

**图 4.13.2** 所示的"面拔模"对话框中的各选项说明如下。

- ![图标]（固定边）选项：选中此选项，指定拔模角度将从零件边开始，如图 4.13.3 所示。

- ![图标]（固定平面）选项：选中此选项，指定的拔模角度将从参考平面或平的面定义，如图 4.13.4 所示。

- ![图标]（分模线）选项：用于创建有关二维或三维的拔模，模型将在分模线的上方和下方进行拔模，使用此选项的前提是有一个三维的线，即分模线。

图 4.13.3 固定边拔模

图 4.13.4 固定面拔模

- ![拔模方向图标]选项：用于选取在拔模过程中固定不变的面，同时通过此面确定拔模的方向，也可通过 ![图标]按钮改变拔模的方向。

- ![面图标]面选项：用于选取要进行拔模的面。

- ![自动链选面图标]选项：选中该复选框可以在选择一个面时自动选取所有与其相切的面。

- ![自动过渡图标]选项：用于以圆角或其他特征过渡到其他面。

● 拔模斜度 选项：用于设置拔模的角度。

☑ （单项）选项：用于在一个方向上进行拔模。

☑ （对称）选项：用于在平面或分模线的上方和下方添加同一角度的拔模。

☑ （步对称）选项：用于在平面或分模线上方和下方添加不同角度的拔模。

Step3. 定义拔模类型。在"面拔模"对话框中将拔模类型设置为"固定平面"类型 。

Step4. 定义固定面。在系统 选择平面或工作平面 的提示下，选取图 4.13.1a 所示的模型表面为拔模固定平面。

Step5. 定义拔模面。在系统 选择拔模面 的提示下，选取图 4.13.1a 所示的模型表面为需要拔模的面。

Step6. 定义拔模属性。在"面拔模"对话框 拔模斜度 文本框中输入数值 15。

Step7. 定义拔模方向。拔模方向如图 4.13.5 所示。

Step8. 单击"面拔模"对话框中的 确定 按钮，完成从固定平面拔模的创建。

图 4.13.5 定义拔模方向

# 4.14 抽 壳 特 征

抽壳特征（Shell）是将实体的内部掏空，留下一定壁厚（等壁厚或多壁厚）的空腔，该空腔可以是封闭的，也可以是开放的，如图 4.14.1 所示。在使用该命令时，要注意各特征的创建次序。

## 1. 等壁厚抽壳

下面以图 4.14.1 所示的简单模型为例，说明创建等壁厚抽壳特征的一般操作步骤。

Step1. 打开文件 D:\inv19.1\work\ch04.14\shell_feature.ipt。

a）抽壳前    b）抽壳后

图 4.14.1 等壁厚的抽壳

Step2. 选择命令。在 修改 ▼ 区域中单击 回抽壳 按钮，系统弹出图 4.14.2 所示的"抽壳"对话框。

图 4.14.2 "抽壳"对话框

Step3. 定义抽壳厚度。在"抽壳"对话框 厚度 文本框中输入抽壳厚度值为 1.0。

图 4.14.2 所示的"抽壳"对话框中的部分选项说明如下。

● （向内）选项：用于向零件的内部偏移壳壁，原始零件的外壁成为抽壳的外壁。

● (向外)选项：用于向零件的外部偏移壳壁，原始零件的外壁成为抽壳的外壁。

● （双向）选项：用于向零件内部和外部以相同距离偏移壳壁，零件的每侧厚度将增加抽壳厚度的一半。

● 开口面选项：用于选择要删除的零件面，保留剩余的面作为壳壁。

● 厚度文本框：用于指定抽壳面的厚度。

Step4. 选择要移除的面。在系统 选择要去除的表面 的提示下，选择图 4.14.1a 所示的模型表面为要移除的面。

Step5. 单击"抽壳"对话框中的 确定 按钮，完成抽壳特征的创建。

### 2．多壁厚抽壳

利用多壁厚抽壳，可以生成在不同面上具有不同壁厚的抽壳特征。

下面以图 4.14.3 所示的简单模型为例，说明创建多壁厚抽壳特征的一般过程。

Step1. 打开文件 D:\inv19.1\work\ch04.14\shell_feature.ipt。

Step2. 选择命令。在 修改 ▼ 区域中单击 回抽壳 按钮，系统弹出"抽壳"对话框，然后单击 >> 按钮。

模型表面 5
模型表面 4（侧面）
模型表面 6（侧面）

a）抽壳前　　　　　　　　　　　　　　　　b）抽壳后

图 4.14.3 多壁厚的抽壳

Step3. 定义抽壳厚度。在"抽壳"对话框 厚度 文本框中输入抽壳厚度值为 2.0。

Step4. 选择要移除的面。在系统 选择要去除的表面 的提示下，选择图 4.14.1a 所示的模型表面为要移除的面。

Step5. 定义抽壳剩余面的厚度。

（1）在"抽壳"对话框 特殊面厚度 区域单击 单击以添加 使其激活，然后选取图 4.14.3a 所示的模型表面 4 为特殊面，在"厚度"区域 3 mm ▶ 的文本框中输入数值 8.00。

（2）在 特殊面厚度 区域单击 单击以添加 ，参照上一步分别选取图 4.14.3a 所示的模型表面 5 和模型表面 6 为特殊面，分别输入厚度值 6.00 和 4.00。

Step6. 单击"抽壳"对话框中的 确定 按钮，完成抽壳特征的创建。

# 4.15　加强筋（肋板）特征

加强筋（肋板）设计是用来加固零件的，也常用来防止出现不需要的折弯。肋板（筋）特征的创建过程与拉伸特征基本相似，不同的是加强筋（肋板）特征的截面草图是不封闭的，加强筋（肋板）的截面只是一条直线。

下面以图 4.15.1 所示的模型为例，说明创建加强筋（肋板）特征的一般过程。

a）创建加强筋（肋板）前　　　　　　　b）创建加强筋（肋板）后

图 4.15.1　加强筋（肋板）特征

Step1. 打开文件 D:\inv19.1\work\ch04.15\rib_feature.ipt。

Step2. 定义（肋板）特征的截面草图。

（1）在 三维模型 选项卡 草图 区域单击 按钮，然后选择 XY 平面为草图平面，系统进入草图设计环境。

（2）绘制图 4.15.2 所示的草图，单击 按钮，退出草绘环境。

图 4.15.2　截面草图

Step3. 选择命令。在 创建 区域中单击 加强筋 按钮，系统弹出图 4.15.3 所示的"加强筋"对话框。

图 4.15.3 "加强筋"对话框

图 4.15.3 所示的"加强筋"对话框中的部分选项说明如下。

- （垂直于草图平面）选项：用于创建加强筋厚度垂直于草图平面的筋特征，如图 4.15.4 所示。
- （平行于草图平面）选项：用于创建加强筋厚度平行于草图平面的筋特征，如图 4.15.5 所示。

图 4.15.4 "垂直于草图平面"选项

图 4.15.5 "平行于草图平面"选项

- 截面轮廓 选项：用于定义加强筋形状的截面轮廓。此轮廓可以开放也可以封闭。
- 选项：用于指定几何图元的拉伸方向。
- 厚度 文本框：用于指定加强筋的厚度。
- 选项：用于选择要创建特征的轮廓的一侧。筋板方向可以是向一侧、向另一侧或者双向拉伸，如图 4.15.6 所示。

a）双向

b）左侧

c）右侧

图 4.15.6 轮廓一侧形式

- ⬛(到表面或平面)选项：使加强筋或腹板终止于下一个面，如图 4.15.7 所示。
- ⬛（有限的）选项：设定加强筋或腹板终止的特定距离，需输入一个值，如图 4.15.8 所示。

图 4.15.7　"到表面或平面"选项　　　　　　图 4.15.8　"有限的"选项

Step4. 指定加强筋轮廓。在绘图区域选取 Step2 中创建的截面草图。

Step5. 指定加强筋的类型。在"加强筋"对话框单击"平行于草图平面"按钮⬛。

Step6. 定义加强筋特征的参数。

（1）定义加强筋的拉伸方向。在"加强筋"对话框中设置拉伸方向为"方向 1"类型⬛。

（2）定义加强筋的厚度。在⬛文本框中输入数值 4.0，将加强筋的生成方向设置为"双向"类型⬛，其余参数接受系统默认设置。

Step7. 单击"加强筋"对话框中的⬛按钮，完成加强筋特征的创建。

# 4.16　参考几何体

Inventor 中包括由系统默认存在的三个工作平面、三个坐标轴、一个工作点组成的"原始坐标系"，此坐标系是固定的，相当于在 AutoCAD 中的 WCS。

Inventor 中的参考几何体包括工作平面、工作轴、工作坐标系和工作点等基本几何元素，这些几何元素可作为其他几何体构建时的参照，在创建零件的一般特征、曲面、零件的剖切面以及装配中起着非常重要的作用。

## 4.16.1　工作平面

工作平面也称基准面。它是一种自定义、参数化且无限大的坐标平面。在创建一般特征时，如果模型上没有合适的平面，用户可以创建工作平面作为特征截面的草图平面及其参考平面。

在绘制草图时也可以根据一个工作平面进行标注，就好像它是一条边。工作平面的大小可以调整，以使其看起来适合零件、特征、曲面、边、轴或半径。

要选择一个工作平面，可以在浏览器中选择其名称，或在图形区中选择它的一条边界。

### 1．创建平面绕边旋转一定角度的参考平面

下面以一个范例来说明创建工作平面的一般过程。如图 4.16.1 所示，现在要创建一个工作平面 1，使其穿过图中模型的一条边线，并与模型上的一个表面成 30°的夹角。

图 4.16.1　工作平面的创建

Step1. 打开文件 D:\inv19.1\work\ch04.16.01\connecting_rod_plane1.ipt。

Step2. 选择命令。在 定位特征 区域中单击"平面"按钮 下的 平面 ，选择 平面绕边旋转的角度 命令。

Step3. 定义基准面的参考实体。在系统 选择线或平面 的提示下，选取图 4.16.1 所示的面为参考平面，然后选取图 4.16.1 所示的线为参考轴。

Step4. 定义参数。在系统弹出的"平面"工具栏中输入角度值为 30.0，单击 按钮，完成特征的创建。

说明：工作平面有正反面之分，默认情况下正面颜色是淡黄色板透明，反面颜色是淡蓝色板透明，可以更改工作平面的名称，也可以控制其显示与隐藏。

### 2．创建平行于选定平面或面的参考平面

Step1. 选择命令，在 定位特征 区域中单击"平面"按钮 下的 平面 ，选择 从平面偏移 命令。

Step2. 选取某一参考平面，然后在"基准面"工具栏的下拉列表中输入要偏移的距离。

Step3. 单击 按钮，完成偏移基准面的创建。

### 3．创建垂直于选定曲线的参考平面

利用点与曲线创建基准面，此基准面通过所选点，且与选定的曲线垂直。

如图 4.16.2 所示，通过垂直于曲线创建基准面的一般操作步骤如下。

Step1. 打开文件 D:\inv19.1\work\ch04.16.01\connecting_rod_plane2.ipt。

Step2. 选择命令，在 定位特征 区域中单击"平面"按钮 下的 平面 ，选择 在指定点处与曲线垂直 命令。

Step3. 定义基准面的参考实体。选取图 4.16.2 所示的曲线为参考线，然后再选取点 1。

Step4. 完成通过点 1 且垂直于参考曲线的平面的创建。

### 4．创建相切于选定曲面的参考平面

图 4.16.2　基准面的创建

通过选择一个曲面创建基准面，此基准面与所选曲面相切，需要注意的是创建时应指定方向矢量。下面介绍图 4.16.3 所示基准面创建的一般操作步骤。

Step1. 打开文件 D:\inv19.1\work\ch04.16.01\connecting_rod_plane3.ipt。

Step2. 选择命令，在 定位特征 区域中单击"平面"按钮 下的 平面 ，选择 与曲面相切且通过点 命令。

Step3. 定义基准面的参考实体。选取图 4.16.3a 所示的点和曲面作为所要创建的基准面的参考实体。

a）创建前　　　　　　　　　　　　　　　　　　　　b）创建后

图 4.16.3　创建与曲面相切的基准面

Step4. 完成基准面的创建。

### 5. 控制工作平面的显示大小

尽管工作平面实际上是一个无穷大的平面，但在默认情况下，系统根据模型大小对其进行缩放显示。显示的工作平面的大小随零件尺寸的不同而改变。除了那些即时生成的平面以外，其他所有工作平面的大小都可以加以调整，以适应零件、特征、曲面、边、轴或半径。具体操作步骤如下。

在浏览器上单击一基准面，然后右击，从弹出的快捷菜单中选择 自动调整大小(A) 命令，此时系统将根据图形区域零件的大小自动调整基准面。如想自由调整平面的大小可通过如下操作：首先确认 自动调整大小(A) 不被选择，然后选取要更改大小的基准面，选中基准面上的某个控制点，通过拖动基准面上的四个控制点来调整基准面的大小。

### 6. 工作平面的作用

（1）用于作为草图绘制时的参考面。

（2）用于作为创建工作轴或工作点的参考。

（3）用于作为拉伸、旋转等特征时的终止平面。

（4）用于作为装配时的参考平面。

（5）用于作为装配或零件状态下剖切观察的剖面。

（6）工作平面还可以向其他的草图平面进行投影，作为草图的定位或参考基准。

## 4.16.2 工作轴

"工作轴（Axis）"功能是在零件设计模块中建立轴线，同基准面一样，工作轴也可以用于特征创建时的参照，并且工作轴对创建工作平面、同轴放置项目和径向阵列特别有用。

创建工作轴后，系统用工作轴 1、工作轴 2 等依次自动分配其名称，要选取一个工作轴，可通过选择工作轴线自身或其名称。

### 1．利用两平面创建工作轴

可以利用两个平面的交线创建工作轴。平面可以是系统提供的基准面，也可以是模型表面。如图 4.16.4b 所示，利用两平面创建工作轴的一般操作步骤如下。

a）创建轴线前                                       b）创建轴线后

图 4.16.4　利用两平面创建工作轴

Step1. 打开文件 D:\inv19.1\work\ch04.16.02\create_datum_axis01.ipt。

Step2. 选择命令，在 定位特征 区域中单击"工作轴"按钮 后的小三角 ，选择 两个平面的交集 命令。

Step3. 定义工作轴的参考实体。在系统 选择平面。 的提示下，选取 XY 平面和 YZ 平面作为要创建的工作轴的参考实体，完成工作轴的创建。

### 2．利用两点/顶点创建工作轴

利用两点连线创建工作轴。点可以是顶点、边线中点或其他基准点。

下面介绍图 4.16.5b 所示工作轴创建的一般操作步骤。

Step1. 打开文件 D:\inv19.1\work\ch04.16.02\create_datum_axis02.ipt。

Step2. 选择命令，在 定位特征 区域中单击"工作轴"按钮 后的小三角 ，选择 通过两点 命令。

Step3. 定义工作轴参考实体。在系统 选择点。 的提示下，选取图 4.16.5a 所示的顶点 1 和顶点 2 为工作轴的参考实体，完成工作轴的创建。

a）创建轴线前　　　　　　　　　　　b）创建轴线后

图 4.16.5　利用两点/顶点创建工作轴

### 3．利用圆柱/圆锥面创建工作轴

下面介绍图 4.16.6b 所示工作轴创建的一般操作步骤。

Step1. 打开文件 D:\inv19.1\work\ch04.16.02\create_datum_axis03.ipt。

a）创建轴线前　　　　　　　　　　　b）创建轴线后

图 4.16.6　利用圆柱/圆锥面创建工作轴

Step2. 选择命令，在 定位特征 区域中单击"工作轴"按钮 后的小三角 ，选择 通过旋转面或特征 命令。

Step3. 定义工作轴参考实体。在系统 选择圆柱曲面或旋转式曲面 的提示下，选取图 4.16.6a 所示的半圆柱面为工作轴的参考实体，完成工作轴的创建。

### 4．利用点和面/基准面创建工作轴

选择一个曲面（或基准面）和一个点生成工作轴，此工作轴通过所选点，且垂直于所选曲面（或基准面）。需注意的是，如果所选面是曲面，那么所选点必须位于曲面上。

下面介绍图 4.16.7b 所示工作轴创建的一般操作步骤。

a）创建轴线前　　　　　　　　　　　b）创建轴线后

图 4.16.7　利用点和面/基准面创建基准轴

Step1. 打开文件 D:\inv19.1\work\ch04.16.02\create_datum_axis04.ipt。

Step2. 选择命令，在 定位特征 区域中单击"工作轴"按钮 ⟋ 后的小三角 ▾，选择 ⌐° 垂直于平面且通过点 命令。

Step3. 定义工作轴参考实体。在系统 选择平面或点。 的提示下，选取图 4.16.7a 所示的平面与点为工作轴的参考实体，完成工作轴的创建。

### 5．工作轴的作用

（1）用于作为创建工作平面或工作点的参考。

（2）用于为旋转特征提供旋转轴。

（3）用于为装配约束提供参考。

（4）用于为工程图尺寸提供参考。

（5）用于为环形阵列体中心提供参考。

（6）用于作为对称的对称轴。

（7）用于为三维草图提供参考。

## 4.16.3　工作点

"工作点（Point）"功能是在零件设计模块中创建点，作为其他实体创建的参考元素。

### 1．利用面的中心创建点

利用所选面的中心创建工作点。

下面介绍图 4.16.8b 所示工作点创建的一般操作步骤。

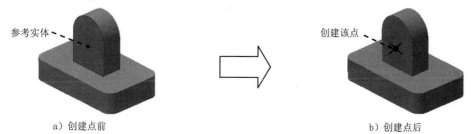

参考实体

创建该点

a）创建点前　　　　　　　　　　b）创建点后

图 4.16.8　利用面的中心创建工作点

Step1. 打开文件 D:\inv19.1\work\ch04.16.03\create_datum_point01.ipt。

Step2. 选择命令。在 定位特征 区域中单击"工作点"按钮 ◈ 后的小三角 ▾，选择 ◈ 边回路的中心点 命令。

Step3. 定义工作点参考实体。在系统 选择边回路 的提示下，选取图 4.16.8a 所示的模型表面为工作点的参考实体，完成工作点的创建。

### 2．利用交叉点创建工作点

在所选参考实体的交线处创建点，参考实体可以是边线、曲线或草图线段。

下面介绍图 4.16.9b 所示工作点创建的一般操作步骤。

a）创建点前　　　　　　　　　　　　　b）创建点后

图 4.16.9　利用交叉点创建工作点

Step1. 打开文件 D:\inv19.1\work\ch04.16.03\create_datum_point02.ipt。

Step2. 选择命令，在 定位特征 区域中单击"工作点"按钮 后的小三角 ，选择 两条线的交集 命令。

Step3. 定义工作点参考实体。在系统 选择线 的提示下，选取图 4.16.9a 所示的两条边线为工作点的参考实体，完成工作点的创建。

### 3．工作点的作用

（1）用于作为创建工作平面或工作轴的参考。

（2）投影工作点作为二维草图的参考点。

（3）用于为装配约束提供参考。

（4）用于作为工作坐标系的参考。

（5）用于为三维草图提供参考。

## 4.16.4　用户坐标系

"用户坐标系（Coordinate）"功能是在零件设计模块中创建坐标系，作为其他实体创建的参考元素。

下面介绍图 4.16.10b 所示用户坐标系创建的一般操作步骤。

a）创建前　　　　　　　　　　　　　b）创建后

图 4.16.10　创建用户坐标系

Step1. 打开文件 D:\inv19.1\work\ch04.16.04\create_datum_coordinate. ipt。

Step2. 选择命令，在 定位特征 区域中单击"用户坐标系"按钮 UCS 。

Step3. 定义坐标系参数。

（1）定义坐标系原点。在系统 拖动 UCS 至某个位置，或选择顶点或工作点来定义原点位置 的提示下，选取图 4.16.10a 所示的顶点为坐标系原点。

（2）定义坐标系 X 轴。在系统 指定 X 轴的方向 的提示下，选取图 4.16.10a 所示的点 1。

（3）定义坐标系 Y 轴。在系统 指定 Y 轴的方向 的提示下，选取图 4.16.10a 所示的点 2。

# 4.17 特征的重新排序及插入操作

## 4.17.1 概述

在 4.14 节中，曾提到对一个零件进行抽壳时，零件中特征的创建顺序非常重要，如果各特征的顺序安排不当，抽壳特征会生成失败，有时即使能生成抽壳，但结果也不会符合设计的要求，可按下面的操作方法进行验证。

Step1. 打开文件 D:\inv19.1\work\ch04.17\compositor.ipt。

Step2. 将底部圆角半径从 R6 改为 R15，会看到模型的底部出现多余的实体区域，如图 4.17.1 所示。显然这不符合设计意图，之所以会产生这样的问题，是因为圆角特征和抽壳特征的顺序安排不当，解决办法是将圆角特征调整到抽壳特征的前面，这种特征顺序的调整就是特征的重新排序。

a）改变圆角半径前　　　　　　　　　　b）改变圆角半径后

图 4.17.1　注意抽壳特征的顺序

## 4.17.2 重新排序的操作方法

这里仍以 compositor.ipt 为例，说明特征重新排序（Reorder）的操作方法。如图 4.17.2 所示，在零件的浏览器中，选中"圆角 1"特征，按住左键不放并拖动鼠标，拖至"抽壳"特征的上面，然后松开左键，这样圆角特征就调整到抽壳特征的前面了。

注意：特征的重新排序（Reorder）是有条件的，条件是不能将一个子特征拖至其父特征的前面。如果要调整有"父子"关系特征的顺序，必须先解除特征间的"父子"关系。解除"父子"关系有两种办法：一是改变特征截面的标注参照基准或约束方式；二是改变特征的重定次序（Reroute），即改变特征的草绘平面和草绘平面的参照平面。

图 4.17.2　特征的重新排序

## 4.17.3　特征的插入操作

在上一节的 compositor.ipt 的练习中，当所有的特征创建完成以后，假如还要创建一个图 4.17.3b 所示的拉伸特征，并要求该特征创建在 圆角1 特征的后面，利用"特征的插入"功能可以满足这一要求，下面说明其一般操作步骤。

a）创建前　　　　　　　　　b）创建后

图 4.17.3　创建拉伸特征

Step1. 定义添加特征的位置。在浏览器中选中 造型终止 选项，按住左键不放并拖动鼠标，拖至"抽壳"特征的上面，然后松开左键，如图 4.17.4 所示。

图 4.17.4　特征的插入操作

Step2. 定义添加的特征。

（1）选择命令。在 创建 区域中单击 按钮，系统弹出"创建拉伸"对话框。

（2）定义截面草图。选择图 4.17.3 所示的模型表面作为草图平面，绘制图 4.17.5 所示的截面草图。

（3）定义拉伸属性。单击 返回到三维 区域中的 按钮，在"拉伸"对话框 范围 区域的下拉列表中选择 距离 选项，在"距离"下拉列表中输入数值 10.0，将拉伸方向调整为"方向2"类型 ，布尔操作选择"求差"类型 。

（4）单击"拉伸"对话框中的 确定 按钮，完成拉伸特征的创建。

Step3. 完成拉伸操作后，在浏览器中选中 造型终止 选项，按住左键不放并拖动鼠标，拖至"抽壳"特征的下面，然后松开左键，显示所有特征，如图 4.17.6 所示。

说明：若不用 造型终止 插入特征，而直接将切除-拉伸特征添加到 抽壳1 之后，则生成的模型如图 4.17.7 所示。

图 4.17.5 绘制截面草图　　图 4.17.6 退回添加特征后　　图 4.17.7 直接添加特征后

# 4.18　特征生成失败及其解决方法

在特征创建或重定义时，由于给定的数据不当或参考的丢失，会出现特征生成失败。下面就特征生成失败的情况进行讲解。

## 4.18.1　特征生成失败的出现

这里以一个简单模型为例进行说明。如果进行下列"编辑定义"操作（图 4.18.1），将会出现特征生成失败。

a）编辑特征前　　　　　　　　b）编辑特征后
图 4.18.1　特征的编辑定义

Step1. 打开文件 D:\inv19.1\work\ch04.18\fail.ipt。

Step2. 在图 4.18.2 所示的浏览器中，右击 拉伸1，在系统弹出的快捷菜单中选择 编辑草图 命令，此时进入草图绘制环境。

Step3. 修改截面草图。将截面草图尺寸约束改为图 4.18.3 所示，单击 按钮，完成截面草图的修改。

Step4. 退出草图工作台后，系统弹出图4.18.4所示的"Autodesk Inventor Professional -退出草图模式"对话框，提示拉伸2特征有问题，这是因为拉伸2采用的是"成形到下一面"的终止条件，重定义拉伸1后，新的终止条件无法完全覆盖拉伸2的截面草图，造成特征的终止条件丢失，所以出现特征生成失败。

图4.18.2　浏览器　　　　　　　　　　　图4.18.3　修改截面草图

图4.18.4　"Autodesk Inventor Professional -退出草图模式"对话框

## 4.18.2　特征生成失败的解决方法

### 1．解决方法一：删除特征

Step1. 在系统弹出的"Autodesk Inventor Professional-退出草图模式"对话框中单击"设计医生"按钮，系统弹出图4.18.5所示的"Autodesk Inventor Professional 2019"对话框。

图4.18.5　"Autodesk Inventor Professional 2019"对话框

Step2. 单击"Autodesk Inventor Professional 2019"对话框中的 是(Y) 按钮，系统弹出图4.18.6所示的"设计医生"对话框（一）。

图 4.18.6 "设计医生"对话框（一）

Step3. 单击 下一步(N) > 按钮，系统弹出图 4.18.7 所示的"设计医生"对话框（二）。

图 4.18.7 "设计医生"对话框（二）

Step4. 单击 下一步(N) > 按钮，系统弹出图 4.18.8 所示的"设计医生"对话框（三）。

图 4.18.8 "设计医生"对话框（三）

Step5. 在"设计医生"对话框（三）选择处理方法区域中选择 删除特征 选项，单击 完成 按钮，完成删除失败特征的创建。

### 2．解决方法二：重定义特征

Step1. 在系统弹出的"Autodesk Inventor Professional -退出草图模式"对话框中单击"设计医生"按钮 ✚ ，系统弹出"Autodesk Inventor Professional 2019"对话框。

Step2. 单击"Autodesk Inventor Professional 2019"对话框中的 是(Y) 按钮，系统弹出"设计医生"对话框（一）。

Step3. 单击 下一步(N) > 按钮，系统弹出"设计医生"对话框（二）。

Step4. 单击 下一步(N) > 按钮，系统弹出"设计医生"对话框（三）。

Step5. 在"设计医生"对话框（三） 选择处理方法 区域中选择 编辑拉伸特征 选项，单击 完成 按钮。

Step6. 单击"拉伸"对话框中的 取消 按钮，然后右击浏览器中的 拉伸2，在系统弹出的快捷菜单中选择 编辑草图 命令，此时进入草图绘制环境。

Step7. 修改截面草图。将截面草图尺寸约束改为图 4.18.9 所示，单击 ✔ 按钮，完成截面草图的修改。

a）修改前        b）修改后

图 4.18.9   修改截面草图

**3．解决方法三：抑制特征**

Step1. 在系统弹出的"Autodesk Inventor Professional -退出草图模式"对话框中单击"设计医生"按钮 ，系统弹出"Autodesk Inventor Professional 2019"对话框。

Step2. 单击"Autodesk Inventor Professional 2019"对话框中的 是(Y) 按钮，系统弹出"设计医生"对话框（一）。

Step3. 单击 下一步(N) > 按钮，系统弹出"设计医生"对话框（二）。

Step4. 单击 下一步(N) > 按钮，系统弹出"设计医生"对话框（三）。

Step5. 在"设计医生"对话框（三） 选择处理方法 区域中选择 抑制特征 选项，单击 完成 按钮，此时出现问题的特征将被抑制。

# 4.19 　特征的复制

特征的复制（Copy）命令用于创建一个或多个特征的副本，Inventor 的特征复制包括一般复制和镜像复制，下面分别介绍其操作过程。

## 4.19.1 　特征的一般复制

特征的一般复制是使用"复制"和"粘贴"命令，以不同的草绘平面和尺寸来创建特征的副本。

Step1. 打开文件 D:\inv19.1\work\ch04.19\copy.ipt。

Step2. 选择要复制的特征。在浏览器中选取要复制的拉伸 2 特征。

Step3. 选择复制命令。在选中的拉伸 2 特征上右击，选择 复制 命令。

Step4. 选择粘贴命令。在浏览器中的空白区域右击，选择 粘贴 命令，系统弹出图 4.19.1 所示的"粘贴特征"对话框。

Step5. 放置复制的特征。将鼠标指针移动至图 4.19.2 所示的面上，单击确定。

Step6. 单击 完成 按钮，完成一般复制特征的创建。

图 4.19.1 "粘贴特征"对话框

图 4.19.2 放置位置

**说明：**特征复制完成后可通过编辑复制后特征的草图来重新定义特征在平面上的位置。

## 4.19.2 特征的镜像复制

特征的镜像复制就是将源特征相对一个平面（这个平面称为镜像中心平面）进行镜像，从而得到源特征的一个副本。如图 4.19.3 所示，对这个圆柱体拉伸特征进行镜像复制的操作过程如下。

a）镜像前                                          b）镜像后

图 4.19.3 镜像特征

Step1. 打开文件 D:\inv19.1\work\ch04.19\mirror_copy.ipt。

Step2. 选择命令。在 阵列 区域中单击"镜像"按钮 ，系统弹出图 4.19.4 所示的"镜像"对话框。

图 4.19.4　"镜像"对话框

Step3. 选取要镜像的特征。在图形区中选取要镜像复制的圆柱体拉伸特征（或在浏览器中选择"拉伸 2"特征）。

Step4. 定义镜像中心平面。单击"镜像"对话框中的 镜像平面 按钮，然后选取 YZ 平面作为镜像中心平面。

图 4.19.4 所示的"镜像"对话框的部分选项说明如下。
- 选项：用于镜像复制草图特征。
- 选项：用于不能单独镜像的特征实体。
- 特征 选项：用于定义要复制的特征。
- 镜像平面 选项：用于定义镜像中心平面。
- 创建方法 区域：各单选项的功能说明如下。
  - ☑ 优化 选项：用于通过镜像特征面来创建与选定的特征完全相同的副本。
  - ☑ 完全相同 选项：用于通过复制原始特征的结果来创建与选定的特征完全相同的副本，当优化方法不能使用时，可以使用此方法。
  - ☑ 调整 选项：用于通过镜像特征并分别计算每个镜像引用的范围或终止方式，来创建选定不同特征的副本。

Step5. 单击"镜像"对话框中的 确定 按钮，完成镜像操作。

# 4.20　特征的阵列

特征的阵列（Pattern）命令用于创建一个特征的多个副本，阵列的副本称为"实例"。阵列可以是矩形阵列（图 4.20.1），也可以是环形阵列。下面将分别介绍其操作过程。

## 4.20.1　矩形阵列

下面介绍图 4.20.1 中圆柱体特征的矩形阵列的操作过程。

图 4.20.1 创建矩形阵列

Step1. 打开文件 D:\inv19.1\work\ch04.20\pattern_rec.ipt。

Step2. 选择命令。在 阵列 区域中单击 ⊞ 按钮，系统弹出图 4.20.2 所示的 "矩形阵列" 对话框。

Step3. 选择要阵列的特征。在图形区中选取圆柱体特征（或在浏览器中选择 "拉伸 2" 特征）。

图 4.20.2 "矩形阵列" 对话框

图 4.20.2 所示的 "矩形阵列" 对话框的部分选项说明如下。

- 选项：用于阵列复制各个特征。
- 选项：用于阵列包含不能单独阵列的特征实体。
- 特征 选项：用于定义要阵列的特征。
- 方向 1 区域：用于设置阵列方向 1 的相关参数。
  - ☑ 选项：用于设定阵列方向 1 的方向。
  - ☑ 选项：用于反转引用的方向。
  - ☑ 选项：用于方向 1 中阵列实例的数量。
  - ☑ 选项：用于设定阵列实例之间的间距。

- **方向2**区域：用于设置阵列方向2的相关参数。
  - ☑ **起始位置**选项：用于设置两个方向上的第一个引用的起点。阵列可以以任何一个可选择的点为起点。
- **计算**区域：用于指定阵列特征的计算方式。
- **方向**区域：用于指定阵列特征的定位方式。
  - ☑ **完全相同**选项：用于阵列中每个引用的定位方式都和选定的第一个特征的定位方式相同。
  - ☑ **方向1**与**方向2**选项：用于指定控制阵列特征的位置的方向。

Step4. 定义阵列参数。

（1）定义方向1参考边线。在"矩形阵列"对话框中单击**方向1**区域中的 按钮，然后选取图4.20.3所示的边线1为方向1的参考边线，阵列方向可参考图4.20.3所示。

（2）定义方向1参数。在**方向1**区域的文本框中输入数值3，在文本框中输入数值40。

（3）定义方向2参考边线。在"矩形阵列"对话框中单击**方向2**区域中的 按钮，然后选取图4.20.3所示的边线2为方向2的参考边线，阵列方向可参考图4.20.3所示。

（4）定义方向2参数。在**方向2**区域的文本框中输入数值2，在文本框中输入数值30。

图4.20.3　定义阵列参数

Step5. 单击**确定**按钮，完成矩形阵列的创建。

## 4.20.2　环形阵列

特征的环形阵列就是将源特征以圆周排列方式进行复制，使源特征产生多个副本。如图4.20.4所示，对孔特征进行环形阵列的操作过程如下。

a）阵列前　　　　　　　　　　　b）阵列后

图4.20.4　创建环形阵列

Step1. 打开文件 D:\inv19.1\work\ch04.20\circle_pattern.ipt。

Step2. 选择命令。在 阵列 区域中单击 ⊕ 按钮，系统弹出图 4.20.5 所示的"环形阵列"对话框。

图 4.20.5 "环形阵列"对话框

Step3. 选择要阵列的特征。在图形区中选取孔特征（或在浏览器中选择"孔 1"特征）。

Step4. 定义阵列参数。

（1）定义阵列轴。在"环形阵列"对话框中单击 ▷ 按钮，然后在浏览器中选取"Y 轴"为环形阵列轴。

说明：除了可以在浏览器中选取阵列轴之外，还可以在绘图区域选取图 4.20.4 所示的圆柱面来选取阵列轴。

（2）定义阵列实例数。在 放置 区域的 ⊙⊙ 按钮后的文本框中输入数值8。

（3）定义阵列角度。在 放置 区域的 ◇ 按钮后的文本框中输入数值 360.0。

图 4.20.5 所示的"环形阵列"对话框的部分选项说明如下。

● 放置 区域：用于定义阵列中引用的数量、引用之间的角度间距和重复的方向。

    ☑ ⊙⊙ 选项：用于设定阵列的个数。

    ☑ ◇ 选项：用于定义阵列的角度。

Step5. 单击 确定 按钮，完成环形阵列的创建。

## 4.20.3 删除阵列

下面以图 4.20.6 所示的图形为例，说明删除阵列的一般过程。

a）删除阵列前　　　　　　　　　　　　b）删除阵列后

图 4.20.6 删除阵列

Step1. 打开文件 D:\inv19.1\work\ch04.20\delete_pattern.ipt。

Step2. 选择命令。如图 4.20.7 所示，在浏览器中选择 🔧 **环形阵列1**，然后右击，从弹出的快捷菜单中选择 **删除(D)** 命令。

图 4.20.7 浏览器

# 4.21 扫 掠 特 征

## 4.21.1 扫掠特征简述

如图 4.21.1 所示，扫掠（Sweep）特征是将一个截面沿着给定的轨迹"掠过"而生成的。要创建或重新定义一个扫掠特征，必须给定两大特征要素，即扫掠轨迹和扫掠截面。

图 4.21.1 扫掠拉伸特征

## 4.21.2 创建扫掠拉伸特征的一般过程

下面以图 4.21.1 为例，说明创建扫掠拉伸特征的一般过程。

Step1. 新建一个零件模型。

Step2. 绘制扫掠轨迹曲线。

（1）在 **草图** 区域中单击 📝 按钮。

（2）选取 XY 平面作为草图平面，系统进入草绘环境。

（3）绘制并标注扫掠轨迹，如图 4.21.2 所示。

（4）单击"完成草图"按钮 ✅，退出草绘环境，完成后的草图如图 4.21.3 所示。

Step3. 创建工作平面1。在 定位特征 区域中单击 按钮。选取图4.21.4所示的线以及线的端点，完成工作平面1的创建。

图4.21.2 扫掠轨迹（草绘环境）　图4.21.3 扫掠轨迹（建模环境）　图4.21.4 创建平面1

Step4. 绘制扫掠截面。

（1）在 草图 区域中单击 按钮。

（2）选取工作平面1作为草图平面，系统进入草绘环境。

（3）绘制并标注扫掠截面，如图4.21.5所示。

（4）单击 按钮，退出草绘环境，完成后的草图如图4.21.6所示。

图4.21.5 扫掠截面（草绘环境）　　图4.21.6 扫掠截面（建模环境）

Step5. 选择扫掠命令。在 创建 区域中单击"扫掠"按钮 扫掠，系统弹出图4.21.7所示的"扫掠"对话框。

图4.21.7 "扫掠"对话框

图4.21.7所示的"扫掠"对话框的部分选项说明如下。

● 截面轮廓 选项：用于指定草图的一个或多个截面轮廓以沿选定的路径进行扫掠，

如果草图中只有一个封闭的截面轮廓，系统将自动选中。

- ⬚ 路径选项：用于为截面轮廓指定路径或者轨迹，路径可以开放也可以封闭，需要注意的是，路径必须穿透轮廓截面。
- 类型下拉列表：用于指定要创建的扫掠类型。
  - ☑ 路径选项：用于沿路径扫掠截面轮廓以创建扫掠特征。
  - ☑ 路径和引导轨道选项：用于沿路径和引导轨道扫掠截面轮廓以创建扫掠特征。
  - ☑ 路径和引导曲面选项：用于沿路径和引导曲面扫掠截面轮廓以创建扫掠特征。
- 输出区域：用于指定扫掠特征是实体还是曲面。
- ⦿ 路径选项：选中该选项，扫掠截面相对于扫掠路径不变，所有扫掠截面都维持与该路径相关的原始截面轮廓，效果如图4.21.8所示。
- ⦿ 平行选项：选中该选项，扫掠截面将保持与原始截面平行，效果如图4.21.9所示。

图4.21.8　路径　　　　　　　　　　图4.21.9　平行

- 扩张角选项：用于设置垂直于草图平面的扫掠斜角，此选项不适用于"平行"选项，对于封闭的路径也不可用。
- 扭转角选项：仅适用于在 Inventor 2019 或更高版本中创建的垂直扫掠。指定的扭曲角度可确定大部分的截面轮廓将沿指定的路径扭曲。

Step6. 定义扫掠轨迹。在"扫掠"对话框中单击 ⬚ 按钮，然后在图形区中选取图4.21.3所示的扫掠轨迹，完成扫掠轨迹的选取。

Step7. 定义扫掠类型。在"扫掠"对话框 类型 区域的下拉列表中选择路径，其他参数接受系统默认，

Step8. 单击"扫掠"对话框中的 确定 按钮，完成扫掠特征的创建。

**说明：创建扫掠特征，必须遵循以下规则，否则扫掠可能失败。**

- 相对于扫掠截面的大小，扫掠轨迹中的弧或样条半径不能太小，否则扫掠特征在经过该弧时会由于自身相交而出现特征生成失败。例如，图4.21.2中的圆角半径R12和R9，相对于后面将要创建的扫掠截面不能太小。
- 对于切削材料类的扫掠特征，其扫掠轨迹不能自身相交。
- 对于填料类的扫掠特征而言，轮廓必须是封闭环，若是曲面扫掠，则轮廓可以是开环也可以是闭环。
- 路径可以为开环或闭环。

- 路径可以是一张草图、一条曲线或模型边线。
- 路径的起点必须位于轮廓的基准面上。
- 不论是截面、路径还是所要形成的实体，都不能出现自相交叉的情况。

## 4.21.3 创建扫掠切削特征的一般过程

下面以图 4.21.10 为例，说明创建扫掠切削特征的一般过程。

a）切削前      b）切削后

图 4.21.10 扫掠切削特征

Step1. 打开文件 D:\inv19.1\work\ch04.21\sweep_cut.ipt。

Step2. 选择扫掠命令。在 创建 区域中单击 扫掠 按钮，系统弹出"扫掠"对话框。

Step3. 定义扫掠轨迹。在"扫掠"对话框中单击 按钮，然后在图形区中选取图 4.21.10 所示的扫掠轨迹，完成扫掠轨迹的选取。

Step4. 定义扫掠类型。在"扫掠"对话框 类型 区域的下拉列表中选择 路径 ，在"方向"区域中选中 平行 单选项，其他参数接受系统默认。

Step5. 在"扫掠"对话框中单击"求差"类型 ，单击 确定 按钮，完成扫掠切削特征的创建。

# 4.22 放 样 特 征

## 4.22.1 放样特征简述

放样特征是将一组不同的截面沿其边线用过渡曲面连接形成一个连续的特征。放样特征分为凸台放样特征和切除放样特征，分别用于生成实体和切除实体。放样特征至少需要两个截面，且不同截面应预先绘制在不同的草图平面上。图 4.22.1 所示的放样特征是由三个平行的截面放样而成的。

## 4.22.2 创建凸台放样特征的一般过程

下面以图 4.22.1 所示的实体为例，说明创建凸台放样特征的一般过程。

Step1. 新建一个零件模型，进入建模环境。

Step2. 创建工作平面 1。

（1）在 定位特征 区域中单击"平面"按钮 下的 平面，选择 从平面偏移 命令。

（2）在绘图区域选取 XY 平面作为参考平面。在 距离: 后的下拉列表中输入偏移距离为 50。

截面 1+截面 2+截面 3

放样特征

图 4.22.1　放样特征

（3）单击 按钮完成工作平面 1 的创建。

Step3. 创建工作平面 2。

（1）在 定位特征 区域中单击"平面"按钮 下的 平面，选择 从平面偏移 命令。

（2）在绘图区域选取 XY 平面为参考平面。在 距离: 后的下拉列表中输入偏移距离为 100。

（3）单击 按钮完成工作平面 2 的创建。

Step4. 创建图 4.22.2 所示的草图 1。

（1）在 草图 区域中单击 按钮。

（2）选取 XY 平面作为草图平面，进入草图绘制环境。

（3）绘制图 4.22.2 所示的草图 1。单击 按钮，退出草绘环境。

Step5. 创建图 4.22.3 所示的草图 2。

（1）在 草图 区域中单击 按钮。

（2）选取工作平面 1 为草图平面，进入草图绘制环境。

（3）绘制图 4.22.3 所示的草图 2。单击 按钮，退出草绘环境。

Step6. 创建图 4.22.4 所示的草图 3。

（1）在 草图 区域中单击 按钮。

（2）选取工作平面 2 为草图平面，进入草图绘制环境。

（3）绘制图 4.22.4 所示的草图 3。单击 按钮退出草绘环境。

图 4.22.2　草图 1

图 4.22.3　草图 2

图 4.22.4　草图 3

Step7. 创建图 4.22.1 所示的放样 1。

（1）选择命令。在 `创建 ▾` 区域中单击 `放样` 按钮，系统弹出图 4.22.5 所示的"放样"对话框。

图 4.22.5　"放样"对话框

图 4.22.5 所示的"放样"对话框的部分选项说明如下。

- `截面` 选项：用于指定要包括在放样中的截面轮廓。
- `○ ▥▥` 选项：用于指定截面与截面之间控制放样形状的二维或三维曲线，需要注意的是，轨迹必须与截面相交，效果如图 4.22.6 所示。

a）不添加轨迹的放样　　　　b）截面轮廓与轨迹　　　　c）添加轨迹的放样

图 4.22.6　轨迹线选项

- `○ ▥▥` 选项：用中心线引导放样形状，其作用与扫掠路径类似，效果如图 4.22.7 所示。

a）不添加中心线的放样　　　　　b）截面轮廓与中心线　　　　　c）添加中心线的放样

图 4.22.7　中心线选项

- ⊙ 🔲 选项：用于允许控制沿中心线放样的指定点处的横截面面积。
- ☑ 封闭回路 选项：用于将第一个截面与最后一个截面之间连接起来，以构成封闭回路。
- ☑ 合并相切面 选项：用于合并相切的放样面，效果如图 4.22.8 所示。

a）不选中　　　　　　　　　　　　　　　　　　　　b）选中

图 4.22.8　合并相切面选项

（2）选择截面轮廓。依次选取图 4.22.1 所示的草图 1、草图 2、草图 3。

（3）单击"放样"对话框中的 确定 按钮，完成特征的创建。

**注意：**

- 放样特征实际上是利用截面轮廓以渐变的方式生成的，所以在选择的时候要注意截面轮廓的先后顺序，否则无法正确生成实体。
- 使用轨迹线放样时，可以使用一条或多条轨迹线来连接轮廓，轨迹线可控制放样实体的外部轮廓。需注意的是，轨迹线与轮廓之间应存在几何关系，否则无法生成目标放样实体，如图 4.22.9 所示。

a）不添加引导线放样　　　　　　　　　　　　　　　　b）添加引导线放样

图 4.22.9　轨迹线放样

### 4.22.3 创建切削放样特征的一般过程

创建图 4.22.10 所示的切削放样特征的一般过程如下。

a）放样前 　　　　　　　　　　　　　　b）放样后

图 4.22.10 切削放样特征

Step1. 打开文件 D:\inv19.1\work\ch04.22\blend_6.ipt。

Step2. 选取命令。在 创建 区域中单击 放样 按钮，系统弹出"放样"对话框。

Step3. 选择截面轮廓。依次选择草图 1、草图 2 作为切削放样特征的截面轮廓。

Step4. 在"放样"对话框中单击"求差"类型，单击"放样"对话框中的 确定 按钮，完成特征的创建。

## 4.23　螺旋扫掠特征

## 4.23.1　螺旋扫掠特征简述

如图 4.23.1 所示，将一个截面沿着螺旋轨迹线进行扫掠，可形成螺旋扫掠（Helical Sweep）特征。该特征常用于创建弹簧、螺纹与蜗杆等零件形状。

图 4.23.1　螺旋扫掠特征

## 4.23.2　创建螺旋扫掠特征

这里以图 4.23.1 所示的螺旋特征为例，说明创建这类特征的一般过程。

Step1. 新建一个零件模型。

Step2. 创建图 4.23.2 所示的草图 1。

（1）在 草图 区域中单击 按钮。

（2）选取 XY 平面为草图平面，进入草图绘制环境。

（3）绘制图 4.23.2 所示的草图 1，单击 按钮，退出草绘环境。

Step3. 选择命令。在 创建 区域中单击 螺旋扫掠 按钮，系统弹出图 4.23.3 所示的"螺旋扫掠"对话框（一）。

图 4.23.2　草图 1

图 4.23.3　"螺旋扫掠"对话框（一）

图 4.23.3 所示的"螺旋扫掠"对话框（一）的部分选项说明如下。

- 截面轮廓 选项：用于指定草图的一个截面轮廓，如果草图中只有一个封闭的截面轮廓，系统将自动选中；如果有多个截面轮廓，需要手动指定一个。

- 旋转轴 选项：用于指定螺旋扫掠的旋转轴。

- 转动 区域：用于指定螺旋扫掠是顺时针方向，还是逆时针方向。

Step4. 定义特征的旋转轴。在绘图区域单击 按钮，然后将图 4.23.2 所示的线定义为旋转轴，单击 按钮调整方向。

Step5. 定义螺旋规格。

（1）在"螺旋扫掠"对话框中单击 螺旋规格 选项卡，系统弹出图 4.23.4 所示的"螺旋扫掠"对话框（二）。

图 4.23.4 所示的"螺旋扫掠"对话框（二）的部分选项说明如下。

- 转数和高度 选项：用于定义螺旋的方式。

  - ☑ 螺距和转数 选项：用于通过指定螺距和转数定义螺旋。

  - ☑ 转数和高度 选项：用于通过指定转数和高度定义螺旋。

  - ☑ 螺距和高度 选项：用于通过指定螺距和高度定义螺旋。

☑ 平面螺旋 选项：用于在一个平面内创建螺旋。

● 锥度 选项：用于创建有一定锥度的螺旋。

图 4.23.4 "螺旋扫掠"对话框（二）

（2）在"螺旋扫掠"对话框（二）类型 下拉列表中选择 转数和高度 选项，然后在 高度 文本框中输入数值 50，在 旋转 文本框中输入数值 6，在 锥度 文本框中输入数值-15。

Step6. 单击"螺旋扫掠"对话框（二）中的 确定 按钮，完成螺旋扫掠特征的创建。

# 4.24 凸 雕 特 征

"凸雕特征"命令是通过投射于平面或者曲面上的闭合曲线、草图或者文本，构造与零件表面垂直的拉伸体。主要用于生成突出文字、雕刻字符、商标或者标志等。

下面说明创建这类特征的一般过程。

Step1. 新建一个零件模型。

Step2. 创建图 4.24.1 所示的拉伸特征 1。

（1）选择命令。在 创建 区域中单击 按钮，系统弹出"创建拉伸"对话框。

（2）定义特征的截面草图。单击"创建拉伸"对话框中的 创建二维草图 按钮，选取 XZ 平面作为草图平面，进入草绘环境。绘制图 4.24.2 所示的截面草图。

（3）定义拉伸属性。单击 草图 选项卡 返回到三维 区域中的 按钮，在"拉伸"对话框 范围 区域的下拉列表中选择 距离 选项，在"距离"下拉列表中输入数值 100.0。

（4）单击"拉伸"对话框中的 确定 按钮，完成拉伸特征 1 的创建。

Step3. 创建图 4.24.3 所示的工作平面 1。

（1）选择命令，在 定位特征 区域中单击"平面"按钮 下的 平面 ，选择 从平面偏移 命令。

（2）定义参考平面。在绘图区域选取 YZ 平面作为参考平面。

（3）定义偏移距离与方向，在"基准面"工具栏的下拉列表中输入要偏距的距离为 50。偏移方向参考图 4.24.3 所示。

（4）单击  按钮，完成偏距基准面的创建。

图 4.24.1　拉伸特征 1

图 4.24.2　截面草图

图 4.24.3　工作平面 1

Step4. 创建图 4.24.4 所示的草图 1。

（1）选择命令，在 三维模型 选项卡 草图 区域单击 按钮。

（2）定义特征的截面草图。

① 定义草图平面。选取工作平面 1 为草图平面，进入草绘环境。

② 在草绘环境中绘制图 4.24.4 所示的文字。单击 草图 功能选项卡 创建 ▼ 区域中的"文本"按钮 A 文本；在绘图区域的合适位置单击以确定文本放置的位置，系统弹出"文本格式"对话框；在 字体 下拉列表中设置文字的字体为宋体，文字的大小为 15.00mm；在 文本(T): 区域的文本框中输入"兆迪科技"；单击 确定 按钮，完成文字的绘制。

③ 为文字添加图 4.24.4 所示的尺寸约束。

④ 单击 按钮，退出草绘环境。完成草图 1 的创建。

图 4.24.4　草图 1

Step5. 创建图 4.24.5 所示的凸雕拉伸 1。

（1）选择命令。单击 三维模型 功能选项卡 创建 区域中的 凸雕 按钮。

（2）定义截面轮廓。选取图 4.24.4 所示的草图 1。

（3）定义方向和高度，调整方向如图 4.24.6 所示。在 深度 下拉列表中输入数值 3.00。

（4）在"凸雕"对话框中选中 ☑ 折叠到面 复选框，然后选取图 4.24.7 所示的面。

（5）单击"凸雕"对话框中的 确定 按钮，完成凸雕特征 1 的创建。

图 4.24.5 凸雕特征 1

图 4.24.6 定义方向

选取该平面
图 4.24.7 定义折叠面

Step6. 保存模型文件。选择下拉菜单 文件 ➡️ 💾 保存 命令，文件名称为 text。

# 4.25 范例 1——连杆模型

【范例概述】在本范例中，读者要重点掌握拉伸特征的创建过程，零件模型如图 4.25.1 所示。

Step1. 新建一个零件模型，进入建模环境。

Step2. 创建图 4.25.2 所示的拉伸特征 1。在 创建 区域中单击 按钮，系统弹出"创建拉伸"对话框；单击"创建拉伸"对话框中的 创建二维草图 按钮，选取 XY 平面作为草图平面，进入草绘环境，绘制图 4.25.3 所示的截面草图；单击 草图 选项卡 返回到三维 区域中的 按钮，在"拉伸"对话框 范围 区域的下拉列表中选择 距离 选项，并在其下面的文本框中输入数值 4.0，将拉伸类型设置为"对称"类型 ；单击"拉伸"对话框中的 确定 按钮，完成拉伸特征 1 的创建。

图 4.25.1 范例 1

图 4.25.2 拉伸特征 1

图 4.25.3 截面草图

Step3. 创建图 4.25.4 所示的拉伸特征 2。在 创建 区域中单击 按钮，系统弹出"创建拉伸"对话框；单击"创建拉伸"对话框中的 创建二维草图 按钮，选取 XY 平面作为草图平面，进入草绘环境，绘制图 4.25.5 所示的截面草图；单击 草图 选项卡 返回到三维 区域中的 按钮，然后在绘图区域选取图 4.25.5 所示的两个封闭轮廓，在"拉伸"对话框 范围 区域的下拉列表中选择 距离 选项，并在其下面的文本框中输入数值 2.5，将拉伸方向设置为"对称"类型 ；单击"拉伸"对话框中的 确定 按钮，完成拉伸特征 2 的创建。

Step4. 创建图 4.25.6 所示的拉伸特征 3。在 创建 区域中单击 按钮，系统弹出"创建拉伸"对话框；单击"创建拉伸"对话框中的 创建二维草图 按钮，选取 XY 平面作为草图平面，进入草绘环境，绘制图 4.25.7 所示的截面草图；单击 草图 选项卡 返回到三维 区域中的 按钮，选取图 4.25.7 所示的圆形区域为截面轮廓，然后将布尔运算设置为"求差"类型 ，

在 范围 区域的下拉列表中选择 贯通 选项，将拉伸方向设置为"对称"类型 ⚔；单击"拉伸"对话框中的 确定 按钮，完成拉伸特征 3 的创建。

图 4.25.4　拉伸特征 2　　　　　　图 4.25.5　截面草图

图 4.25.6　拉伸特征 3　　　　　　图 4.25.7　截面草图

Step5. 保存模型文件。选择下拉菜单 文件 ➡ 💾 保存 命令，文件名称为 connecting_rod。

## 4.26　范例2——拉伸特征的应用

【范例概述】在本范例中，读者要重点掌握在一个特征上添加特征时，重新选取草绘参考的技巧。零件模型如图 4.26.1 所示。

本范例的详细操作过程请参见随书光盘中 video\ch04.26\文件下的语音视频讲解文件。模型文件为 D:\inv19.1\work\ch04.26\body.ipt。

图 4.26.1　范例 2

## 4.27　范例3——旋转特征的应用

【范例概述】本范例是瓶口座（Socket）其中的一个零件，主要运用了拉伸、旋转、旋转切削等创建特征的命令。零件模型如图 4.27.1 所示。

Step1. 新建一个零件模型，进入建模环境。

Step2. 创建图 4.27.2 所示的拉伸特征 1。在 创建 区域中单击 🗂 按钮，选取 XZ 平面作为草图平面，绘制图 4.27.3 所示的截面草图，选取图 4.27.3 所示的区域为截面轮廓，然后在"拉伸"对话框 范围 区域的下拉列表中选择 距离 选项，并在其下面的文本框中输入数值 38.5，单击"拉伸"对话框中的 确定 按钮，完成拉伸特征 1 的创建。

图 4.27.1 范例 3

图 4.27.2 拉伸特征 1

Step3. 创建图 4.27.4 所示的旋转特征 1。在 创建 区域中单击 按钮，系统弹出"创建旋转"对话框；单击"创建旋转"对话框中的 创建二维草图 按钮，选取 XY 平面为草图平面，进入草绘环境，绘制图 4.27.5 所示的截面草图；单击 草图 选项卡 返回到三维 区域中的 按钮，在"旋转"对话框 范围 区域的下拉列表中选中 全部 选项；单击"旋转"对话框中的 确定 按钮，完成旋转特征 1 的创建。

图 4.27.3 截面草图　　　　图 4.27.4 旋转特征 1　　　　图 4.27.5 截面草图

Step4. 创建图 4.27.6 所示的旋转特征 2。在 创建 区域中单击 按钮，系统弹出"创建旋转"对话框；单击"创建旋转"对话框中的 创建二维草图 按钮，选取 XY 平面为草图平面，进入草绘环境，绘制图 4.27.7 所示的截面草图；单击 草图 选项卡 返回到三维 区域中的 按钮，然后在"旋转"对话框中将布尔运算设置为"求差"类型 ，在 范围 区域的下拉列表中选中 全部 选项；单击"旋转"对话框中的 确定 按钮，完成旋转特征 2 的创建。

图 4.27.6 旋转特征 2

图 4.27.7 截面草图

Step5. 保存模型文件。选择下拉菜单 文件 ➡ 保存 命令，文件名称为 socket。

# 4.28  范例4——孔特征的应用

【范例概述】本范例着重讲解的是孔特征的创建过程，一个是螺纹孔，一个是直孔。读者要重点掌握孔类型的选取，以及孔的定位与选取参考的技巧。零件模型如图 4.28.1 所示。

## Task1. 打开一个已有的零件三维模型

打开文件 D:\inv19.1\work\ch04.28\body_hole.ipt。

放大图

螺纹孔

放大图

直孔

图 4.28.1  孔特征

## Task2. 添加螺纹孔 1

Step1. 创建图 4.28.2 所示的工作平面 1。选择命令，在 定位特征 区域中单击"平面"按钮 下的 平面 ，选择 从平面偏移 命令；在绘图区域选取 XY 平面作为参考平面；在"基准面"工具栏的文本框中输入要偏距的距离为 20；单击 按钮，完成偏距基准面的创建。

Step2. 创建图 4.28.3 所示的草图 1。在 三维模型 选项卡 草图 区域单击 按钮，选取工作平面 1 为草图平面，绘制图 4.28.3 所示的草图（此草图为一个点）。

图 4.28.2  工作平面 1

20

图 4.28.3  草图 1

Step3. 创建图 4.28.1 所示的螺纹孔。在 修改 区域中单击"孔"按钮 ；在"孔"对话框 类型 选项组中确认"螺纹孔"按钮 与"无"按钮 被选中；在 螺纹 选项组 类型 的下拉列表中选择 GB Metric profile 选项，在 尺寸 下拉列表中选择 4 ，在 规格 下拉列表中选择 M4x0.5 ，其余参数接受系统默认；在"孔"对话框 尺寸 选项组 终止方式 区域中选择"贯通"选项 ，在"孔"对话框孔预览图像区域输入孔的螺纹长度为 40；单击"孔"对话框中的

确定 按钮，完成孔的创建。

### Task3. 添加直孔 2

Step1. 选择命令。在 修改 ▼ 区域中单击"孔"按钮 。

Step2. 定义孔的放置面，在绘图区域选取图 4.28.4 所示的模型表面为孔的放置面。

Step3. 定义孔的参考。选取图 4.28.5 所示的圆弧边线。

Step4. 定义孔的类型及样式。在"孔"对话框▼类型选项组中确认"简单孔"按钮 与"无"按钮 被选中。

Step5. 定义孔的参数。在"孔"对话框▼尺寸选项组终止方式区域中选择"贯通"选项 ；在"孔"对话框孔预览图像区域输入孔的直径为 4.0。

Step6. 单击"孔"对话框中的 确定 按钮，完成孔的创建。

图 4.28.4　定义孔的放置面　　　　　图 4.28.5　定义孔的参考

Step7. 保存模型文件。选择下拉菜单 文件 ➡ 另存为 命令，文件名称为 body_hole_ok。

## 4.29　范例 5——基准特征的应用（一）

【范例概述】本范例要掌握的重点是：如何借助基准特征更快、更准确地创建所要的特征。三维模型如图 4.29.1 所示，操作步骤如下。

图 4.29.1　范例 5

Step1. 新建一个零件模型，进入建模环境。

Step2. 创建图 4.29.2 所示的拉伸特征 1。在 创建 区域中单击 按钮，选取 XY 平面作为草图平面，绘制图 4.29.3 所示的截面草图，在"拉伸"对话框范围区域的下拉列表中选择 距离 选项，并在其下面的文本框中输入数值 10，并将拉伸方向设置为"对称"类型 。单击"拉伸"对话框中的 确定 按钮，完成拉伸特征 1 的创建。

图 4.29.2 拉伸特征 1

图 4.29.3 截面草图

Step3. 创建图 4.29.4 所示的工作平面 1。在 定位特征 区域中单击"平面"按钮 下的
平面，选择 从平面偏移 命令；在绘图区域选取 YZ 平面作为参考平面，输入偏移距离为 135；
单击 按钮，完成偏距基准面的创建。

图 4.29.4 工作平面 1

Step4. 创建图 4.29.5 所示的拉伸特征 2。在 创建 区域中单击 按钮，选取工作平面
1 为草图平面，绘制图 4.29.6 所示的截面草图，在"拉伸"对话框 范围 区域的下拉列表中
选择 到表面或平面 选项。单击"拉伸"对话框中的 确定 按钮，完成拉伸特征 2 的创建。

图 4.29.5 拉伸特征 2

图 4.29.6 截面草图

Step5. 保存模型文件。选择下拉菜单 文件 ➡ 保存 命令，文件名称为
actuating_rod。

# 4.30 范例 6——基准特征的应用（二）

【范例概述】本范例是一个特殊用途的轴，看起来似乎需要
用到高级特征命令才能完成模型的创建，其实用一些基本的
特征命令（拉伸、旋转命令）就可完成。通过对本范例的练
习，读者可以进一步掌握这些基本特征命令的使用技巧。零
件模型如图 4.30.1 所示。

图 4.30.1 范例 6

本范例的详细操作过程请参见随书光盘中 video\ch04.30\文件下的语音视频讲解文件。模型文件为 D:\inv19.1\work\ch04.30\drive_shaft.ipt。

## 4.31 范例7——抽壳与扫掠特征的应用

【范例概述】本范例主要运用了实体拉伸、扫掠、倒圆角和抽壳等命令。首先创建作为主体的拉伸及扫掠实体，然后进行倒圆角，最后利用抽壳做成壳体。零件模型如图 4.31.1 所示。

Step1. 新建一个零件模型，进入建模环境。

Step2. 创建图 4.31.2 所示的拉伸特征 1。在 创建 区域中单击 按钮，选取 XY 平面作为草图平面，绘制图 4.31.3 所示的截面草图，在"拉伸"对话框 范围 区域的下拉列表中选择 距离 选项，并在其下面的文本框中输入数值 200，单击"拉伸"对话框中的 确定 按钮，完成拉伸特征 1 的创建。

图 4.31.1 范例 7    图 4.31.2 拉伸特征 1    图 4.31.3 截面草图

Step3. 创建图 4.31.4 所示的草图 2。在 三维模型 选项卡 草图 区域单击 按钮，选取 YZ 平面为草图平面，绘制图 4.31.4 所示的草图 2。

Step4. 创建图 4.31.5 所示的工作平面 1。在 定位特征 区域中单击"平面"按钮 下的 平面 ，选择 在指定点处与曲线垂直 命令；在绘图区域选取草图 2 为参考线，然后再选取顶点，完成通过顶点且垂直于参考曲线的平面的创建。

图 4.31.4 草图 2（草绘环境）    图 4.31.5 工作平面 1

Step5. 创建图 4.31.6 所示的草图 3。在 三维模型 选项卡 草图 区域单击 按钮，选取工作平面 1 为草图平面，绘制图 4.31.7 所示的草图 3。

Step6. 创建图 4.31.8 所示的扫掠特征。在 创建 区域中单击"扫掠"按钮 扫掠；在"扫掠"对话框中单击 按钮，然后在图形区中选取草图 2 为扫掠轨迹；在"扫掠"对话

框 类型 区域的下拉列表中选择 路径，其他参数采用系统默认值；单击"扫掠"对话框中的 确定 按钮，完成扫掠特征的创建。

图 4.31.6  草图 3（建模环境）　　　　　图 4.31.7  草图 3（草绘环境）

图 4.31.8  扫掠特征

**Step7.** 创建图 4.31.9 所示的拉伸特征 2。在 创建 区域中单击 按钮，选取图 4.31.9 所示的底面作为草图平面，绘制图 4.31.10 所示的截面草图，选取图 4.31.10 所示的区域为截面轮廓；在"拉伸"对话框将布尔运算设置为"求和"类型 ，然后在 范围 区域的下拉列表中选择 到表面或平面 选项，选取图 4.31.9 所示的面为拉伸终止面，单击"拉伸"对话框中的 确定 按钮，完成拉伸特征 2 的创建。

**说明：** 截面草图中的圆弧不必另外画出来，直接采用投影线即可。

选取此面为终止面

选此底面为草图平面

选取该封闭区域作为截面轮廓

图 4.31.9  拉伸特征 2　　　　　图 4.31.10  截面草图

**Step8.** 创建图 4.31.11a 所示的圆角特征 1。在 修改 ▼ 区域中单击 按钮；在系统的提示下，选取图 4.31.11b 所示的模型边线为倒圆的对象；在"圆角"对话框 半径 区域中输入数值 3.0；单击"圆角"对话框中的 确定 按钮，完成圆角特征的创建。

选取这两条边线　　　　　放大图

a）倒圆前　　　　　　　　b）倒圆后

图 4.31.11  圆角特征 1

Step9. 创建图 4.31.12a 所示的圆角特征 2。选取图 4.31.12a 所示的模型边线为倒圆的对象，输入圆角半径为 5.0。

a）倒圆前　　　　　　　　　　　　　　　b）倒圆后

图 4.31.12　圆角特征 2

Step10. 创建图 4.31.13 所示的抽壳特征。在 修改 ▼ 区域中单击 ▣ 抽壳 按钮；在"抽壳"对话框 厚度 文本框中输入薄壁厚度值为 2.0；在系统 选择要去除的表面 的提示下，选择图 4.31.13 所示的模型表面为要移除的面；单击"抽壳"对话框中的 确定 按钮，完成抽壳特征的创建。

选这三面为
要移除的面

图 4.31.13　抽壳特征

Step11. 保存模型文件。选择下拉菜单 文件 ➡ 💾 保存 命令，文件名称为 cover_up。

# 4.32　范例 8——放样特征的应用

【范例概述】本范例是一个比较综合的练习，其关键是模型中放样特征和变半径圆角的创建。零件模型如图 4.32.1 所示。

说明：本范例前面的详细操作过程请参见随书光盘 video 文件夹中对应章节的语音视频讲解文件。

Step1. 打开文件 D:\inv19.1\work\ch04.32\instance_top_cover_ex.psm。

Step2. 创建图 4.32.2 所示的放样特征 1。在 创建 区域中单击 ▷ 放样 按钮；依次选取草图 1 为第一个横截面，选取草图 2 为第二个横截面；在"放样"对话框中将布尔运算设置为"求差"类型 🗗，单击 确定 按钮，完成特征的创建。

图 4.32.1　范例 8　　　　　　　　　　　　图 4.32.2　放样特征 1

Step3. 创建图 4.32.3 所示的圆角特征 1。在 修改 ▼ 区域中单击 按钮；在"圆角"对话框中单击"边圆角"按钮 ，并单击 变半径 选项卡；在系统 选择一条边进行圆角 的提示下，选取图 4.32.4 所示的四条模型边线为要圆角的对象；在"圆角"对话框中修改点 1 处的半径值为 30，然后依次设置图 4.32.5 所示的点 2、点 3、点 4、点 5、点 6、点 7、点 8 的半径值分别为 0、50、0、50、0、30、0；单击"圆角"对话框中的 确定 按钮，完成圆角特征的创建。

图 4.32.3　圆角特征 1

图 4.32.4　圆角边线

图 4.32.5　修改各处半径

Step4. 创建图 4.32.6 所示的拉伸特征 3。在 创建 区域中单击 按钮，选取图 4.32.6 所示的面作为草图平面，绘制图 4.32.7 所示的截面草图，选取图 4.32.7 所示的封闭区域作为截面轮廓，在"拉伸"对话框将布尔运算设置为"求差"类型 ，然后在 范围 区域的下拉列表中选择 距离 选项，并在其下面的文本框中输入数值 3，单击"拉伸"对话框中的 确定 按钮，完成拉伸特征 3 的创建。

图 4.32.6　拉伸特征 3

图 4.32.7　截面草图

Step5. 创建图 4.32.8 所示的镜像 1。在 阵列 区域中单击"镜像"按钮 ；在图形区中选取要镜像复制的拉伸特征 3（或在浏览器中选择"拉伸 3"特征）；单击"镜像"对话框中的 镜像平面 按钮，然后选取 XZ 平面作为镜像中心平面；单击"镜像"对话框中的 确定 按钮，完成镜像操作。

图 4.32.8　镜像 1

Step6. 创建图 4.32.9 所示的圆角特征 2。选取图 4.32.9 所示的模型边线为圆角的对象，输入圆角半径值为 3.0。

Step7. 创建图 4.32.10 所示的圆角特征 3。选取图 4.32.10 所示的模型边线为圆角的对象，输入圆角半径值为 5.0。

选取这两条内边线

图 4.32.9　圆角特征 2

选取此边线

图 4.32.10　圆角特征 3

Step8. 创建图 4.32.11 所示的圆角特征 4。选取图 4.32.11 所示的模型边线为圆角的对象，输入圆角半径值为 5.0。

Step9. 创建图 4.32.12 所示的圆角特征 5。选取图 4.32.12 所示的模型边线（模型外沿边线）为圆角的对象，输入圆角半径值为 3.0。

选取这五条边线

图 4.32.11　圆角特征 4

选取这两条边线

图 4.32.12　圆角特征 5

Step10. 创建图 4.32.13 所示的抽壳特征 1。在 修改 ▼ 区域中单击 抽壳 按钮，在"抽壳"对话框 厚度 文本框中输入薄壁厚度值为 2.0；选择图 4.32.13 所示的模型表面为要移除的面；单击"抽壳"对话框中的 确定 按钮，完成抽壳特征 1 的创建。

选择这两个面为
要移除的面

图 4.32.13　抽壳特征 1

Step11. 创建图 4.32.14 所示的圆角特征 6。选取图 4.32.14 所示的模型边线为圆角的对象，输入圆角半径值为 10.0。

Step12. 保存模型文件。选择下拉菜单 文件 ➡ 保存 命令，文件名称为 instance_top_cover。

图 4.32.14　圆角特征 6

## 4.33　范例 9——螺旋扫掠特征的应用

【范例概述】本范例介绍了一个钻头的创建过程，此过程的关键是要创建一个螺旋扫掠特征，然后对其阵列。零件模型如图 4.33.1 所示。

Step1. 新建一个零件模型，进入建模环境。

Step2. 创建图 4.33.2 所示的拉伸特征 1。在 创建 区域中单击 按钮，选取 XZ 平面作为草图平面，绘制图 4.33.3 所示的截面草图，在"拉伸"对话框 范围 区域的下拉列表中选择 距离 选项，并在其下面的文本框中输入数值 90，单击"拉伸"对话框中的 确定 按钮，完成拉伸特征 1 的创建。

图 4.33.1　范例 9　　　　图 4.33.2　拉伸特征 1　　　　图 4.33.3　截面草图

Step3. 创建图 4.33.4 所示的草图 2（注：具体参数和操作参见随书光盘）。草绘环境下如图 4.33.5 所示。

图 4.33.4　草图 2（建模环境）　　　　图 4.33.5　草图 2（草绘环境）

Step4. 创建图 4.33.6 所示的螺旋扫掠 1。选择命令，在 创建 区域中单击 螺旋扫掠 按钮；在绘图区域单击 按钮，然后将图 4.33.7 所示的线定义为旋转轴；在"螺旋扫掠"对话框中将布尔运算类型设置为"求差"类型 ，然后单击 螺旋规格 选项卡，在 类型 下拉列表中选择 螺距和高度 选项，然后在 螺距 文本框中输入数值 30，在 高度 文本框中输入数值 76；单击"螺旋扫掠"对话框中的 确定 按钮，完成螺旋特征的创建。

Step5. 创建图 4.33.8 所示的环形阵列 1。在 阵列 区域中单击 按钮；在图形区中选取螺旋扫掠特征（或在浏览器中选择"螺旋扫掠 1"特征）；在"环形阵列"对话框中单击 按钮，然后在浏览器中选取"Y 轴"为环形阵列轴，在 放置 区域的 按钮后的文本框中输入数值 2，在 放置 区域的 按钮后的文本框中输入数值 360.0；单击 确定 按钮，完成环形阵列 1 的创建。

图 4.33.6　螺旋扫掠 1

图 4.33.7　定义旋转轴

图 4.33.8　环形阵列 1

Step6. 创建图 4.33.9 所示的旋转特征 1。在 创建 区域中单击 按钮，系统弹出"创建旋转"对话框；单击"创建旋转"对话框中的 创建二维草图 按钮，选取 YZ 平面为草图平面，进入草绘环境，绘制图 4.33.10 所示的截面草图；单击 草图 选项卡 返回到三维 区域中的 按钮，在"旋转"对话框中将布尔运算设置为"求差"类型 ，在 范围 区域的下拉列表中选中 全部 选项；单击"旋转"对话框中的 确定 按钮，完成旋转特征 1 的创建。

图 4.33.9　旋转特征 1

图 4.33.10　截面草图

Step7. 保存模型文件。选择下拉菜单 文件 ➡ 保存 命令，文件名称为 driller。

# 4.34　Inventor 机械零件设计实际应用 1

【范例概述】本范例主要讲解了一款简单的塑料旋钮的设计过程，在该零件的设计过程中运用了拉伸、旋转、阵列等命令，需要读者注意的是创建拉伸特征草绘时的方法和技巧。零件模型及浏览器如图 4.34.1 所示。

图 4.34.1　零件模型及浏览器

**Step1.** 新建一个零件模型文件，进入建模环境。

**Step2.** 创建图 4.34.2 所示的旋转特征 1。在 创建 区域中选择 ⌒ 命令，选取 XY 平面为草图平面，绘制图 4.34.3 所示的截面草图；在"旋转"对话框 范围 区域的下拉列表中选中 全部 选项；单击"旋转"对话框中的 确定 按钮，完成旋转特征 1 的创建。

图 4.34.2　旋转特征 1

图 4.34.3　截面草图

**Step3.** 创建图 4.34.4 所示的拉伸特征 1。在 创建 区域中单击 按钮，选取图 4.34.4 所示的模型表面作为草图平面，绘制图 4.34.5 所示的截面草图，在"拉伸"对话框中将布尔运算设置为"求差"类型 ，然后在 范围 区域的下拉列表中选择 距离 选项，在"距离"下拉列表中输入数值 190，将拉伸方向设置为"方向 2"类型 ，单击"拉伸"对话框中的 确定 按钮，完成拉伸特征 1 的创建。

**Step4.** 创建图 4.34.6 所示的旋转特征 2。在 创建 区域中选择 ⌒ 命令，选取 YZ 平面为草图平面，绘制图 4.34.7 所示的截面草图；在"旋转"对话框将布尔运算设置为"求差"类型 ，然后在"旋转"对话框 范围 区域的下拉列表中选中 全部 选项；单击"旋转"对话框中的 确定 按钮，完成旋转特征 2 的创建。

图 4.34.4　拉伸特征 1

图 4.34.5　截面草图

图 4.34.6　旋转特征 2

图 4.34.7　截面草图

**Step5.** 创建图 4.34.8 所示的拉伸特征 2。在 <u>创建</u> 区域中单击 按钮，选取 XZ 平面作为草图平面，绘制图 4.34.9 所示的截面草图，在"拉伸"对话框 <u>范围</u> 区域的下拉列表中选择 <u>距离</u> 选项，在"距离"下拉列表中输入数值 55，并将拉伸方向设置为"方向 1"类型，单击"拉伸"对话框中的 <u>确定</u> 按钮，完成拉伸特征 2 的创建。

图 4.34.8　拉伸特征 2

图 4.34.9　截面草图

**Step6.** 创建图 4.34.10 所示的环形阵列 1。在 <u>阵列</u> 区域中单击 按钮，选取"拉伸 2"为要阵列的特征，选取 Y 轴为环形阵列轴，阵列个数为 3，阵列角度为 360°，单击 <u>确定</u> 按钮，完成环形阵列 1 的创建。

图 4.34.10　环形阵列 1

**Step7.** 创建图 4.34.11 所示的拉伸特征 3。在 <u>创建</u> 区域中单击 按钮，选取 XZ 平面作为草图平面，绘制图 4.34.12 所示的截面草图，在"拉伸"对话框将布尔运算设置为"求差"类型 ，然后在 <u>范围</u> 区域的下拉列表中选择 <u>距离</u> 选项，在"距离"下拉列表中输入数值 20，单击"拉伸"对话框中的 确定 按钮，完成拉伸特征 3 的创建。

图 4.34.11 拉伸特征 3

图 4.34.12 截面草图

Step8. 创建图 4.34.13 所示的圆角特征 1。选取图 4.34.13 所示的模型边线为圆角的对象，输入圆角半径值为 25。

圆角边线

a）圆角前

b）圆角后

图 4.34.13 圆角特征 1

Step9. 创建图 4.34.14 所示的圆角特征 2。选取图 4.34.14 所示的模型边线为圆角的对象，输入圆角半径值 2。

Step10. 创建图 4.34.15 所示的圆角特征 3。选取图 4.34.15 所示的模型边线为圆角的对象，输入圆角半径值 2。

圆角边线

a）圆角前

放大图

b）圆角后

图 4.34.14 圆角特征 2

圆角边线

a）圆角前

放大图

b）圆角后

图 4.34.15 圆角特征 3

Step11. 保存文件。文件名称为"塑料旋钮"。

## 4.35　Inventor 机械零件设计实际应用 2

【范例概述】本范例主要讲述托架的设计过程，运用了拉伸、加强筋、孔和镜像等命令。其中需要注意的是加强筋特征的创建过程及其技巧。零件模型及浏览器如图 4.35.1 所示。

图 4.35.1　零件模型及浏览器

本范例的详细操作过程请参见随书光盘中 video\ch04.35\文件下的语音视频讲解文件。模型文件为 D:\inv19.1\work\ch04.35\托架.prt。

## 4.36　Inventor 机械零件设计实际应用 3

【范例概述】本范例设计了一个简单的圆形盖，主要运用了旋转、抽壳、拉伸和倒圆角等特征命令，需先创建基础旋转特征，再添加其他修饰，重在零件的结构安排。零件模型及浏览器如图 4.36.1 所示。

图 4.36.1　零件模型及浏览器

说明：本范例前面的详细操作过程请参见随书光盘 video 文件夹中对应章节的语音视频讲解文件。

Step1. 打开文件 D:\inv19.1\work\ch04.36\INSTANCE_PART_COVER_ex.psm。

Step2. 新建零件模型，进入建模环境。

Step3. 创建图 4.36.2 所示的旋转特征 1。在 创建 区域中单击 按钮，系统弹出"创建旋转"对话框；单击"创建旋转"对话框中的 创建二维草图 按钮，选取 YZ 平面为草图平面，进入草绘环境，绘制图 4.36.3 所示的截面草图；单击 草图 选项卡 返回到三维 区域中的 按钮，在 范围 区域的下拉列表中选中 全部 选项；单击"旋转"对话框中的 确定 按钮，完成旋转特征 1 的创建。

图 4.36.2　旋转特征 1

图 4.36.3　截面草图

　　Step4. 创建图 4.36.4 所示的拉伸特征 1。在 创建 区域中单击 按钮，系统弹出"创建拉伸"对话框；单击"创建拉伸"对话框中的 创建二维草图 按钮，选取 XZ 平面作为草图平面，进入草绘环境，绘制图 4.36.5 所示的截面草图；单击 草图 选项卡 返回到三维 区域中的 按钮，在"拉伸"对话框 范围 区域的下拉列表中选择 距离 选项，在"距离"下拉列表中输入数值 170，并将拉伸方向设置为"对称"类型 ；单击"拉伸"对话框中的 确定 按钮，完成拉伸特征 1 的创建。

图 4.36.4　拉伸特征 1

图 4.36.5　截面草图

　　Step5. 创建图 4.36.6 所示的拉伸特征 2。在 创建 区域中单击 按钮，系统弹出"创建拉伸"对话框；单击"创建拉伸"对话框中的 创建二维草图 按钮，选取 YZ 平面作为草图平面，进入草绘环境，绘制图 4.36.7 所示的截面草图；单击 草图 选项卡 返回到三维 区域中的 按钮，在"拉伸"对话框 范围 区域的下拉列表中选择 距离 选项，在"距离"下拉列表中输入数值 170，并将拉伸方向设置为"对称"类型 ；单击"拉伸"对话框中的 确定 按钮，完成拉伸特征 2 的创建。

图 4.36.6　拉伸特征 2

图 4.36.7　截面草图

　　Step6. 创建图 4.36.8 所示的圆角特征 1。在 修改 ▼ 区域中单击 按钮；在系统的提示下，选取图 4.36.8a 所示的模型边线为圆角的对象；在"圆角"对话框 半径 区域中输入数值 6；单击"圆角"对话框中的 确定 按钮，完成圆角特征的创建。

这四条边线为
倒圆的对象

a）圆角前　　　　　　　　　　　b）圆角后

图 4.36.8　圆角特征 1

Step7. 创建图 4.36.9b 所示的圆角特征 2。选取图 4.36.9a 所示的边线为圆角的边线；
输入圆角半径值为 15.0。

此边线为圆角的对象

a）圆角前　　　　　　　　　　　b）圆角后

图 4.36.9　圆角特征 2

Step8. 创建图 4.36.10 所示的工作平面 1。在 定位特征 区域中单击"平面"按钮 下
的 平面 ，选择 从平面偏移 命令；在绘图区选取 YZ 平面作为参考平面；在"基准面"小工
具栏的下拉列表中输入要偏距的距离为 15，偏移方向为 X 轴正方向；单击 ✓ 按钮，完成
工作平面 1 的创建。

Step9. 创建图 4.36.11 所示的旋转特征 2。在 创建 区域中单击 按钮，系统弹出"创
建旋转"对话框；单击"创建旋转"对话框中的 创建二维草图 按钮，选取工作平面 1 为草图平
面，进入草绘环境，绘制图 4.36.12 所示的截面草图；单击 草图 选项卡 返回到三维 区域中的
按钮，在 范围 区域的下拉列表中选中 全部 选项；单击"旋转"对话框中的 确定 按
钮，完成旋转特征 2 的创建。

图 4.36.10　工作平面 1　　　图 4.36.11　旋转特征 2　　　图 4.36.12　截面草图

Step10. 创建图 4.36.13 所示的拉伸特征 3。在 创建 区域中单击 按钮，系统弹出"创
建拉伸"对话框；单击"创建拉伸"对话框中的 创建二维草图 按钮，选取 XZ 平面作为草图平
面，进入草绘环境，绘制图 4.36.14 所示的截面草图；单击 草图 选项卡 返回到三维 区域中的
按钮，然后将布尔运算设置为"求差"类型 ，在"拉伸"对话框 范围 区域的下拉列
表中选择 贯通 选项，并将拉伸方向设置为"对称"类型 ；单击"拉伸"对话框中的 确定

按钮，完成拉伸特征 3 的创建。

图 4.36.13　拉伸特征 3

图 4.36.14　截面草图

Step11. 创建图 4.36.15 所示的抽壳特征 1。在 修改 ▼ 区域中单击 抽壳 按钮；在"抽壳"对话框 厚度 文本框中输入薄壁厚度值为 3；在系统 选择要去除的表面 的提示下，选择图 4.36.15a 所示的模型表面为要移除的面；单击"抽壳"对话框中的 确定 按钮，完成抽壳特征 1 的创建。

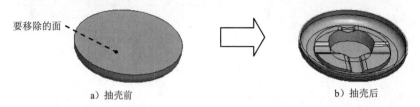

要移除的面

a）抽壳前　　　　　　　　　　b）抽壳后

图 4.36.15　抽壳特征 1

Step12. 创建图 4.36.16 所示的圆角特征 3。在 修改 ▼ 区域中单击 按钮；在系统的提示下，选取图 4.36.16a 所示的模型边线为圆角的对象；在"圆角"对话框 半径 区域中输入数值 1.0；单击"圆角"对话框中的 确定 按钮，完成圆角特征的创建。

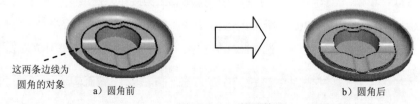

这两条边线为圆角的对象

a）圆角前　　　　　　　　　　b）圆角后

图 4.36.16　倒圆特征 3

Step13. 创建图 4.36.17 所示的圆角特征 4。选取图 4.36.17a 所示的边线为圆角的对象；输入圆角半径值为 6.0。

此边线为圆角的对象

a）圆角前　　　　　　　　　　b）圆角后

图 4.36.17　圆角特征 4

Step14. 创建图 4.36.18 所示的拉伸特征 4。在 创建 区域中单击 按钮，系统弹出"创建拉伸"对话框；单击"创建拉伸"对话框中的 创建二维草图 按钮，选取 XY 平面作为草图平面，进入草绘环境，绘制图 4.36.19 所示的截面草图；单击 草图 选项卡 返回到三维 区域中的 按钮，然后将布尔运算设置为"求差"类型 ，在"拉伸"对话框 范围 区域的下拉列表中选择 贯通 选项，将拉伸方向设置为"方向 2"类型 ；单击"拉伸"对话框中的 确定 按钮，完成拉伸特征 4 的创建。

图 4.36.18 拉伸特征 4

图 4.36.19 截面草图

Step15. 创建图 4.36.20 所示的拉伸特征 5。在 创建 区域中单击 按钮，系统弹出"创建拉伸"对话框；单击"创建拉伸"对话框中的 创建二维草图 按钮，选取 XY 平面作为草图平面，进入草绘环境，绘制图 4.36.21 所示的截面草图；单击 草图 选项卡 返回到三维 区域中的 按钮，然后将布尔运算设置为"求差"类型 ，在"拉伸"对话框 范围 区域的下拉列表中选择 贯通 选项，将拉伸方向设置为"方向 2"类型 ；单击"拉伸"对话框中的 确定 按钮，完成拉伸特征 5 的创建。

图 4.36.20 拉伸特征 5

图 4.36.21 截面草图

Step16. 保存零件模型文件，命名为 INSTANCE_PART_COVER。

## 4.37 Inventor 机械零件设计实际应用 4

【范例概述】本范例主要运用了实体建模的基本技巧，包括实体拉伸、拔模等特征命令，其中圆角的顺序需要注意。该零件模型及浏览器如图 4.37.1 所示。

说明：本范例前面的详细操作过程请参见随书光盘 video 文件夹中对应章节的语音视频讲解文件。

图 4.37.1　零件模型及浏览器

**Step1.** 打开文件 D:\inv19.1\work\ch04.37\削笔刀盒_ex.ipt。

**Step2.** 创建图 4.37.2 所示的拔模 1。在 [修改 ▼] 区域中单击 [拔模] 按钮；在"面拔模"对话框中将拔模类型设置为"固定平面"选项 [图]；在系统 [选择平面或工作平面] 的提示下，选取图 4.37.2a 所示的面 1 为拔模固定平面；在系统 [选择拔模面] 的提示下，选取图 4.37.2a 所示的面 2 为需要拔模的面；在"面拔模"对话框 [拔模斜度] 文本框中输入数值 23；拔模方向如图 4.37.3 所示；单击"面拔模"对话框中的 [确定] 按钮，完成拔模特征的创建。

a）拔模前　　　　　　　　　　　b）拔模后

图 4.37.2　拔模 1　　　　　　　　　　　图 4.37.3　拔模方向

**Step3.** 创建图 4.37.4b 所示的圆角特征 1。在 [修改 ▼] 区域中单击 [ ] 按钮；在系统的提示下，选取图 4.37.4a 所示的模型边线为圆角的对象；在"圆角"对话框"半径"文本框中输入数值 3.0；单击"圆角"对话框中的 [确定] 按钮，完成圆角特征 1 的创建。

a）圆角前　　　　　　　　　　　　　b）圆角后

图 4.37.4　圆角特征 1

Step4. 创建图 4.37.5b 所示的圆角特征 2。在 修改 ▼ 区域中单击 ⬝ 按钮；在系统的提示下，选取图 4.37.5a 所示的模型边线为圆角的对象；在"圆角"对话框"半径"文本框中输入数值 1.0；单击"圆角"对话框中的 确定 按钮，完成圆角特征 2 的创建。

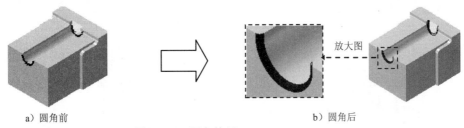

a）圆角前                                              b）圆角后

图 4.37.5  圆角特征 2

Step5. 创建图 4.37.6 所示的圆角特征 3。选取图 4.37.6 所示的模型边线为圆角的对象，输入圆角半径值为 2.0。

a）圆角前                                              b）圆角后

图 4.37.6  圆角特征 3

Step6. 创建图 4.37.7 所示的圆角特征 4。选取图 4.37.7 所示的模型边线为圆角的对象，输入圆角半径值为 1.0。

Step7. 创建图 4.37.8 所示的圆角特征 5。选取图 4.37.8 所示的模型边线为圆角的对象，输入圆角半径值为 5.0。

a）圆角前                                              b）圆角后

图 4.37.7  圆角特征 4

a）圆角前                                              b）圆角后

图 4.37.8  圆角特征 5

Step8. 创建图 4.37.9 所示的圆角特征 6。选取图 4.37.9 所示的模型边线为圆角的对象，输入圆角半径值为 0.5。

Step9. 创建图 4.37.10 所示的圆角特征 7。选取图 4.37.10 所示的模型边线为圆角的对象，输入圆角半径值为 0.5。

a）圆角前      b）圆角后

图 4.37.9 　圆角特征 6

a）圆角前      b）圆角后

图 4.37.10 　圆角特征 7

Step10. 创建图 4.37.11 所示的抽壳特征 1。在 修改 ▼ 区域中单击 抽壳 按钮，在"抽壳"对话框 厚度 文本框中输入薄壁厚度值为 1.0；选择图 4.37.11 所示的模型表面为要移除的面；单击"抽壳"对话框中的 确定 按钮，完成抽壳特征的创建。

要移除的面

a）抽壳前      b）抽壳后

图 4.37.11 　抽壳特征 1

Step11. 保存文件。文件名称为"削笔刀盒"。

## 4.38　Inventor 机械零件设计实际应用 5

【范例概述】本范例是滑动轴承基座的设计，主要运用了拉伸、孔和圆角等特征命令。需要注意在选取草绘基准面、圆角顺序等过程中所用到的技巧。零件实体模型及相应的浏览器如图 4.38.1 所示。

图 4.38.1　基座模型和浏览器

Step1. 新建一个零件模型，进入建模环境。

Step2. 创建图 4.38.2 所示的拉伸特征 1。在 创建 区域中单击 按钮，系统弹出"创建拉伸"对话框；单击"创建拉伸"对话框中的 创建二维草图 按钮，选取 XY 平面作为草图平面，进入草绘环境，绘制图 4.38.3 所示的截面草图；在 创建 区域中单击 按钮，在"拉伸"对话框 范围 区域的下拉列表中选择 距离 选项，在"距离"下拉列表中输入数值 60.0，并将拉伸类型设置为"对称"类型 ；单击"拉伸"对话框中的 确定 按钮，完成拉伸特征 1 的创建。

说明：为了清楚表现草图，图 4.38.3 中的几何约束（对称、水平和垂直等）均被隐藏。

图 4.38.2　拉伸特征 1

图 4.38.3　截面草图

Step3. 创建图 4.38.4 所示的拉伸特征 2。在 创建 区域中单击 按钮，系统弹出"创建拉伸"对话框；单击"创建拉伸"对话框中的 创建二维草图 按钮，选取图 4.38.5 所示的模型表面作为草图平面，进入草绘环境，绘制图 4.38.6 所示的截面草图；单击 草图 选项卡 返回到三维 区域中的 按钮，在"拉伸"对话框 范围 区域的下拉列表中选择 距离 选项，在"距离"下拉列表中输入数值 10.0，将拉伸类型设置为"方向 2"类型 ；单击"拉伸"对话框中的 确定 按钮，完成拉伸特征 2 的创建。

Step4. 添加图 4.38.7 所示的零件特征——孔 1。在 修改 ▼ 区域中单击"孔"按钮 ；在"孔"对话框 放置 区域的下拉列表中选择 ◎ 同心 ，在系统的提示下选取图 4.38.8 所示的模型表面为孔 1 的放置面，选取图 4.38.9 所示的边线为放置的参考；在"孔"对话框中确认"直孔"选项  与"简单孔"选项 被选中；在 终止方式 区域的下拉列表中选择 距离 选项，在"孔"对话框选中 单选项；在"孔"对话框孔预览图像区域输入图 4.38.10 所示的参数；单击"孔"对话框中的 确定 按钮，完成孔的创建。

图 4.38.4　拉伸特征 2　　　图 4.38.5　草图平面　　　图 4.38.6　截面草图

草图平面

孔 1 的放置面

图 4.38.7　孔 1　　　　　图 4.38.8　定义孔的放置面

选取此模型边线

图 4.38.9　放置参考　　　　图 4.38.10　定义孔参数

**Step5.** 创建图 4.38.11b 所示的圆角特征 1。在 修改 ▼ 区域中单击 按钮；在系统的提示下，选取图 4.38.11a 所示的模型边线为圆角的对象；在"圆角"对话框"半径"文本框中输入数值 15.0；单击"圆角"对话框中的 确定 按钮，完成圆角特征 1 的创建。

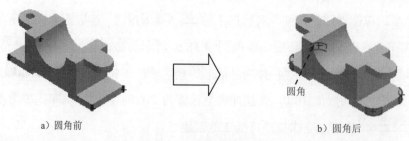

a）圆角前　　　　　　　　　　　　　　　　b）圆角后

圆角

图 4.38.11　圆角特征 1

**Step6.** 添加图 4.38.12 所示的零件特征——孔 2。在 修改 ▼ 区域中单击"孔"按钮 ；在"孔"对话框 放置 区域的下拉列表中选择 同心 选项，在系统的提示下选取图 4.38.13

所示的模型表面为孔 2 的放置面，选取图 4.38.14 所示的边线为放置的参考；在"孔"对话框中确认"沉头孔"选项 ⊔ 与"简单孔"选项 ⊙∥∥ 被选中；在"孔"对话框 终止方式 区域的下拉列表中选择 贯通 选项；在"孔"对话框孔预览图像区域输入图 4.38.15 所示的参数；单击"孔"对话框中的 确定 按钮，完成孔的创建。

图 4.38.12　孔 2

孔 2 的放置面

图 4.38.13　定义孔的放置面

选取此模型边线

图 4.38.14　放置参考

图 4.38.15　定义孔参数

Step7. 后面的详细操作过程请参见随书光盘 video 文件夹中对应章节的语音视频讲解文件。

## 4.39　Inventor 机械零件设计实际应用 6

【范例概述】本范例主要运用了如下一些特征命令：旋转、放样和阵列等，零件模型及浏览器如图 4.39.1 所示。

图 4.39.1　零件模型及浏览器

说明：本范例前面的详细操作过程请参见随书光盘 video 文件夹中对应章节的语音视频讲解文件。

Step1. 打开文件 D:\inv19.1\work\ch04.39\impeller_ex.ipt。

Step2. 创建图 4.39.2 所示的草图 1。在 三维模型 选项卡 草图 区域单击 按钮，选取图 4.39.2 所示的模型表面作为草图平面，绘制图 4.39.3 所示的草图 1。

草图平面

图 4.39.2 草图 1（建模环境）

放大图

30.00

图 4.39.3 草图 1（草图环境）

Step3. 创建图 4.39.4 所示的草图 2。在 三维模型 选项卡 草图 区域单击 按钮，选取图 4.39.4 所示的模型表面作为草图平面，绘制图 4.39.5 所示的草图 2。

草图平面

图 4.39.4 草图 2（建模环境）

放大图

0.5

图 4.39.5 草图 2（草图环境）

Step4. 创建图 4.39.6 所示的放样 1。在 创建 区域中单击 放样 按钮，依次选取 Step2 与 Step3 创建的草图 1 与草图 2，单击"放样"对话框中的 确定 按钮，完成特征的创建。

Step5. 创建图 4.39.7 所示的环形阵列 1。在 阵列 区域中单击 按钮，选取"放样 1"为要阵列的特征，选取 Y 轴为环形阵列轴，阵列个数为 15，阵列角度为 360°，单击 确定 按钮，完成环形阵列 1 的创建。

图 4.39.6 放样 1

a）阵列前

b）阵列后

图 4.39.7 环形阵列 1

Step6. 创建图 4.39.8 所示的旋转特征 1。在 <sup>创建</sup> 区域中选择 命令，选取 XY 平面为草图平面，绘制图 4.39.9 所示的截面草图；在"旋转"对话框中将布尔运算设置为"求差"类型 ，在 <sup>范围</sup> 区域的下拉列表中选中 <sup>全部</sup> 选项；单击"旋转"对话框中的 <sup>确定</sup> 按钮，完成旋转特征 1 的创建。

图 4.39.8　旋转特征 1　　　　　　　　　　图 4.39.9　截面草图

Step7. 创建图 4.39.10 所示的拉伸特征 3。在 <sup>创建</sup> 区域中单击 按钮，选取图 4.39.10 所示的模型表面作为草图平面，绘制图 4.39.11 所示的截面草图，在"拉伸"对话框将布尔运算设置为"求和"类型 ，然后在 <sup>范围</sup> 区域的下拉列表中选择 <sup>距离</sup> 选项，在"距离"下拉列表中输入数值 4.5，将拉伸方向设置为"方向 1"类型 ；单击"拉伸"对话框中的 <sup>确定</sup> 按钮，完成拉伸特征 3 的创建。

图 4.39.10　拉伸特征 3　　　　　　　　　图 4.39.11　绘制截面草图

Step8. 创建图 4.39.12 所示的拉伸特征 4。在 <sup>创建</sup> 区域中单击 按钮，选取图 4.39.12 所示的模型表面作为草图平面，绘制图 4.39.13 所示的截面草图，在"拉伸"对话框将布尔运算设置为"求差"类型 ，然后在 <sup>范围</sup> 区域的下拉列表中选择 <sup>贯通</sup> 选项，将拉伸方向设置为"方向 2"类型 ；单击"拉伸"对话框中的 <sup>确定</sup> 按钮，完成拉伸特征 4 的创建。

Step9. 创建图 4.39.14 所示的倒角特征 1。选取图 4.39.14a 所示的模型边线为倒角的对象，输入倒角值为 0.5。

图 4.39.12　拉伸特征 4　　　　　　　　　　　图 4.39.13　截面草图

a）倒角前　　　　　　　　　　　　　　　　b）倒角后

图 4.39.14　倒角特征 1

**Step10.** 创建图 4.39.15 所示的拉伸特征 5。在 创建 区域中单击 按钮，选取图 4.39.15 所示的模型表面作为草图平面，绘制图 4.39.16 所示的截面草图，在"拉伸"对话框将布尔运算设置为"求差"类型 ，然后在 范围 区域的下拉列表中选择 贯通 选项，将拉伸方向设置为"方向 2"类型 ；单击"拉伸"对话框中的 确定 按钮，完成拉伸特征 5 的创建。

图 4.39.15　拉伸特征 5　　　　　　　　　　图 4.39.16　截面草图

**Step11.** 创建图 4.39.17 所示的环形阵列 2。在 阵列 区域中单击 按钮，选取"拉伸 5"为要阵列的特征，选取 Y 轴为环形阵列轴，阵列个数为 6，阵列角度为 360°，单击 确定 按钮，完成环形阵列 2 的创建。

**Step12.** 后面的详细操作过程请参见随书光盘 video 文件夹中对应章节的语音视频讲解文件。

| a）阵列前 | b）阵列后 |

图 4.39.17　环形阵列 2

# 4.40　Inventor 机械零件设计实际应用 7

【范例概述】本范例主要运用了如下一些特征命令：旋转、阵列和抽壳，其难点是创建模型上的波纹，在进行这个特征的阵列操作时，确定阵列间距比较关键。零件模型及浏览器如图 4.40.1 所示。

图 4.40.1　零件模型及浏览器

Step1. 新建一个零件模型，进入建模环境。

Step2. 创建图 4.40.2 所示的旋转特征 1。在 创建 区域中单击 按钮，系统弹出"创建旋转"对话框；单击"创建旋转"对话框中的 创建二维草图 按钮，选取 XY 平面为草图平面，进入草绘环境，绘制图 4.40.3 所示的截面草图；单击 草图 选项卡 返回到三维 区域中的 按钮，然后在"旋转"对话框 范围 区域的下拉列表中选中 全部 选项；单击"旋转"对话框中的 确定 按钮，完成旋转特征 1 的创建。

图 4.40.2　旋转特征 1

图 4.40.3　截面草图

Step3. 创建图 4.40.4 所示的旋转特征 2。在 创建 区域中选择🔘命令，选取 XY 平面为草图平面，绘制图 4.40.5 所示的截面草图；在"旋转"对话框 范围 区域的下拉列表中选中 全部 选项；单击"旋转"对话框中的 确定 按钮，完成旋转特征 2 的创建。

Step4. 创建图 4.40.6 所示的矩形阵列 1。在 阵列 区域中单击🔲按钮；在图形区中选取旋转特征 2（或在浏览器中选择"旋转 2"特征）；在"矩形阵列"对话框中单击 方向1 区域中的 ▷ 按钮，然后选取 Y 轴为方向 1 的参考边线，阵列方向可参考图 4.40.7（若方向不对可单击 ⬆ 按钮调整），在 方向1 区域的 ∞∞ 文本框中输入数值 15.0；在 ◇ 文本框中输入数值 7；单击 确定 按钮，完成矩形阵列 1 的创建。

图 4.40.4　旋转特征 2

图 4.40.5　截面草图

图 4.40.6　矩形阵列 1

图 4.40.7　定义阵列方向

Step5. 创建图 4.40.8 所示的旋转特征 3。在 创建 区域中选择🔘命令，选取 XY 平面为草图平面，绘制图 4.40.9 所示的截面草图；在"旋转"对话框 范围 区域的下拉列表中选中 全部 选项；单击"旋转"对话框中的 确定 按钮，完成旋转特征 3 的创建。

图 4.40.8　旋转特征 3

图 4.40.9　截面草图

Step6. 创建图 4.40.10 所示的抽壳特征 1。在 修改 ▼ 区域中单击🔲 抽壳 按钮；在"抽壳"对话框 厚度 文本框中输入薄壁厚度值为 1.5；在系统 选择要去除的表面 的提示下，选择图

4.40.11 所示的模型表面 1 和面 2 为要移除的面；单击"抽壳"对话框中的 确定 按钮，完成抽壳特征的创建。

图 4.40.10 抽壳特征 1　　　　　　　　图 4.40.11 要移除的面

Step7. 保存文件。文件名称为 instance_air_pipe。

# 4.41　Inventor 机械零件设计实际应用 8

【范例概述】本范例主要运用了拉伸、抽壳、镜像、拉伸切削和圆角命令，但要提醒读者注意的是平面的创建和圆角特征的顺序。零件模型及浏览器如图 4.41.1 所示。

图 4.41.1 零件模型及浏览器

Step1. 新建一个零件模型，进入建模环境。

Step2. 创建图 4.41.2 所示的拉伸特征 1。在 创建 区域中单击 按钮，选取 XY 平面作为草图平面，绘制图 4.41.3 所示的截面草图，在"拉伸"对话框 范围 区域的下拉列表中选择 距离 选项，在"距离"下拉列表中输入数值 80，并将拉伸方向设置为"对称"类型 ；单击"拉伸"对话框中的 确定 按钮，完成拉伸特征 1 的创建。

图 4.41.2 拉伸特征 1

图 4.41.3 截面草图

Step3. 创建图 4.41.4 所示的抽壳特征 1。在 修改 ▼ 区域中单击 抽壳 按钮，在"抽壳"对话框 厚度 文本框中输入薄壁厚度值为 10.0；选择图 4.41.4a 所示的模型表面为要移除的面；单击"抽壳"对话框中的 确定 按钮，完成抽壳特征 1 的创建。

选取该平面
为要移除的面

a）抽壳前                                    b）抽壳后

图 4.41.4　抽壳特征 1

Step4. 创建图 4.41.5 所示的拉伸特征 2。在 创建 区域中单击 按钮，选取 XZ 平面作为草图平面，绘制图 4.41.6 所示的截面草图，在"拉伸"对话框将布尔运算设置为"求和"类型 ，然后在 范围 区域的下拉列表中选择 距离 选项，在"距离"下拉列表中输入数值 10，拉伸方向可参考图 4.41.5 所示，单击"拉伸"对话框中的 确定 按钮，完成拉伸特征 2 的创建。

图 4.41.5　拉伸特征 2                    图 4.41.6　截面草图

Step5. 创建图 4.41.7 所示的拉伸特征 3。在 创建 区域中单击 按钮，选取图 4.41.8 所示的模型表面作为草图平面，绘制图 4.41.9 所示的截面草图，在"拉伸"对话框将布尔运算设置为"求和"类型 ，然后在 范围 区域的下拉列表中选择 距离 选项，在"距离"下拉列表中输入数值 8，拉伸方向可参考图 4.41.7 所示，单击"拉伸"对话框中的 确定 按钮，完成拉伸特征 3 的创建。

草图平面

图 4.41.7　拉伸特征 3　　　图 4.41.8　选取草图平面　　　图 4.41.9　截面草图

Step6. 创建图 4.41.10 所示的拉伸特征 4。在 创建 区域中单击 按钮，选取图 4.41.11

所示的模型表面作为草图平面，绘制图 4.41.12 所示的截面草图，在"拉伸"对话框将布尔运算设置为"求差"类型 ![求差按钮]，然后在 ![范围] 区域的下拉列表中选择 ![距离] 选项，在"距离"下拉列表中输入数值 20，拉伸方向可参考图 4.41.10 所示，单击"拉伸"对话框中的 ![确定] 按钮，完成拉伸特征 4 的创建。

图 4.41.10　拉伸特征 4

图 4.41.11　选取草图平面

图 4.41.12　截面草图

Step7. 创建图 4.41.13 所示的拉伸特征 5。在 ![创建] 区域中单击 ![按钮] 按钮，选取图 4.41.14 所示的模型表面作为草图平面，绘制图 4.41.15 所示的截面草图，在"拉伸"对话框将布尔运算设置为"求差"类型 ![求差按钮]，然后在 ![范围] 区域的下拉列表中选择 ![贯通] 选项，拉伸方向可参考图 4.41.13 所示，单击"拉伸"对话框中的 ![确定] 按钮，完成拉伸特征 5 的创建。

Step8. 创建图 4.41.16 所示的镜像特征。在 ![阵列] 区域中单击"镜像"按钮 ![镜像按钮]，选取"拉伸 5"为要镜像的特征，然后选取 YZ 平面作为镜像中心平面，单击"镜像"对话框中的 ![确定] 按钮，完成镜像操作。

图 4.41.13　拉伸特征 5

图 4.41.14　选取草图平面

图 4.41.15　截面草图

a）镜像前

b）镜像后

图 4.41.16　镜像特征

Step9. 后面的详细操作过程请参见随书光盘 video 文件夹中对应章节的语音视频讲解文件。

## 4.42　Inventor 机械零件设计实际应用 9

【范例概述】本范例是一个基座的设计，主要运用了拉伸、拉伸切削、孔、圆角等特征。需要注意的是在选取草图平面、圆角顺序及在柱面打孔过程中用到的技巧和注意事项。零件模型及浏览器如图 4.42.1 所示。

图 4.42.1　零件模型及浏览器

说明：本范例的详细操作过程请参见随书光盘中 video\ch04.42\文件下的语音视频讲解文件。模型文件为 D:\inv19.1\work\ch04.42\connecting_base.ipt。

## 4.43　Inventor 机械零件设计实际应用 10

【范例概述】本范例详细讲解了一款塑料凳的设计过程，该设计过程运用了如下命令：实体拉伸、拔模、抽壳、阵列和倒圆角等。其中拔模的操作技巧性较强，需要读者用心体会。零件模型及浏览器如图 4.43.1 所示。

图 4.43.1　零件模型及浏览器

说明：本范例的详细操作过程请参见随书光盘中 video\ch04.43\文件下的语音视频讲解文件。模型文件为 D:\inv19.1\work\ch04.43\PLASTIC_STOOL.ipt。

## 4.44　Inventor 机械零件设计实际应用 11

【范例概述】该范例主要运用了拉伸、拔模、镜像、抽壳和圆角等命令，需要注意拔模特征的创建方法。零件实体模型如图 4.44.1 所示。

说明：本范例的详细操作过程请参见随书光盘中 video\ch04.44\文件下的语音视频讲解文件。模型文件为 D:\inv19.1\work\ch04.44\oil_shell.psm。

## 4.45　Inventor 机械零件设计实际应用 12

【范例概述】本范例介绍了一个 BP 机外壳的创建过程，此过程综合运用了拉伸、圆角、抽壳和扫掠等命令。零件模型如图 4.45.1 所示。

图 4.44.1　零件模型　　　　　图 4.45.1　零件模型

说明：本范例的详细操作过程请参见随书光盘中 video\ch04.45\文件下的语音视频讲解文件。模型文件为 D:\inv19.1\work\ch04.45\plastic_sheath.ipt。

## 4.46　习　　题

### 1. 习题 1

本练习是一个电气元件——电阻。在实际的产品设计中，创建电气元件往往要进行简化，简化包括结构简化和材质简化。本练习中的电阻结构简化为旋转和扫掠两个特征，金属丝和电阻主体的材质简化为同一材质。零件模型如图 4.46.1 所示，操作步骤提示如下。

Step1. 新建一个零件模型，进入建模环境。

Step2. 创建图 4.46.2 所示的旋转特征。截面草图如图 4.46.3 所示。

Step3. 创建图 4.46.4 所示的扫掠特征。轨迹草图如图 4.46.5 所示，截面草图如图 4.46.6 所示。

图 4.46.1　电阻模型

图 4.46.2　旋转特征

图 4.46.3　截面草图

图 4.46.4　扫掠特征

图 4.46.5　轨迹草图

图 4.46.6　截面草图

## 2. 习题 2

根据图 4.46.7 所示的提示步骤创建带轮的三维模型（所缺尺寸可自行确定），将零件的模型命名为 strap_wheel.ipt。

a）实体拉伸　　b）旋转实体　　c）旋转切削　　d）孔特征

g）圆角与倒角　　f）孔特征（沉头孔）　　e）切削特征（键槽）　　放大图

图 4.46.7　带轮三维模型的创建步骤

### 3. 习题3

根据图 4.46.8 所示的提示步骤，采用"堆积木"的方法创建多头连接机座的三维模型（所缺尺寸可自行确定），将零件的模型命名为 multiple_connecting_base.ipt。

a）旋转特征1　　b）拉伸特征1　　c）拉伸特征2　　d）拉伸特征3　　e）拉伸特征4

j）孔3　　i）孔2　　h）孔1　　g）旋转特征2　　f）拉伸特征5

k）孔阵列1　　l）孔阵列2　　m）孔阵列3　　n）倒角特征　　o）最终模型

图 4.46.8　模型创建步骤

### 4. 习题4

根据图 4.46.9 所示的轴承座（bearing_base.ipt）的各个视图，创建零件三维模型（所缺尺寸可自行确定）。

主视图（剖视图）　　侧视图（局部剖视）　　轴测图1

俯视图　　轴测图2

图 4.46.9　轴承座的各个视图

### 5．习题 5

本练习是瓶塞开启器中的一个零件反向块（reverse_block），主要是练习拉伸特征、孔特征、螺旋扫掠特征以及倒角特征的创建，零件模型如图 4.46.10 所示。

Step1．新建一个零件模型，进入建模环境。

Step2．创建图 4.46.11 所示的零件基础特征——拉伸特征，截面草图如图 4.46.12 所示，深度值为 25.0。

图 4.46.10　反向块零件模型

图 4.46.11　实体拉伸特征

图 4.46.12　截面草图

Step3．创建图 4.46.13 所示的孔特征。

Step4．添加图 4.46.14 所示的螺旋拉伸特征。扫掠轨迹线为图 4.46.15 所示的一条线段，定义螺旋节距值为 8，高度为 34；螺旋的截面如图 4.46.15 所示。

图 4.46.13　创建孔特征

图 4.46.14　螺旋拉伸特征

图 4.46.15　螺旋的轴和截面

Step5．添加图 4.46.16 所示的拉伸切削特征，截面草图如图 4.46.17 所示。

Step6．两端添加倒角特征，如图 4.46.18 所示。

图 4.46.16　拉伸切削特征

图 4.46.17　截面草图

图 4.46.18　倒角特征

# 第**5**章　装配设计

**本章提要**　　一个产品往往由多个零件组合（装配）而成，Inventor 中零件的组合是在装配模块中完成的。通过对本章的学习，可以了解产品装配的一般过程，掌握一些基本的装配技能。主要内容包括：

- 各种装配约束的基本概念。
- 装配约束的编辑定义。
- 装配的一般过程。
- 在装配体中修改部件。
- 在装配体中镜像和阵列部件。
- 模型的外观处理。

## 5.1　概　　述

一个产品往往由多个零件组合（装配）而成，装配模块用来建立零件间的相对位置关系，从而形成复杂的装配体。零件间位置关系的确定主要通过添加约束来实现。

装配设计一般有两种基本方式：自底向上装配和自顶向下装配。如果首先设计好全部零件，然后将零件作为部件添加到装配体中，则称为自底向上装配；如果是首先设计好装配体模型，然后在装配体中组建模型，最后生成零件模型，则称为自顶向下装配。

Inventor 提供了自底向上和自顶向下装配功能，并且两种方法可以混合使用。自底向上装配是一种常用的装配模式，本书主要介绍自底向上装配。

Inventor 的装配模块具有下面一些特点：

提供了方便的部件定位方法，轻松设置部件间的位置关系。系统提供了四种约束方式，通过对部件添加多个约束，可以准确地把部件装配到位。

**相关术语和概念**

零件：组成部件与产品最基本的单位。

部件：可以是一个零件，也可以是多个零件的装配结果。它是组成产品的主要单位。

装配体：也称为产品，是装配设计的最终结果。它是由部件之间的约束关系及部件组成的。

约束：在装配过程中，约束是指部件之间的相对的限制条件，用于确定部件的位置。

# 5.2 装配约束

通过定义装配约束，可以指定零件相对于装配体中其他部件的位置。装配约束的类型包括重合、平行、垂直和同轴心等。在 Inventor 中，一个零件通过装配约束添加到装配体后，它的位置会随着与其有约束关系的零部件的位置改变而相应地改变，而且约束设置值作为参数可随时修改，并可与其他参数建立关系方程，这样整个装配体实际上是一个参数化的装配体。

**关于装配约束，请注意以下几点：**

- 一般来说，建立一个装配约束时，应选取零件参照和部件参照。零件参照和部件参照是零件和装配体中用于约束定位和定向的点、线、面。例如通过"配合"约束将一根轴放入装配体的一个孔中，轴的中心线就是零件参照，而孔的中心线就是部件参照。

- 系统一次只添加一个约束。不能用一个"配合"约束将一个零件上两个不同的孔与装配体中的另一个零件上两个不同的孔对齐，必须定义两个不同的配合约束。

- 要在装配体中完整地指定一个零件的放置和定向（完整约束），往往需要定义多个装配约束。

## 5.2.1 "配合/对齐"约束

"配合/对齐"约束可使装配元件中的两个平面、边线或者轴线重合，对于面而言，可以使两个平面平行，或使两个平面重合，如图 5.2.1 所示。也可以使两个平面离开一定的距离，如图 5.2.2 所示。对于线而言，可以使两条边线重合，也可以使两条轴线重合，如图 5.2.3 所示。

a）"配合/对齐"约束前　　　　　　b）"配合/对齐"约束后（配合）　　c）"配合/对齐"约束后（平面对齐）

图 5.2.1　"配合/对齐"约束（一）

a)"配合/对齐"约束前　　　　　　　　　　　　　　　b)"配合/对齐"约束后

图 5.2.2 "配合/对齐"约束（二）

a)"配合/对齐"约束前　　　　　　　　　　　　　　　b)"配合/对齐"约束后

图 5.2.3 "配合/对齐"约束（三）

## 5.2.2 "角度"约束

### 1. 一般角度约束

用"角度"约束可使两个元件上的线或面建立一个角度，从而限制部件的相对位置关系，如图 5.2.4b 所示。

a)"角度"约束前　　　　　　　　　　　　　　　b)"角度"约束后

图 5.2.4 "角度"约束

### 2. 垂直约束

"垂直"约束可以将所选直线或平面处于彼此之间的夹角为 90° 的位置，并且可以改变它们的朝向，如图 5.2.5 所示。

a)"垂直"约束前　　　　　　　　　　　　　　　b)"垂直"约束后

图 5.2.5 "垂直"约束

## 5.2.3 "相切"约束

"相切"约束可以将所选元素处于相切状态（至少有一个元素必须为圆柱面、圆锥面或球面），并且可以改变它们的朝向，如图 5.2.6 所示。

a）"相切"约束前　　　　　　　　　　　　b）"相切"约束后

图 5.2.6　　"相切"　约束

# 5.3　创建装配模型的一般过程

下面以轴和轴套的装配为例，说明创建装配模型的一般过程，如图 5.3.1 所示。

图 5.3.1　轴和轴套的装配

## 5.3.1　新建一个装配三维模型

新建装配文件的一般操作步骤如下。

选择下拉菜单 文件 ➡ 新建 ➡ 部件 命令，如图 5.3.2 所示，系统自动进入装配环境。

**说明**：进入零件设计环境还有两种方法。

**方法一**：直接单击图 5.3.2 所示的"新建"按钮，系统弹出"新建文件"对话框，选择"Standard.iam"模板，单击 创建 按钮。

**方法二**：在"快速访问"工具栏中单击 后的 按钮，选择 部件 命令。

图 5.3.2　"新建"界面

说明：每次新建一个文件时，Inventor 会显示一个默认名。如果要创建的是部件，默认名的格式是一个序号后加.iam（如部件 1.iam），以后再新建一个部件，序号自动加 1。

## 5.3.2　装配第一个零件

Step1. 在 装配 选项卡 零部件 区域单击 按钮，系统弹出"装入零部件"对话框。

Step2. 选取添加模型。在 D:\inv19.1\work\ch05.03 目录下选取轴零件模型文件 shaft. ipt，然后单击 打开(0) 按钮。

Step3. 确定零件位置。在绘图区域中右击选择 在原点处固定放置(G) 命令，按键盘上的 Esc 键，将模型放置在装配环境中，如图 5.3.3 所示。

## 5.3.3　装配第二个零件

### 1. 引入第二个零件

Step1. 选择命令。在 装配 选项卡 零部件 区域单击 按钮（或在装配浏览器栏中右击选择 装入零部件(P) 命令），系统弹出"装入零部件"对话框。

Step2. 选取添加模型。在 D:\inv19.1\work\ch05.03 目录下选取轴零件模型文件 bush. ipt，然后单击 打开(0) 按钮。

Step3. 放置第二个零件。在图形区合适的位置处单击，即可把零件放置到当前位置，如图 5.3.4 所示，放置完成后按键盘上的 Esc 键。

　　　　　　　　　单击此位置

图 5.3.3　放置第一个零件　　　　　图 5.3.4　放置第二个零件

### 2. 放置第二个零件前的准备

在放置第二个零件时，可能与第一个组件重合，或者其方向和方位不便于进行装配放置。解决这种问题的方法如下。

Step1. 选择命令。单击 装配 选项卡 位置 区域中的 自由移动 按钮。

Step2. 将鼠标移动至要移动的零件上（此时零件会以红色加亮显示），然后按住鼠标左键并移动鼠标,可以看到轴套模型随着鼠标移动,将轴套模型从图5.3.4所示的位置移动到图5.3.5所示的位置。

说明：读者也可以不选择"移动"命令，直接将鼠标移动至零件上，当零件以红色加亮显示时，按住鼠标左键也可以移动零件模型。

Step3. 选择命令。单击"装配"选项卡 位置 区域中的 自由旋转 按钮。

Step4. 将鼠标移动至要旋转的零件上并单击，此时在需要旋转的零件周围会出现图5.3.5所示的三维旋转符号，然后按住鼠标左键并移动鼠标，可以看到轴套模型随着鼠标旋转，将轴套模型从图5.3.5所示的位置移动到图5.3.6所示的位置。

图5.3.6所示的三维旋转符号的说明如下。

① 如果想要对零件进行360°任意方向的自由旋转，可将鼠标放在三维旋转符号内部，当鼠标显示 ✛ 形状时，按住左键沿适当的方向拖动即可完成旋转。

② 如果想要对零件绕水平轴进行旋转，可以将鼠标放在三维旋转符号的顶部或者底部控制点，当鼠标显示 ⊍ 形状时，按住鼠标左键竖直拖动鼠标即可完成旋转。

③ 如果想要对零件绕竖直轴进行旋转，可以将鼠标放在三维旋转符号的左侧或者右侧控制点，当鼠标显示 ⟲ 形状时，按住鼠标左键水平拖动鼠标即可完成旋转。

④ 如果想要对零件在平面内旋转，可将鼠标放在三维旋转符号外面，当鼠标显示 ↻ 形状时，按住鼠标左键拖动即可完成旋转。

图5.3.5 位置1　　　　　　　　图5.3.6 位置2

### 3．完全约束第二个零件

若要使轴套完全定位，需要向它添加三种约束，分别为同轴约束、轴向约束和径向约束。单击 装配 选项卡 关系 ▾ 区域中的"约束"按钮 （或在"装配"浏览器栏中右击选择 约束(C) 命令），系统弹出图5.3.7所示的"放置约束"对话框，以下的所有约束都将在"放置约束"对话框中完成。

Step1. 定义第一个装配约束（同轴约束）。

（1）确定约束类型。在"放置约束"对话框 部件 选项卡的 类型 区域中选中"配合"约束 。

（2）选取约束对象。分别选取图5.3.8所示的圆柱面1与圆柱面2作为要约束的几何图元。

（3）在"放置约束"对话框中单击 **应用** 按钮，完成第一个装配约束，如图 5.3.9 所示。

图 5.3.7 "放置约束"对话框

图 5.3.8 选取约束对象

图 5.3.9 完成第一个装配约束

**图 5.3.7** 所示的"放置约束"对话框"部件"选项卡中各选项说明如下。

● **类型** 区域：用于指定约束的类型。

☑ （配合）：配合约束可将零件面对面放置（法向相反），或者将零件面与面对齐放置（法向相同）。

☑ （角度）：角度约束是以一个指定角度定义的枢轴点来定义两个零部件上的边或平面之间的关系。

☑ （相切）：相切约束可以使面、平面、柱面、球面和锥面在切点处接触。

☑ （插入）：插入约束是平面之间的面对面配合约束和两个零部件的轴之间的配合约束的组合。

● **选择** 区域：用于选择要约束到一起的两个零部件上的几何图元。

☑ 按钮：用于选择第一个零部件上的曲线、面或点。

☑ 按钮：用于选择第二个零部件上的曲线、面或点。

☑ 复选框：用于将可选几何图元限制为单一零部件。可在零部件相互靠近或部分相互遮挡时正确选取几何图元。

● **求解方法** 区域：可选择两种求解方法，各选项功能如下。

☑ （配合）选项：用于将选定的面重合且法向相反。

☑ （表面平齐）选项：用于将选定的面重合且法向相同。

- 　　 （更多）区域：用于设定约束名称和装配约束极限的选项。

　　☑ 　名称 文本框：用于设定约束的名称。

　　☑ ☑ 使用偏移量作为基准位置 复选框：用于将偏移值设为具有极限约束的默认位置。

　　☑ ☑ 最大值 复选框：选中此复选框，用于设定约束运动的最大范围。

　　☑ ☑ 最小值 复选框：选中此复选框，用于设定约束运动的最小范围。

- 　偏移量: 文本框：用于指定部件相互之间偏移的距离。

- ☑ 👓 选项：用于显示所选几何图元上的约束效果。

- ☑ 　 复选框：用于设置当"偏移量"文本框为空时，通过测量确定零部件的方向及偏移值，如果清除该复选框，则可以手动设置零部件的方向和偏移量。

Step2. 定义第二个装配约束（轴向约束）。

（1）确定约束类型。在"放置约束"对话框 部件 选项卡的 类型 区域中选中"配合"约束 按钮。

（2）选取约束面。分别选取图5.3.10所示的面1与面2作为约束面。

（3）改变方向。在"放置约束"对话框中确认 　 按钮被按下。

（4）在"放置约束"对话框中单击 应用 按钮，完成第二个装配约束，如图5.3.11所示。

图5.3.10　选取约束面

图5.3.11　完成第二个装配约束

Step3. 定义第三个装配约束（径向约束）。

（1）确定约束类型。在"放置约束"对话框 部件 选项卡的 类型 区域中选中"配合"约束 按钮。

（2）选取约束面。分别选取图5.3.12所示的面1与面2作为约束面。

图5.3.12　选取约束面

（3）改变方向。在"放置约束"对话框中确认  按钮被按下。

（4）在"放置约束"对话框中单击 应用 按钮，完成第三个装配约束，如图 5.3.13 所示。

Step4. 单击"放置约束"对话框的 取消 按钮，完成装配体的创建。

图 5.3.13　完成第三个装配约束

## 5.4　零部件阵列

与零件模型中的特征阵列一样，在装配体中也可以对零部件进行阵列。零部件阵列的类型主要包括"矩形阵列""环形阵列"和"关联阵列"三种。

### 5.4.1　矩形阵列

矩形阵列可以将一个部件沿指定的方向进行阵列复制，下面以图 5.4.1 为例说明装配体"矩形阵列"的一般操作步骤。

零件 2

零件 1

a）阵列前　　　　　　　　　　　　　　　　　　b）阵列后

图 5.4.1　矩形阵列

Step1. 打开装配文件 D:\inv19.1\work\ch05.04.01\size.iam。

Step2. 选择命令。单击 装配 选项卡 阵列 ▼ 区域中的 阵列 按钮，系统弹出图 5.4.2 所示的"阵列零部件"对话框（一）。

Step3. 定义要阵列的零部件。在系统 选择零部件进行阵列 的提示下，选取图 5.4.1a 所示的零件 2 作为要阵列的零部件。

Step4. 定义阵列类型。在"阵列零部件"对话框中单击"矩形"选项卡，将阵列类型设置为矩形阵列。

Step5. 确定阵列方向。在"阵列零部件"对话框中单击 列 区域中的"列方向"按钮，然后在绘图区域选取图 5.4.3 所示的模型边线为阵列的参考方向，单击按钮调整箭头方向。

图 5.4.2　"阵列零部件"对话框（一）

选取此边线

图 5.4.3　选取方向

Step6. 设置间距及个数。在"阵列零部件"对话框的 列 区域 °°° 后的文本框中输入数值 4.0，在 ◇ 后的文本框中输入数值 20.0。

Step7. 单击 确定 按钮，完成矩形阵列的操作。

图 5.4.2 所示的"阵列零部件"对话框（一）的部分选项说明如下。

- ▷按钮：用来选择要阵列的零部件。
- ▷（列/行方向）按钮：用于通过选取边或者轴来定义列/行方向。
- ↗（反向）按钮：用于使列/行的放置方向反向。
- °°°文本框：在此文本框中输入数值可以设置阵列零件的个数（包括原零件）。
- ◇文本框：在此文本框中输入数值可以设置阵列零件的间距。

## 5.4.2　环形阵列

下面以图 5.4.4 所示模型为例，说明创建环形阵列的一般操作步骤。

零件 2　　零件 1

a）阵列前　　　　　　　　　　　　　　　　b）展开后

图 5.4.4　环形阵列

Step1. 打开装配文件 D:\inv19.1\work\ch05.04.02\rotund.iam。

Step2. 选择命令。单击 装配 选项卡 阵列 ▼ 区域中的 品品阵列 按钮，系统弹出"阵列零部件"对话框（二）。

Step3. 定义要阵列的零部件。在系统 选择零部件进行阵列 的提示下，选取图 5.4.4a 所示的零件 2 作为要阵列的零部件。

Step4. 定义阵列类型。在"阵列零部件"对话框中单击"环形"选项卡 ，将阵列类型设置为环形阵列，如图 5.4.5 所示。

Step5. 确定阵列轴。在"阵列零部件"对话框中单击 环形 区域中的"轴向"按钮 ，然后在图形区选取 Y 轴为阵列轴。

说明：如果图形区没有 Y 轴，也可通过在浏览器栏中修改 Y 轴的可见性，将 Y 轴显示出来；或者直接单击浏览器栏中的 Y 轴阵列即可；也可以通过选择圆柱面来实现。

Step6. 设置角度间距及个数。在"阵列零部件"对话框的 环形 区域 后的文本框中输入数值 4.0，在 后的文本框中输入数值 90.0。

Step7. 单击 确定 按钮，完成环形阵列的操作。

图 5.4.5　"阵列零部件"对话框（二）

图 5.4.5 所示的"阵列零部件"对话框（二）部分选项说明如下。

● 环形 区域是关于零件环形阵列的相关设置。

☑ （轴向）按钮：用于指定环形阵列的旋转轴，此轴可以与要阵列的零部件位于不同的平面上。

☑ （反向）按钮：用于使阵列的方向反向。

☑ 文本框：在此文本框中输入数值可以设置阵列零件的总个数（包括原零件）。

☑ 文本框：在此文本框中输入数值可以设置阵列后零件的角度间距值。

## 5.4.3　关联阵列

关联是以装配体中某一部件的阵列特征为参照来进行部件的复制。在图 5.4.6b 中，四个螺钉是参照装配体中零件 1 上的四个阵列孔进行创建的，所以在使用"关联阵列"命令之前，应提前在装配体的某一零件中创建阵列特征。下面以图 5.4.6 为例，说明"关联阵列"的一般操作步骤。

零件 2

零件 1

a）阵列前        b）阵列后

图 5.4.6 关联阵列

Step1. 打开装配文件 D:\inv19.1\work\ch05.04.03\reusepattern.iam。

Step2. 选择命令，单击 装配 选项卡 阵列 ▼ 区域中的 阵列 按钮，系统弹出图 5.4.7 所示的"阵列零部件"对话框（三）。

Step3. 定义要阵列的零部件。在系统 选择零部件进行阵列 的提示下，选取图 5.4.6a 所示的零件 2 作为要阵列的零部件。

图 5.4.7 "阵列零部件"对话框（三）

Step4. 确定关联驱动特征。在"阵列零部件"对话框 特征阵列选择 区域单击"关联阵列特征"按钮 ，然后在浏览器 造型 栏中展开 cover:1 节点，在其节点下选取 环形阵列1 为关联驱动特征。

Step5. 单击 确定 按钮，完成关联阵列特征的操作。

# 5.5 零部件镜像

在装配体中，经常会出现两个部件关于某一平面对称的情况，这时不需要再次为装配体添加相同的部件，只需对原有部件进行镜像装配即可，如图 5.5.1 所示。下面介绍镜像零部件操作的一般步骤。

Step1. 打开装配文件 D:\inv19.1\work\ch05.05\symmetry.iam。

Step2. 选择命令。单击 装配 选项卡 阵列 ▼ 区域中的 镜像 按钮，系统弹出图 5.5.2 所示的"镜像零部件：状态"对话框。

零件 2

零件 1

a）复制前　　　　　　　　　　　　　　　　b）复制后

图 5.5.1　镜像零部件

Step3. 确定要镜像的零部件。在图形区选取图 5.5.1a 所示的零件 2 为要镜像的零部件（或在浏览器栏中选取）。

Step4. 定义镜像基准面。在"镜像零部件：状态"对话框中单击"选取镜像平面"按钮 ，然后在浏览器栏中"原点"节点下选取图 5.5.3 所示的 YZ 基准平面作为镜像平面。

选取此基准面

图 5.5.2　"镜像零部件：状态"对话框　　　　图 5.5.3　选取镜像平面

图 5.5.2 所示"镜像零部件：状态"对话框部分选项说明如下。

- 零部件 选项：用于选择要镜像的零部件。
- 镜像平面：用于选取镜像的工作平面或平面。
- 状态：用于更改选定的所有零部件的状态。
- （镜像）：用于创建零部件并将其保存在一个新文件夹中。
- （重用选定的对象）：用于在当前或新部件文件中添加零部件引用。
- （排除选项的对象）：用于从镜像操作中排除零部件。
- 重用标准件和工厂零件：用于指定对部件执行操作。对于零件，可以指定是旋转、镜像还是忽略该零件。对于子装配，可以指定是旋转还是忽略该零件。
- 预览零部件：用于切换每种状态类型的预览显示。

Step5. 单击"镜像零部件：状态"对话框中的 下一步 按钮，系统弹出图 5.5.4 所示的"镜像零部件：文件名"对话框，单击该对话框中的 确定 按钮，完成零件的镜像。

图 5.5.4　"镜像零部件:文件名"对话框

图 5.5.4 所示"镜像零部件：文件名"对话框部分选项说明如下。

- **名称**：用于列出通过镜像（或复制）操作创建的所有零部件，且重复的零件只显示一个。

- **新名称**：用于列出新文件的名称。

- **文件位置**：用于指定新文件的保存位置。

- **状态**：用于表明新文件名是否有效。

- **命名方案**：用于使用指定的"前缀"或"后缀"重命名"名称"列中的选定零部件。

- **零部件目标**：用于指定镜像或者复制的零部件的目标。

- **插入到部件中**：用于将所有新零部件作为同级对象放到顶级部件中。

- **在新窗口中打开**：用于在新窗口中打开包含所有镜像的零部件的新部件。

- **< 重新选择**：用于返回"镜像零部件"对话框，从中可以选择零部件。

# 5.6　简　化　表　示

　　大型装配体通常包括数百个零部件，这样将会占用极高的资源。为了提高系统性能，减少模型重建的时间，以及生成简化的装配体视图等，可以通过切换零部件的显示状态和改变零部件的压缩状态简化复杂的装配体。

## 5.6.1　切换零部件的显示状态

　　暂时关闭零部件的显示，可以将其从视图中移除，以便容易地处理被遮蔽的零部件。隐藏或显示零部件仅影响零部件在装配体中的显示状态，不会影响重建模型及计算的速度，但是可以提高显示的性能。下面以图 5.6.1 所示模型为例，介绍隐藏零部件的一般操作步骤。

a）隐藏前　　　　　　　　　　　　　　　　b）隐藏后

图 5.6.1　隐藏零部件

Step1. 打开文件 D:\inv19.1\work\ch05.06.01\asm_example.iam。

Step2. 在浏览器栏中选取  top_cover:1 为要隐藏的零件。

Step3. 在 top_cover:1 上右击，在系统弹出的快捷菜单中取消选中 可见性(V)，此时图形区中的该零件已被隐藏，如图 5.6.1b 所示。

说明：显示零部件的方法与隐藏零部件的方法基本相同，在浏览器栏上右击要显示的零件名称，然后在系统弹出的快捷菜单中选中 可见性(V)。

## 5.6.2　抑制零部件

使用抑制命令可暂时将零部件从装配体中移除，在图形区将隐藏被抑制的零部件。被抑制的零部件无法被选取，并且不输入内存，不再是装配体中有功能的部分。在浏览器栏中抑制后的零部件呈暗色显示。下面以图 5.6.2 所示模型为例，介绍抑制零部件的一般操作步骤。

a）抑制前　　　　　　　　　　　　　　　　b）抑制后

图 5.6.2　抑制零部件

Step1. 打开文件 D:\inv19.1\work\ch05.06.02\asm_example.iam。

Step2. 在浏览器栏中选择 top_cover:1 为要抑制的零件。

Step3. 在 top_cover:1 上右击，在系统弹出的快捷菜单中选择 抑制 命令，此时零件已被抑制。

说明：取消抑制特征的方法与抑制特征的方法基本相同，在浏览器栏上右击要取消抑制的零件名称，然后在系统弹出的快捷菜单中取消选中 抑制 即可完成操作。

# 5.7　爆 炸 视 图

装配体中的爆炸视图就是将装配体中的各零部件沿着直线或坐标轴移动，使各个零件从装配体中分解出来，如图 5.7.1 所示。爆炸视图对于表达各零部件的相对位置十分有帮助，因而常常用于表达装配体的装配过程。

　　　　a）爆炸前　　　　　　　　　　　　　　　　b）爆炸后

图 5.7.1　爆炸视图

Step1. 选择命令。选择下拉菜单 文件 ➡ 新建 ➡ 表达视图 命令，系统弹出图 5.7.2 所示的"插入"对话框。

Step2. 选择部件。在"插入"对话框中找到 D:\inv19.1\work\ch05.07\cluthc_asm.iam，单击 打开(O) 按钮，进入表达视图环境。

图 5.7.2　"插入"对话框

Step3. 创建图 5.7.3 所示的爆炸步骤 1。

（1）选择命令。单击 表达视图 选项卡 零部件 区域中的"调整零部件位置"按钮 ，系统弹出图 5.7.4 所示的"调整零部件位置"对话框。

要爆炸的零部件

　　　　a）爆炸前　　　　　　　　　　　　　　　　b）爆炸后

图 5.7.3　爆炸步骤 1

（2）定义要爆炸的零件。在图形区选取图 5.7.3a 所示的零件。

（3）定义移动距离。在图形区选取图 5.7.5 所示的 Y 方向的箭头，然后在弹出的
文本框中输入数值 80，单击 ✓ 按钮，完成爆炸步骤 1 的创建，效果如图
5.7.3b 所示。

图 5.7.4　"调整零部件位置"对话框

图 5.7.5　选取爆炸方向参考

Step4. 创建图 5.7.6 所示的爆炸步骤 2。

要爆炸的零部件

a）爆炸前

b）爆炸后

图 5.7.6　爆炸步骤 2

（1）选择命令。单击 表达视图 选项卡 零部件 区域中的"调整零部件位置"按钮 ，系统弹出"调整零部件位置"对话框。

（2）定义要爆炸的零件。在图形区选取图 5.7.6a 所示的零件。

（3）定义移动距离。在图形区选取 X 方向的箭头，然后在弹出的 X 0.000 mm 文本框中输入数值 65，单击 ✓ 按钮，完成爆炸步骤 2 的创建，效果如图 5.7.6b 所示。

Step5. 创建图 5.7.7 所示的爆炸步骤 3。参照爆炸步骤 2 将图 5.7.7a 所示的零件沿 Y 方向移动 15，效果如图 5.7.7b 所示。

要爆炸的零部件

a）爆炸前

b）爆炸后

图 5.7.7　爆炸步骤 3

Step6. 创建图 5.7.8 所示的爆炸步骤 4。参照爆炸步骤 2 将图 5.7.8a 所示的零件沿 X 方向移动-65，然后沿 Y 方向移动 35，效果如图 5.7.8b 所示。

图 5.7.8　爆炸步骤 4

# 5.8　装配体中零部件的修改

一个装配体完成后，可以对该装配体中的任何零部件进行下面的一些操作：零部件的打开与删除、零部件尺寸的修改、零部件装配约束的修改（如距离约束中距离值的修改）以及部件装配约束的重定义等。

## 5.8.1　更改浏览器栏中零部件的名称

大型的装配体中会包括数百个零部件，若要选取某个零件只能在浏览器栏中进行操作，这样浏览器栏中零部件的名称就显得十分重要。下面以图 5.8.1 为例，来说明在浏览器栏中更改零部件名称的一般过程。

图 5.8.1　在浏览器中更改零部件名称

Step1. 打开装配文件 D:\inv19.1\work\ch05.08.01\edit.iam。

Step2. 在浏览器栏中单击 edit_02:1 两次，将模型的名称修改为 edit。

Step3. 在绘图区域空白处单击，完成更改浏览器栏中零部件名称的操作。

注意：这里更改的是浏览器栏中零件显示的名称，而不会更改零件模型文件的名称。

## 5.8.2　修改零部件的尺寸

下面以在图 5.8.2 所示的装配体 edit.iam 中修改 edit_02.ipt 零件为例，来说明修改装配体中零部件尺寸的一般操作步骤。

Step1.　打开装配文件 D:\inv19.1\work\ch05.08.02\edit.iam。

Step2.　定义要更改的零部件。在浏览器栏（或在图形区）中选取 edit_02:1 零件。

Step3.　选择命令。右击，在弹出的快捷菜单中选择 编辑(E) 命令（或者快速地双击 edit_02:1 按钮），此时装配体显示如图 5.8.3 所示。

a）修改前　　　　　　　b）修改后

图 5.8.2　零部件的操作过程　　　　　　　　图 5.8.3　装配体

Step4.　定义修改特征。在浏览器栏中右击 拉伸2，在系统弹出的快捷菜单中选择 编辑特征 按钮，系统弹出"拉伸：拉伸 2"对话框。

Step5.　更改尺寸。在"拉伸：拉伸 2"对话框的 范围 区域中，将深度值改为 50。

Step6.　单击 确定 按钮，完成对"拉伸 2"的修改。

Step7.　在浏览器栏中双击 edit.iam 将总装配激活，完成对 edit_02 零件的修改。

# 5.9　零部件的外观处理

使用外观可以将颜色、材料外观和透明度应用到零件和装配体零部件。

为零部件赋予外观后，可以使整个装配体显示更为逼真。下面以图 5.9.1 为例，说明赋予材质的一般操作步骤。

a）赋予材质前　　　　　　　　　　　b）赋予材质后

图 5.9.1　赋予材质

Step1. 打开文件 D:\inv19.1\work\ch05.09\vase.ipt。

Step2. 选择命令。在浏览器中选中要附加材质的 vase 零件，然后单击 工具 选项卡 材料和外观 ▾ 区域中的"外观"按钮 ⬤，系统弹出"外观浏览器"对话框。

Step3. 定义外观类型。在缩略图区域中选中所需要的材质（我们以金色为例进行讲解）并单击"将外观添加到文档中"按钮 ⬆，将金色材质附加到零件上。

Step4. 关闭"外观浏览器"对话框完成材质的添加。

# 5.10  Inventor 装配设计综合实际应用

本节详细讲解图 5.10.1 所示的多部件装配体的装配过程，使读者进一步熟悉 Inventor 中的装配操作。用户可以从 D:\inv19.1\work\ch05.10 中找到该装配体的所有部件。

**说明**：本应用前面的详细操作过程请参见随书光盘 video 文件夹中对应章节的语音视频讲解文件。

Step1. 打开文件 D:\inv19.1\work\ch05.10\asm_example_ex.iam。

图 5.10.1  装配设计范例

Step2. 添加图 5.10.2 所示的第一个楔块零件并定位。

（1）隐藏轴套零件。在浏览器栏中右击 ⊢🔲 sleeve:1，在系统弹出的快捷菜单中选择 ✓ 可见性(V) 命令。

（2）引入零件。

① 在 装配 选项卡 零部件 区域单击 🖳 按钮，系统弹出"装入零部件"对话框。

② 在 D:\inv19.1\work\ch05.10 下选取楔块零件模型文件 chock.ipt，再单击 打开(O) 按钮。

③ 在图形区合适的位置处单击，即可把零件放置到当前位置，如图 5.10.3 所示，放置完成后按键盘上的 Esc 键。

④ 通过旋转与移动命令调整零件方位以便于装配。

图 5.10.2　添加第一个楔块零件

图 5.10.3　放置零件

（3）添加约束，使零件完全定位。

① 选择命令。单击"装配"选项卡 关系▼ 区域中的"约束"按钮 （或在"装配"浏览器栏中右击选择 约束(C) 命令），系统弹出"放置约束"对话框。

② 添加"配合"约束 1。在"放置约束"对话框 部件 选项卡的 类型 区域中选中"配合"约束 按钮，分别选取图 5.10.4 所示的两个面作为约束面，并确认 按钮被选中，在"放置约束"对话框中单击 应用 按钮，完成第一个装配约束，如图 5.10.4 所示。

③ 添加"配合"约束 2。操作方法参照上一步，配合面如图 5.10.5 所示。

图 5.10.4　添加配合约束 1

图 5.10.5　添加配合约束 2

④ 添加"配合"约束 3。操作方法参照上一步，配合面如图 5.10.6 所示。

图 5.10.6　添加配合约束 3

⑤ 单击"放置约束"对话框的 取消 按钮，完成零件的定位。

Step3. 参照 Step2 完成第二个楔块零件的添加并定位，如图 5.10.7 所示。

Step4. 镜像轴套零件，如图 5.10.8 所示。

（1）显示轴套零件。在浏览器栏中右击 sleeve:1 ，在系统弹出的快捷菜单中选择 可见性(V) 命令。

（2）选择命令。单击 装配 选项卡 阵列 ▼ 区域中的 镜像 按钮，系统弹出"镜像零部件"对话框。

（3）确定要镜像的零部件。在图形区选取轴套零件为要镜像的零部件（或在浏览器栏中选取）。

（4）定义镜像基准面。在"镜像零部件"对话框中单击"选取镜像平面"按钮 ，然后在绘图区选取图5.10.8所示的基准面作为镜像平面。

（5）单击"镜像零部件"对话框中的 下一步 按钮，单击 确定 按钮，完成镜像操作。

图 5.10.7　添加第二个楔块零件　　　　图 5.10.8　镜像轴套零件

Step5. 参照 Step2 将镜像出来的轴套零件完全定位。

Step6. 添加图 5.10.9 所示的上基座并定位。

（1）引入零件。

① 在 装配 选项卡 零部件 区域中单击 按钮，系统弹出"装入零部件"对话框。

② 选取添加模型。在 D:\inv19.1\work\ch05.10 下选取上基座零件模型文件 top_cover.ipt，再单击 打开(O) 按钮。

③ 在图形区合适的位置处单击，即可把零件放置到当前位置，如图 5.10.10 所示。放置完成后按键盘上的 Esc 键。

图 5.10.9　添加上基座　　　　图 5.10.10　放置零件

（2）添加约束，使零件完全定位。

① 单击"装配"选项卡 关系 ▼ 区域中的"约束"按钮 （或在"装配"浏览器栏中右击选择 约束(C) 命令），系统弹出"放置约束"对话框。

② 添加"配合"约束 1。在"放置约束"对话框中选中"配合"约束 ⬚ 按钮，并确认 ⬚ 按钮被选中，选取图 5.10.11 所示的两个面为约束面，单击 应用 按钮，完成第一个装配约束，

③ 添加"配合"约束 2。在"放置约束"对话框中选中"配合"约束 ⬚，分别选取图 5.10.12 所示的两个面作为约束面，并确认 ⬚ 按钮被选中，单击 应用 按钮，完成第二个装配约束。

④ 添加"重合"约束 3。在"放置约束"对话框中选中"配合"约束 ⬚，分别选取图 5.10.13 所示的两个面作为约束面，并确认 ⬚ 按钮被选中，单击 应用 按钮，完成第三个装配约束。

⑤ 单击"放置约束"对话框的 取消 按钮，完成上基座零件的定位。

图 5.10.11 添加"配合"约束 1　　图 5.10.12 添加"配合"约束 2　　图 5.10.13 添加"重合"约束 3

Step7. 添加图 5.10.14 所示的螺栓零件并定位。

（1）引入零件。

① 在 装配 选项卡 零部件 区域单击 ⬚ 按钮，系统弹出"装入零部件"对话框。

② 选取添加模型。在 D:\inv19.1\work\ch05.10 下选取螺栓零件模型文件 bolt.ipt，再单击 打开(O) 按钮。

③ 在图形区合适的位置处单击，即可把零件放置到当前位置，如图 5.10.15 所示，放置完成后按键盘上的 Esc 键。

图 5.10.14 添加螺栓零件　　　　　　图 5.10.15 放置零件

（2）添加约束，使零件定位。

① 选择命令。单击"装配"选项卡 关系 ▼ 区域中的"约束"按钮 ⬚ （或在"装配"

浏览器栏中右击选择 约束(C) 命令），系统弹出"放置约束"对话框。

② 添加"配合"约束 1。在"放置约束"对话框 部件 选项卡的 类型 区域中选中"配合"约束 按钮，分别选取图 5.10.16 所示的两个面作为约束面，并确认 按钮被选中，在"放置约束"对话框中单击 应用 按钮，完成第一个装配约束，如图 5.10.16 所示。

③ 添加"配合"约束 2。在"放置约束"对话框中选中"配合"约束 ，分别选取图 5.10.17 所示的两个面作为约束面，并确认 按钮被选中，在"放置约束"对话框中单击 应用 按钮，完成第二个装配约束。

④ 单击"放置约束"对话框的 取消 按钮，完成螺栓零件的定位。

图 5.10.16　添加"配合"约束 1　　　　图 5.10.17　添加"配合"约束 2

Step8. 后面的详细操作过程请参见随书光盘 video 文件夹中对应章节的语音视频讲解文件。

# 5.11　习　　题

1. 将 D:\inv19.1\work\ch05.11.01 文件夹中的零件 bolt_1.ipt 和 nut.ipt 装配起来，如图 5.11.1 所示，装配约束如图 5.11.2 所示。

这两个面的距离值为 20

为两个面添加配合约束

图 5.11.1　装配练习 1　　　　　　图 5.11.2　装配约束

2. 将 D:\inv19.1\work\ch05.11.02 文件夹中的零件 bush_bracket.ipt 和 bush_bush.ipt 装配起来，如图 5.11.3 所示，装配约束如图 5.11.4 所示。

为两个面添加配合约束

放大图

为两个面添加配合约束

图 5.11.3　装配练习 2　　　　　　图 5.11.4　装配约束

3．将 D:\inv19.1\work\ch05.11.03 文件夹中的零件 body.ipt、body_cap.ipt、socket.ipt、wine_bottle.ipt 和 cork.ipt 装配起来，如图 5.11.5 所示。

图 5.11.5　装配练习 3

# 第6章 模型的测量与分析

**本章提要** 　严格的产品设计离不开模型的测量与分析，本章主要介绍的就是 Inventor 中的测量与分析操作，包括测量距离、角度、曲线长度、面积，分析模型的质量属性、装配体中零部件之间的干涉情况等，这些测量和分析功能在产品设计过程中具有非常重要的作用。

## 6.1　模型的测量

通过 检验 选项卡 测量 区域中的 按钮（图 6.1.1），模型的基本测量都可以实现。

图 6.1.1　"测量"区域按钮

### 6.1.1　测量面积及周长

**1. 测量面积**

下面以图 6.1.2 为例，说明测量面积的一般操作步骤。

Step1. 打开文件 D:\inv19.1\work\ch06.01\measure_area.ipt。

Step2. 选择命令。在 检验 选项卡 测量 区域中单击"测量"按钮，系统弹出"测量"对话框。

Step3. 定义要测量的面。选取图 6.1.2 所示的模型表面为要测量的面。

Step4. 查看测量结果。完成上步操作后，在图 6.1.3 所示的"测量"对话框中会显示测量的结果。

图 6.1.2　选取指示测量的模型表面

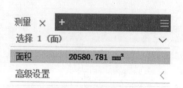

图 6.1.3　"测量"对话框

### 2. 测量周长

下面以图 6.1.4 为例，说明测量周长的一般操作步骤。

Step1. 打开文件 D:\inv19.1\work\ch06.01\measure_area.ipt。

Step2. 选择命令。在 检验 选项卡 测量 区域中单击"测量"按钮 ，系统弹出"测量"对话框。

Step3. 定义要测量的面。选取图 6.1.4 所示的边为要测量的对象，稍等片刻在弹出的快捷菜单中选择 回路 选项。

Step4. 查看测量结果。完成上步操作后，在图 6.1.5 所示的"测量"对话框中会显示测量的结果。

图 6.1.4　选取指示测量的模型边线

图 6.1.5　"测量"对话框

## 6.1.2　测量距离

下面以一个简单模型为例，说明测量距离的一般操作步骤。

Step1. 打开文件 D:\inv19.1\work\ch06.01\measure_distance.ipt。

Step2. 选择命令。在 检验 选项卡 测量 区域中单击"测量"按钮 ，系统弹出"测量"对话框。

Step3. 测量面到面的距离。选取图 6.1.6 所示的模型表面，在图 6.1.7 所示的"测量"对话框中会显示测量的结果。

图 6.1.6　选取要测量的面

图 6.1.7　"测量"对话框

Step4. 测量点到面的距离，如图 6.1.8 所示。

Step5. 测量点到线的距离，如图 6.1.9 所示。

图 6.1.8　选取点和面

图 6.1.9　选取点和线

Step6. 测量点到点的距离，如图 6.1.10 所示。

Step7. 测量线到线的距离，如图 6.1.11 所示。

图 6.1.10　选取两点

图 6.1.11　选取两条线

Step8. 测量点到曲线的距离，如图 6.1.12 所示。

Step9. 测量线到面的距离，如图 6.1.13 所示。

图 6.1.12　选取点和曲线

图 6.1.13　选取线和面

Step10. 测量曲线的距离，如图 6.1.14 所示，测量结果如图 6.1.15 所示。

图 6.1.14　选取曲线

图 6.1.15　"测量"对话框

说明：如果要求显示同一个尺寸的两个不同形式，如毫米与英寸，则用户需在"测量"对话框中单击▶高级设置按钮，系统弹出图 6.1.16 所示的快捷菜单，然后在此快捷菜单中选

择 双重单位 无 ∨ 选项，在弹出的图 6.1.17 所示的快捷菜单中选择 英寸 选项，此时测量结果如图 6.1.18 所示。

图 6.1.16 快捷菜单 1　　图 6.1.17 快捷菜单 2　　图 6.1.18 "测量"对话框

## 6.1.3 测量角度

下面以一个简单模型为例，说明测量角度的一般操作步骤。

Step1. 打开文件 D:\inv19.1\work\ch06.01\measure_angle.ipt。

Step2. 选择命令。在 检验 选项卡 测量 区域中单击"测量"按钮 ▭，系统弹出"测量"对话框（一）。

Step3. 测量面与面间的角度。选取图 6.1.19 所示的模型表面 1 和模型表面 2 为要测量的两个面；完成选取后，在图 6.1.20 所示的"测量"对话框（一）中可看到测量的结果。

图 6.1.19 测量面与面间的角度

图 6.1.20 "测量"对话框（一）

Step4. 测量线与面间的角度，如图 6.1.21 所示。操作方法参见 Step3，测量结果如图 6.1.22 所示。

图 6.1.21 测量线与面间的角度

图 6.1.22 "测量"对话框（二）

Step5. 测量线与线间的角度，如图 6.1.23 所示。操作方法参见 Step3，测量结果如图 6.1.24 所示。

图 6.1.23　测量线与线间的角度

图 6.1.24　"测量"对话框（三）

# 6.2　模型的基本分析

## 6.2.1　模型的质量属性分析

通过质量属性的分析，可以获得模型的体积、总的表面积、质量、密度和惯性特性等数据，对产品设计有很大参考价值。下面以一个简单模型为例，说明质量属性分析的一般操作步骤。

Step1. 打开文件 D:\inv19.1\work\ch06.02.01\mass.ipt。

Step2. 选择命令。选择下拉菜单 文件 ➡ iProperty 命令，系统弹出"mass.ipt iProperty"对话框。

Step3. 在"mass.ipt iProperty"对话框中选中 物理特性 选项卡。

Step4. 在"mass.ipt iProperty"对话框中单击 更新(U) 按钮，其列表框中将会显示模型的质量属性，如图 6.2.1 所示。

"mass.ipt iProperty"对话框部分选项的说明如下。

- 更新(U) 按钮：用于计算质量、曲面面积和体积。

- 剪贴板(C) 按钮：用于以多信息文本格式将物理特性报告移动到操作系统剪贴板中。

- 材料(M) 下拉列表：用于选择所选零部件的材料。

- 密度(D)：用于显示所选材料的密度。

- 要求的精度(Y) 下拉列表：同于设置物理特性计算的精度。

- 常规特性 区域：用于计算所选零件或部件的质量、曲面面积和体积。

● **惯性特性** 区域: 用于显示选定零部件的质量特性。

图 6.2.1  "mass.ipt iProperty"对话框

## 6.2.2  装配干涉分析

在产品设计过程中, 当各零部件组装完成后, 设计者最关心的是各个零部件之间的干涉情况, 使用 **检验** 选项卡 **干涉** 区域中的"干涉检查"命令 可以帮助用户了解这些信息。下面以一个简单的装配为例, 说明干涉检查的一般操作步骤。

Step1. 打开文件 D:\inv19.1\work\ch06.02.02\asm_clutch.iam。

Step2. 选择命令。选择 **检验** 选项卡 **干涉** 区域中的"干涉检查"命令 , 系统弹出图 6.2.2 所示的"干涉检查"对话框。

图 6.2.2  "干涉检查"对话框

Step3. 选择需检查的零部件。在浏览器中选取所有零部件作为要检查的零部件。

Step4. 查看检查结果。完成上步操作后，单击"干涉检查"对话框中的 确定 按钮，系统弹出图 6.2.3 所示的"检测到干涉"对话框，同时图形区中发生干涉的面也会高亮显示，如图 6.2.4 所示。

图 6.2.2 所示"干涉检查"对话框中的选项说明如下。

● 定义选择集1 选项：用于选择一个或多个要检查的零部件作为一组。

● 定义选择集2 选项：用于选择一个或多个要检查的零部件作为另外一组。

说明：在检查过程中，屏幕上会显示出完成的百分比；对于大量零部件或大型装配，检查可能需要很长时间；如果要检查一组零部件之间的干涉，可以选择选择集 1 中的所有零部件，然后单击 确定 按钮即可。

图 6.2.3 "检测到干涉"对话框

图 6.2.4 装配干涉分析

# 第**7**章 工程图制作

**本章提要**　在产品的研发、设计和制造等过程中，各类技术人员需要经常进行交流和沟通，工程图则是经常使用的交流工具。尽管随着科学技术的发展，3D 设计技术有了很大的发展与进步，但是三维模型并不能将所有的设计参数表达清楚，有些信息如加工要求、尺寸精度、几何公差和表面粗糙度等，仍然需要借助二维的工程图将其表达清楚。因此工程图的创建是产品设计中较为重要的环节，也是设计人员最基本的能力要求。本章将介绍 Inventor 软件中工程图环境的基本知识，包括以下内容：

- 工程图制作环境简介。
- 创建工程图的一般过程。
- 工程图制作环境的设置。
- 各种视图的创建。
- 视图的操作。
- 各种尺寸的标注与操作。
- 基准符号的标注。
- 几何公差的标注。
- 注释文本的标注。
- Inventor 软件的打印出图。

## 7.1　概　　述

使用 Inventor 工程图制作环境中的各种工具可创建三维模型的工程图，且图样与模型相关联。因此，图样能够反映模型在设计阶段中的更改，可以使图样与装配模型或单个零部件保持同步。其主要特点如下：

- 用户界面直观、简洁、易用，可以快速方便地创建图样。
- 可以快速地将视图放置到图样上，系统会自动正交对齐视图。
- 具有从图形对话框编辑大多数制图对象（如尺寸和符号等）的功能。用户可以创建制图对象，并立即对其进行编辑。

### 7.1.1  工程图的组成

在学习本节前，请打开文件 D:\inv19.1\work\ch07.01\down_base.idw。Inventor 的工程图主要由三部分组成，如图 7.1.1 所示。

图 7.1.1  工程图的组成

- 视图：包括基本视图（前视图、后视图、左视图、右视图、仰视图、俯视图和轴测图）、各种剖视图、局部放大图、断裂视图等。
- 尺寸、公差、表面粗糙度及注释文本：包括形状尺寸、位置尺寸、尺寸公差、基准符号、形状公差、位置公差以及注释文本。
- 图框、标题栏等。

在制作工程图时，根据实际零件的特点，选择不同的视图组合，以便清楚地把零件模型表达清楚。

### 7.1.2  工程图环境中的功能选项卡

打开文件 D:\inv19.1\work\ch07.01\down_base.idw，进入工程图制作环境，此时系统功能区的选项卡将会发生一些变化如图 7.1.2 所示。下面对工程图制作环境中"放置视图"选项卡中较为常用的工具进行介绍。

## 1. "放置视图"选项卡

图 7.1.2 "放置视图"选项卡

**图 7.1.2 所示的"放置视图"选项卡中的各按钮说明如下。**

A1: 用于创建第一个基础视图。

A2: 用于创建基于基础视图或其他视图的正交视图或等轴测视图。

A3: 用于创建沿选定的边或直线垂直的方向投影得到的视图。

A4: 用于创建通过绘制一条直线定义一个平面以切割零件或部件而创建的视图。

A5: 用于创建某个工程视图中局部结构的放大视图。

A6: 用于创建使用多个位置表达的视图，此视图显示同一个部件的多个位置。

A7: 用于创建包含一个或多个关联二维草图的视图，此视图不是由三维零件创建的。

A8: 用于创建断裂画法视图。

A9: 用于创建局部剖视图。

A10: 用于创建断面视图。

A11: 用于对视图执行修剪操作。

A12: 用于在两个工程视图之间创建水平对齐关系。

A13: 用于在两个工程视图之间创建竖直对齐关系。

A14: 用于在两个工程视图之间创建非水平和竖直的对齐关系。

A15: 用于删除两个工程视图之间的对齐关系。

A16: 用于在工程图纸或激活的视图中创建二维草图。

A17: 用于添加新的图纸页。

## 2. "标注"选项卡

图 7.1.3 所示的"标注"选项卡中部分按钮的说明如下。

图 7.1.3 "标注"选项卡

B1：用于为工程视图添加工程图尺寸。

B2：用于标注具有同一标注基线的一系列水平或竖直尺寸。

B3：用于标注具有同一标注原点的一系列水平或竖直尺寸。

B4：用于标注一个或多个连续尺寸。

B5：用于按一定规律排列所选择的多个尺寸。

B6：用于添加具有指引线的孔或者螺纹尺寸。

B7：用于在选定模型边缘或草图线上放置倒角注释。

B8：用于向展开模型视图中添加冲压注释。

B9：用于创建与模型关联的折弯注释到所选定的折弯中心线上。

B10：用于在工程图的指定点上添加文本注释。

B11：用于创建具有指引线的文本注释。

B12：用于插入草图或新的符号。

B13：用于插入粗糙度等机械符号。

B14：用于创建通过多个特征点的中心线。

B15：用于为选定的圆弧或圆创建中心标记。

B16：用于创建对分两条边的中心线。

B17：用于为特征阵列创建环形中心线。

B18：用于选择需要显示在工程视图中的模型尺寸。

B19：用于创建明细栏并将其放置在工程图中。

B20：用于创建选定孔的参数表。

B21：用于根据数据源创建一个常规表、配置表或折弯表。

B22：用于为工程图或工程图纸创建修订表。

B23：用于创建工程图中的零部件的引出序号。

B24：用于在当前文档中选择、修改或者创建图层。

B25: 用于设置当前图层或样式。

## 7.2　新建工程图

下面介绍新建工程图的操作方法。

**方法一：**

选择下拉菜单 文件 ➡ 新建 ➡ 工程图 DWG 命令，如图 7.2.1 所示，系统自动进入工程图制作环境。

图 7.2.1　"新建"界面

**方法二：**

单击图 7.2.1 所示的"新建"按钮，系统弹出"新建文件"对话框，选择"Standard.idw"模板，单击 创建 按钮。

**方法三：**

在"快速访问"工具栏中单击 后的 ，选择 工程图 DWG 命令。

## 7.3　设置符合国标的工程图环境

我国国标（GB 标准）对工程图做出了许多规定，例如尺寸文本的方位与字高，尺寸箭头的大小等都有明确的规定。下面详细介绍设置符合国标的工程图制作环境的一般操作步骤。

Step1. 选择下拉菜单 文件 ➡ 新建 ➡ 工程图 DWG 命令，系统自动进入工程图制作环境。

Step2. 选择 管理 选项卡 样式和标准 区域中的"样式编辑器"命令 ，系统弹出"样式和标准编辑器"对话框。

Step3. 单击 ⊟ ◢ 标准 选项下的 **默认标准 (GB)** 选项，在对话框中进行图7.3.1所示的设置。

图 7.3.1 "样式和标准编辑器"对话框（一）

Step4. 单击 ⊞ ⊢┤尺寸 选项下的 **默认 (GB)** 选项，在对话框中进行图7.3.2所示的设置。

图 7.3.2 "样式和标准编辑器"对话框（二）

Step5. 单击 ⊟ A 文本 选项下的 注释文本 (ISO) 选项，进行图7.3.3所示的设置。

图 7.3.3 "样式和标准编辑器"对话框（三）

**说明：**制图标准中涉及的内容较多，用户应根据实际需要，在"样式和标准编辑器"对话框选择合适的参数节点，并进行详细的参数设置。

Step6. 单击 保存并关闭 按钮，完成样式和标准的编辑。

# 7.4　工程图视图

工程图视图是按照三维模型的投影关系生成的，主要用来表达部件模型的外部结构及形状。在 Inventor 工程图模块中，视图包括基本视图、各种剖视图、局部放大图和断裂视图等。下面分别以具体的实例来介绍各种视图的创建方法。

## 7.4.1　创建基本视图

基本视图包括主视图和投影视图，下面将分别介绍。

### 1. 创建主视图

以 connecting_base.ipt 零件模型的主视图为例（图 7.4.1），说明创建主视图的一般操作步骤。

图 7.4.1　零件模型的主视图

Step1. 新建一个工程图文件。选择下拉菜单 文件 ➡ 新建 ➡ 工程图 命令，系统自动进入工程图制作环境。

Step2. 选择命令。单击 放置视图 选项卡 创建 区域中的"基础视图"按钮，系统弹出"工程视图"对话框。

Step3. 选择零件模型。在"工程视图"对话框中单击"打开现有文件"按钮，系统弹出"打开"对话框，在 查找范围(I): 下拉列表中选择目录 D:\inv19.1\work\ch07.04.01，然后选择 connecting_base.ipt，单击 打开(O) 按钮。

Step4. 定义视图参数。

（1）定义视图方向。在图纸区通过图 7.4.2 所示的选项将视图方向调整为前视图。

（2）定义视图比例。在 比例 文本框中输入比例 1:2，如图 7.4.3 所示。

（3）定义视图样式。在 样式(T) 区域中选中"不显示隐藏线"选项，如图 7.4.4 所示。

图 7.4.2　调整视图方向按钮　　图 7.4.3　"视图/比例标签"区域　　图 7.4.4　样式区域

（4）定义显示选项。在"工程视图"对话框中单击 显示选项 选项卡，选中 ☑相切边 复选框。

Step5. 放置视图。在"工程视图"对话框中单击 确定 按钮，完成视图的创建，然后将视图移至合适的位置。

### 2. 创建投影视图

投影视图包括仰视图、俯视图、右视图和左视图。下面紧接着上面的操作，以图 7.4.5 所示的视图为例，说明创建投影视图的一般操作步骤。

图 7.4.5　创建投影视图

Step1. 选择命令。单击 放置视图 选项卡 创建 区域中的"投影视图"按钮 ⊞。

Step2. 在系统 选择视图 的提示下,选取图 7.4.5 中的主视图作为投影的父视图。

Step3. 放置视图。在主视图的正右方单击,生成左视图;在主视图的正下方单击,生成俯视图;在主视图的右下方单击,生成轴测图。

Step4. 在图纸区右击,系统弹出快捷菜单,选择 创建(C) 命令完成操作。

## 7.4.2　视图的操作

### 1．移动视图

在创建完主视图和投影视图后,如果它们在图纸上的位置不合适,视图间距太小或太大,用户可以根据自己的需要移动视图,具体方法为:将鼠标停放在视图的虚线框上,此时光标会变成 （左视图）、 （俯视图）或者 （轴测图）,按住鼠标左键并移动至合适的位置后放开。

### 2．对齐视图

根据"长对正、高平齐"的原则（即俯视图、仰视图与主视图竖直对齐;左视图、右视图与主视图水平对齐）,用户移动投影视图时,只能横向或纵向移动视图。如果需要将投影视图移动到任一位置,则需要断开其对齐关系。操作方法为:首先选中要移动的投影视图,然后选择 放置视图 选项卡 修改 区域中的"断开对齐"命令 ,将视图之间的对齐约束关系删除后,即可移动该投影视图到图纸区的任意位置。

### 3．删除视图

要将某个视图删除,可先选中该视图,然后按下键盘上的 Delete 键,系统弹出图 7.4.6

所示的"Autodesk Inventor Professional 2019"对话框，单击 确定 按钮即可删除该视图。

图 7.4.6 "Autodesk Inventor Professional 2019"对话框

如果要删除的视图存在与其关联的视图，则系统会弹出图 7.4.7 所示的"删除视图"对话框（一），直接单击 确定 按钮即可删除主视图及其从属视图。如果需要保留个别的从属视图，用户可以单击该对话框中的 >> 按钮，此时对话框显示如图 7.4.8 所示，然后单击 删除 属性列下的 是 ，使其变成 否 ，即可保留所对应的从属视图。

图 7.4.7 "删除视图"对话框（一）

图 7.4.8 "删除视图"对话框（二）

## 7.4.3 视图的显示模式

在 Inventor 工程图模块中双击工程图视图，利用系统弹出的"工程视图"对话框可以设置视图的显示模式。下面介绍几种一般的显示模式。

- ☑（不显示隐藏线）：视图中的不可见边线不显示，如图 7.4.9 所示。
- ☑（显示隐藏线）：视图中的不可见边线以虚线显示，如图 7.4.10 所示。

图 7.4.9　"不显示隐藏线"显示模式

图 7.4.10　"显示隐藏线"显示模式

- ● 　（着色）：用于控制视图是否显示着色状态，当 　选中时，效果如图 7.4.11 所示；当 　选中时，效果如图 7.4.12 所示。

图 7.4.11　"着色显示隐藏线"模式

图 7.4.12　"着色不显示隐藏线"模式

下面以图 7.4.10 为例，说明如何将视图设置为"显示隐藏线"显示状态。

Step1.　打开文件 D:\inv19.1\work\ch07.04.03\view01.idw。

Step2.　在浏览器中选择 视图2:connecting_base.ipt 并右击，在系统弹出的快捷菜单中选择 编辑视图(E)... 命令（或在视图上双击），系统弹出"工程视图"对话框。

Step3.　在"工程视图"对话框的 样式(T) 区域中单击"显示隐藏线"按钮 ，单击 确定 按钮，完成操作。

说明：在生成投影视图后，如果改变父视图的显示状态，与其保持连接关系的从属视图的显示状态也会相应地发生变化。

## 7.4.4　创建斜视图

斜视图类似于投影视图，但它是平行于现有视图中参考边线的展开视图，其投影方向与水平和竖直存在一定的夹角。下面以图 7.4.13 为例，说明创建斜视图的一般操作步骤。

图 7.4.13　创建斜视图

Step1. 打开文件 D:\inv19.1\work\ch07.04.04\connecting01.idw。

Step2. 选择命令。单击 放置视图 功能选项卡 创建 区域中的"斜视图"按钮 。

Step3. 选取投影父视图。在系统 选择视图 的提示下，选取图 7.4.13 中的主视图作为投影的父视图，系统弹出图 7.4.14 所示的"斜视图"对话框。

图 7.4.14 "斜视图"对话框

Step4. 定义视图标识符。在"斜视图"对话框的 视图标识符 文本框中输入视图标识符 A。

Step5. 选择参考线。在系统 选择线性模型边以定义视图方向 的提示下，选取图 7.4.13 所示的直线作为投影的参考边线。

Step6. 放置视图。在图纸区选择合适的位置单击，生成视图并调整其位置。

## 7.4.5 创建全剖视图

全剖视图是用剖切面完全地剖开零件所得到的剖视图。下面以图 7.4.15 为例，说明创建全剖视图的一般操作步骤。

图 7.4.15 创建全剖视图

Step1. 打开文件 D:\inv19.1\work\ch07.04.05\cutaway_view.idw。

Step2. 选择命令。单击 放置视图 功能选项卡 创建 区域中的"剖视图"按钮 。

Step3. 选取剖切父视图。在系统 选择视图或视图草图 的提示下，选取图 7.4.15 中的主视图作为剖切的父视图。

Step4. 绘制剖切线。绘制图 7.4.16 所示的直线作为剖切线，绘制完成后右击并选择 继续(C) 命令，系统弹出图 7.4.17 所示的"剖视图"对话框。

绘制此直线

图 7.4.16　绘制剖切线

图 7.4.17　"剖视图"对话框

Step5. 在"剖视图"对话框的 视图标识符 文本框中输入视图标识符 A。

Step6. 放置视图。在图纸区选择合适的位置单击，生成全剖视图。

## 7.4.6　创建半剖视图

下面以图 7.4.18 为例，说明创建半剖视图的一般操作步骤。

Step1. 打开工程图文件 D:\inv19.1\work\ch07.04.06\part_cutaway_view.idw。

Step2. 选择命令。单击 放置视图 功能选项卡 创建 区域中的"剖视图"按钮 。

Step3. 选取剖切父视图。在系统 选择视图或视图草图 的提示下，选取图 7.4.18 中的主视图作为剖切的父视图。

Step4. 绘制剖切线。绘制图 7.4.19 所示的直线 1 与直线 2 作为剖切线，绘制完成后右击选择 继续(C) 命令，系统弹出"剖视图"对话框。

图 7.4.18　创建半剖视图

直线 2

直线 1

图 7.4.19　绘制剖切线

Step5. 在"剖视图"对话框的 视图标识符 文本框中输入视图标识符 A。

Step6. 放置视图。在图纸区选择合适的位置单击，生成半剖视图。

## 7.4.7　创建阶梯剖视图

阶梯剖视图属于 2D 截面视图，其与全剖视图在本质上没有区别，但它的截面是偏距截面，创建阶梯剖视图的关键是创建好偏距截面，可以根据不同的需要创建偏距截面来实现阶梯剖视图，以达到充分表达视图的需要。下面以图 7.4.20 为例，说明创建阶梯剖视图的一般操作步骤。

Step1. 打开文件 D:\inv19.1\work\ch07.04.07\stepped_cutting_view.idw。

Step2. 选择命令。单击 放置视图 功能选项卡 创建 区域中的"剖视图"按钮 。

Step3. 选取剖切父视图。在系统 选择视图或视图草图 的提示下，选取图 7.4.20 中的主视图作为剖切的父视图。

Step4. 绘制剖切线。绘制图 7.4.21 所示的三条直线作为剖切线，绘制完成后右击并选择 继续(C) 命令，系统弹出"剖视图"对话框。

Step5. 在"剖视图"对话框的 视图标识符 文本框中输入视图标识符 A。

Step6. 放置视图。在图纸区选择合适的位置单击，生成阶梯剖视图。

Step7. 隐藏多余的投影线。选取图 7.4.22 所示的投影线，单击，从系统弹出的快捷菜单中选择 可见性(V) 命令。

图 7.4.20　创建阶梯剖视图　　　图 7.4.21　绘制剖切线　　　图 7.4.22　隐藏多余边线

## 7.4.8　创建旋转剖视图

旋转剖视图是完整的截面视图，但它的截面是一个相交截面，其显示结果为绕相交轴线展开的截面视图。下面以图 7.4.23 为例，说明创建旋转剖视图的一般操作步骤。

Step1. 打开工程图文件 D:\inv19.1\work\ch07.04.08\revolved_cutting_view.idw。

Step2. 选择命令。单击 放置视图 功能选项卡 创建 区域中的"剖视图"按钮 。

Step3. 选取剖切父视图。在系统 选择视图或视图草图 的提示下，选取图 7.4.23 中的主视图作为剖切的父视图。

Step4. 绘制剖切线。绘制图 7.4.24 所示的两条直线作为剖切线，绘制完成后右击选择 `继续(C)` 命令，系统弹出"剖视图"对话框。

Step5. 在"剖视图"对话框的 `视图标识符` 文本框中输入视图标识符 A。

Step6. 放置视图。在图纸区选择合适的位置单击，生成旋转剖视图。

图 7.4.23　创建旋转剖视图　　　　　　　图 7.4.24　绘制剖切线

## 7.4.9　创建局部剖视图

局部剖视图是用剖切面局部地剖开机件的某部分所得的剖视图。下面以图 7.4.25 为例，说明创建局部剖视图的一般操作步骤。

Step1. 打开文件 D:\inv19.1\work\ch07.04.09\connecting_base.idw。

Step2. 绘制剖切范围。在图纸区选取要创建局部剖视的视图，然后选择 `放置视图` 选项卡 `草图` 区域中的"开始创建草图"命令 📝，绘制图 7.4.26 所示的样条曲线作为剖切范围。

Step3. 选择命令。单击 `放置视图` 功能选项卡 `修改` 区域中的"局部剖视图"按钮 🔧。

Step4. 选取剖切父视图。在系统 `选择视图或视图草图` 的提示下，选取图 7.4.25 中的主视图作为剖切的父视图，系统弹出图 7.4.27 所示的"局部剖视图"对话框。

Step5. 定义深度参考。在"局部剖视图"对话框 `深度` 区域的下拉列表中选择 `至孔` 选项，然后选择图 7.4.26 所示的圆作为深度参考。

Step6. 单击"局部剖视图"对话框中的 `确定` 按钮，完成局部剖视图的创建。

图 7.4.25　创建局部剖视图　　　图 7.4.26　绘制剖切范围　　　图 7.4.27　"局部剖视图"对话框

说明：在绘制草图曲线时，一定要确保绘制的曲线在要创建的局部剖视的视图中，并且是一个封闭曲线，否则将无法创建局部剖视图。如果视图中仅存在一个封闭曲线，系统会自动选中该曲线作为剖切截面轮廓，否则，用户需要从其中选择一个封闭曲线作为剖切范围。

## 7.4.10　创建局部放大图

局部放大图是将机件的部分结构用大于原图形所采用的比例生成的图形，根据需要可以生成视图、剖视图和断面图，放置时应尽量放在被放大部位的附近。下面以图 7.4.28 为例，说明创建局部放大图的一般操作步骤。

Step1.　打开文件 D:\inv19.1\work\ch07.04.10\connecting01.idw。

Step2.　选择命令。单击 放置视图 功能选项卡 创建 区域中的"局部视图"按钮 。

Step3.　选取父视图。在系统 选择视图 的提示下，选取图 7.4.28 中的主视图作为局部视图的父视图，系统弹出图 7.4.29 所示的"局部视图"对话框。

图 7.4.28　创建局部放大图

图 7.4.29　"局部视图"对话框

Step4.　在"局部视图"对话框的 视图标识符 文本框中输入视图标识符 B。在 缩放比例 文本框中输入比例为 1 : 1。

Step5.　绘制局部范围。绘制图 7.4.28 所示的圆作为剖切范围。

Step6.　放置视图。在图纸区选择合适的位置单击，完成局部视图的创建。

## 7.4.11　创建断裂视图

在机械制图中，经常遇到一些长细形的零组件，若要反映整个零件的尺寸形状，需用大幅面的图纸来绘制。为了既节省图纸幅面，又可以反映零件形状尺寸，在实际绘图中常采用断裂视图。断裂视图指的是从零件视图中删除选定两点之间的视图部分，将余下的两部分合并成一个带打断线的视图。下面以图 7.4.30 为例，说明创建断裂视图的一般操作步骤。

图 7.4.30　创建断裂视图

Step1. 打开文件 D:\inv19.1\work\ch07.04.11\break.idw。

Step2. 选择命令。单击 放置视图 功能选项卡 修改 区域中的"断裂画法"按钮 ⚒ 。

Step3. 选取要断裂的视图，在系统 选择视图 的提示下，选取图 7.4.31 中的主视图作为断裂视图的父视图，系统弹出图 7.4.32 所示的"断开"对话框。

图 7.4.31　选择断裂视图和放置打断线

图 7.4.32　"断开"对话框

Step4. 在"断开"对话框 样式 区域中选择构造样式；方向为"水平"选项 ⚒ ；在 间隙 区域的文本框中输入数值 6，如图 7.4.32 所示。

Step5. 放置第一条打断线，如图 7.4.31 所示。

Step6. 放置第二条打断线。如图 7.4.31 所示。

**图 7.4.32 所示"断开"对话框中部分选项的说明如下。**

- ⚒ （矩形样式）选项：使用锯齿形的打断线创建打断，如图 7.4.33 所示。
- ⚒ （构造样式）选项：使用用户定义样式的打断线创建打断，如图 7.4.34 所示。

图 7.4.33　"矩形样式"　　　　　　图 7.4.34　"构造样式"

- (水平)选项：用于设置沿水平方向进行打断。

- (竖直)选项：用于设置沿竖直方向进行打断。

- 间隙 文本框：用于指定断开视图中断开之间的距离。

- 符号 文本框：用于指定所选打断的打断符号数，每处打断最多允许3个。

- ☑ 传递给父视图 选项：如果选中此选项，则将打断操作扩展到父视图。

# 7.5　尺　寸　标　注

工程图中的尺寸标注是与模型相关联的，而且模型中的尺寸修改会反映到工程图中。尺寸标注的好坏直接影响到图样数据的准确性和在制造中的可行性。Inventor 工程图模块主要通过图 7.5.1 所示的"尺寸"按钮区中的按钮进行尺寸标注。

## 7.5.1　通用尺寸标注

通用尺寸标注用来标注任意单一元素或任意两个元素间的距离或角度等尺寸。尺寸的类型取决于所选取的对象元素。下面以图 7.5.2 为例，说明通用尺寸标注的一般过程。

图 7.5.1　"尺寸"按钮区

图 7.5.2　通用尺寸标注

Step1. 打开文件 D:\inv19.1\work\ch07.05.01\dimension01.idw。

Step2. 选择命令。单击 标注 功能选项卡 尺寸 区域中的"尺寸"按钮。

Step3. 标注竖直尺寸。

（1）选取图 7.5.3 所示的直线，然后选择合适的位置放置尺寸。

（2）系统弹出"编辑尺寸"对话框，单击该对话框中的 确定 按钮，完成尺寸的标注。

Step4. 标注其他尺寸。结果如图 7.5.4 所示。

图 7.5.3 标注竖直尺寸

图 7.5.4 标注其他尺寸

**说明：** 若标注的文本高度太小，可修改文本的高度值，标注其他尺寸的操作方法可参照本章节的内容。

## 7.5.2 基线尺寸标注

下面以图 7.5.5 为例，说明基线尺寸标注的一般操作步骤。

Step1. 打开文件 D:\inv19.1\work\ch07.05.02\dimension02.idw。

Step2. 选择命令。单击 标注 功能选项卡 尺寸 区域中的"基线"按钮 基线 。

Step3. 依次选取图 7.5.6 所示的直线 1、圆心 1、圆心 2、圆心 3、圆心 4 和直线 2。

Step4. 在图纸区右击选择 继续(C) 命令，然后选择合适的位置放置尺寸。

Step5. 在图纸区右击选择 创建(C) 命令，完成基线尺寸标注的创建。

图 7.5.5 基线尺寸标注

图 7.5.6 选取标注对象

## 7.5.3 同基准尺寸标注

下面以图 7.5.7 为例，说明同基准尺寸标注的一般操作步骤。

Step1. 打开文件 D:\inv19.1\work\ch07.05.03\dimension03.idw。

Step2. 选择命令。单击 标注 功能选项卡 尺寸 区域中的"同基准"按钮 同基准 。

Step3. 选择视图。在系统 选择视图 的提示下，选取主视图作为要标注尺寸的视图。

Step4. 选择原点位置。在系统 选择原点位置 的提示下，选取图 7.5.8 所示的直线 1 的上部端点。

Step5. 依次选取图 7.5.8 所示的圆心 1、圆心 2、圆心 3、圆心 4 和直线 2。

Step6. 在图纸区右击选择 ⇨ 继续(C) 命令，然后选择合适的位置放置尺寸。

Step7. 在图纸区右击选择 ✓ 确定 命令，完成同基准尺寸标注的创建。

图 7.5.7　同基准尺寸标注

图 7.5.8　选取标注对象

## 7.5.4　连续尺寸标注

下面以图 7.5.9 为例，说明连续尺寸标注的一般操作步骤。

Step1. 打开文件 D:\inv19.1\work\ch07.05.04\dimension04.idw。

Step2. 选择命令。单击 标注 功能选项卡 尺寸 区域中的"连续尺寸"按钮 ⊞ 连续尺寸 ｜ ▾ 。

Step3. 在系统 选择模型或草图几何图元，或选择基准尺寸 的提示下，依次选取图 7.5.10 所示的直线 1、圆心 1、圆心 2、圆心 3、圆心 4 和直线 2。

Step4. 在图纸区右击选择 ⇨ 继续(C) 命令，然后选择合适的位置放置尺寸。

Step5. 在图纸区右击选择 创建(C) 命令，完成连续尺寸标注的创建。

图 7.5.9　连续尺寸标注

图 7.5.10　选取标注对象

## 7.5.5　孔和螺纹标注

下面以图 7.5.11 为例，说明孔和螺纹标注的一般操作步骤。

Step1. 打开文件 D:\inv19.1\work\ch07.05.05\dimension05.idw。

Step2. 选择命令。单击 标注 功能选项卡 特征注释 区域中的"孔和螺纹"按钮 ⊙ 。

Step3. 在系统 选择孔或螺纹的特征边 的提示下，选取图 7.5.12 所示的圆 1，然后选择合适的位置放置尺寸。

图 7.5.11  孔标注

图 7.5.12  选取标注对象

### 7.5.6  倒角尺寸标注

下面以图 7.5.13 为例，说明倒角标注的一般操作步骤。

Step1. 打开文件 D:\inv19.1\work\ch07.05.06\bolt.idw。

Step2. 单击 标注 功能选项卡 特征注释 区域中的"倒角"按钮 倒角 。

Step3. 在系统 选择倒角边 的提示下，选取图 7.5.13 所示的直线 1，在系统 选择引用边 的提示下，选取图 7.5.13 所示的直线 2。

Step4. 放置尺寸。选择合适的位置单击，以放置尺寸。

Step5. 按 Esc 键退出命令，完成倒角尺寸的标注。

图 7.5.13  标注倒角尺寸

## 7.6  标注尺寸公差

下面标注图 7.6.1 所示的尺寸公差，说明标注尺寸公差的一般操作步骤。

Step1. 打开文件 D:\inv19.1\work\ch07.06\connecting_base.idw。

Step2. 选择命令。单击 标注 功能选项卡 尺寸 区域中的"尺寸"按钮 。

Step3. 选取图 7.6.1 所示的直线，选择合适的位置单击，系统弹出图 7.6.2 所示的"编辑尺寸"对话框。

选取这两条直线

$200 {}^{+0.10}_{-0.20}$

图 7.6.1　标注尺寸公差

图 7.6.2　"编辑尺寸"对话框

Step4. 定义公差。在"编辑尺寸"对话框的 精度和公差 选项卡中设置图 7.6.2 所示的参数。

Step5. 单击"编辑尺寸"对话框中的 确定 按钮，完成尺寸公差的标注。

# 7.7　尺寸的操作

## 7.7.1　移动和删除尺寸

移动尺寸及尺寸文本有以下三种方法：

（1）移动尺寸。单击要移动尺寸的尺寸线，然后按住鼠标左键拖动即可。

（2）移动尺寸文本。单击要移动的尺寸文本，然后按住鼠标左键拖动即可。

（3）删除尺寸。选择要删除的尺寸，然后右击，在弹出的快捷菜单中选择"删除"命令或按 Delete 键，即可把尺寸删除。

## 7.7.2　尺寸的编辑

### 1．排列尺寸

排列尺寸是将工程图中的尺寸标注排列整齐，下面以图 7.7.1 为例，说明排列尺寸的一般过程。

a）排列前

b）排列后

图 7.7.1　排列尺寸

Step1. 打开文件 D:\inv19.1\work\ch07.07\line_text.idw。

Step2. 选择命令。单击 标注 功能选项卡 尺寸 区域中的"排列"按钮 排列 。

Step3. 选择要排列的尺寸。在系统 选择要排列的尺寸 的提示下，选取图 7.7.2 所示的三个尺寸。

Step4. 在图纸区右击选择 ✓ 确定(Enter) 命令，完成尺寸的排列。

图 7.7.2　选择要排列的尺寸

### 2. 修改尺寸属性

修改尺寸属性包括修改尺寸的精度、尺寸的显示方式、尺寸的文本、尺寸线和尺寸的公差显示等。

打开工程图文件 D:\inv19.1\work\ch07.07\connecting_base.idw。双击要修改尺寸属性的尺寸(或者右击尺寸，在系统弹出的快捷菜单中选择 编辑(E)… 命令)，系统弹出"编辑尺寸"对话框，在"编辑尺寸"对话框中有 文本 选项卡（图 7.7.3）、精度和公差 选项卡（图 7.7.4）和 检验尺寸 选项卡（图 7.7.5）三个选项卡，利用这三个选项卡可以修改尺寸的属性。

图 7.7.3　"文本"选项卡

图 7.7.3 所示"文本"选项卡中部分选项的说明如下。

-  选项：用于相对于文本框的两侧定位文本。
- 选项：用于相对于文本框的顶端和底端定位文本。
- ☑隐藏尺寸值 选项：选择该复选框用户就可以输入尺寸值以覆盖计算值。
- 选项：用于打开"文本格式"对话框以访问高级文本格式选项。
- ：在光标位置插入所选定的符号。单击箭头可以从系统弹出的符号列表中选择适当的符号。
- ☑ 在创建后编辑尺寸 选项：系统默认选中该选项，此时在每次插入新的通用尺寸后都会显示"编辑尺寸"对话框，以便用户对尺寸进行编辑；若取消选中该复选框，则可禁止在每次插入尺寸时编辑尺寸。

图 7.7.4　"精度和公差"选项卡

图 7.7.4 所示"精度和公差"选项卡中部分选项的说明如下。

- 模型值 文本框：用于显示零件模型的实际尺寸数值。
- □替代显示的值(O) 复选项：选中该复选框可以关闭模型值的显示，此时允许用户输入一个替代值。取消选中该复选框则恢复默认的计算模型值。
- 公差方式 区域：用于指定尺寸的公差方式，选中不同选项后，会自动激活相应的设置参数。
- 精度 区域：用于设置尺寸的精度值，包括基本单位和基本公差的精度。

图 7.7.5 "检验尺寸"选项卡

**图 7.7.5** 所示"检验尺寸"选项卡中部分选项的说明如下。

- ☑ 检验尺寸 选项：用于将选定尺寸指定为检验尺寸并激活检验选项。

- 形状 区域：用于指定检验尺寸文本的周围边界。

  ☑ ⊙ 无 选项：用于指定检验尺寸文本周围无边界形状。

  ☑ ⊙ X.XX 100% 选项：用于指定所需的检验尺寸形状的两端为圆形。

  ☑ ⊙ X.XX 100% 选项：用于指定所需的检验尺寸形状的两端为尖形。

- 标签/检验率 区域：用于设置包含设置尺寸值的标签与检验率。

  ☑ 标签 选项：用于设置包含放置在尺寸值左侧的文本标签。

  ☑ 检验率 选项：用于设置包含放置在尺寸值右侧的检验百分比。

  ☑ · ▾ ：用于将选定的符号添加到激活的标签或检验率框中。

# 7.8　标注基准特征符号

下面标注图 7.8.1 所示的基准特征符号。其一般操作步骤如下。

Step1. 打开文件 D:\inv19.1\work\ch07.08\connecting_base.idw。

Step2. 选择命令。单击 标注 功能选项卡 符号 区域中的 ▾ 按钮，系统弹出图 7.8.2 所示的"符号"列表框，选择"基准标识符号"命令 🔼 。

Step3. 放置基准特征符号。选取图 7.8.1 所示的边线，移动鼠标指针，在合适的位置处单击，系统弹出图 7.8.3 所示的"文本格式"对话框。

Step4. 设置参数。在"文本格式"对话框中设置图 7.8.3 所示的参数。

Step5. 单击 ⬚确定 按钮，然后按 Esc 键退出，完成基准特征符号的创建。

说明：若基准特征符号显示的样式与图 7.8.1 所示的不一致，可通过编辑的方式进行调整。

图 7.8.1　标注基准特征符号

图 7.8.2　"符号"列表框

图 7.8.3　"文本格式"对话框

# 7.9　标注几何公差

几何公差包括形状公差和位置公差，是针对构成零件几何特征的点、线、面的形状和位置误差所规定的公差。下面标注图 7.9.1 所示的几何公差，其一般操作步骤如下。

Step1. 打开文件 D:\inv19.1\work\ch07.09\connecting_base.idw。

Step2. 选择命令。单击 标注 功能选项卡 符号 区域中的 ▼ 按钮，在系统弹出的"符号"列表框中选择"几何公差符号"命令 ⊕1 。

Step3. 放置几何公差特征符号。选取图 7.9.1 所示的边线，单击合适的位置以放置几何公差，右击，选择  命令，系统弹出图 7.9.2 所示的"形位公差符号"对话框。

图 7.9.1　几何公差的标注　　　　　　　图 7.9.2　"形位公差符号"对话框

Step4. 定义几何公差。

（1）在"形位公差符号"对话框中单击 符号 区域的"项目特征符号"按钮 ⊕ ，在弹出的特征符号列表中选择 ⊥ 按钮。

（2）在 公差 文本框中输入公差值为 0.05。

（3）在 基准 文本框中输入基准符号 A。

Step5. 单击 确定 按钮，然后按 Esc 键完成几何公差的标注。

# 7.10　注 释 文 本

在工程图中，除了尺寸标注外，还应有相应的文字说明，即技术要求，如工件的热处理要求、表面处理要求等。选择 标注 功能选项卡 文本 区域中的"文本"命令 A 与"指引线文本"命令 A，可以创建带引线或不带引线文本。

## 7.10.1　创建注释文本

下面创建图 7.10.1 所示的注释文本。其一般操作步骤如下。

Step1. 打开文件 D:\inv19.1\work\ch07.10.01\text.idw。

Step2. 选择命令。选择 标注 功能选项卡 文本 区域中的"文本"命令 A。

Step3. 定义注释文本位置。在系统 在某处或两角处单击 的提示下单击图纸区的合适位置，系统弹出图 7.10.2 所示的"文本格式"对话框。

Step4. 创建文本。在系统弹出的"文本格式"对话框中输入图 7.10.2 所示的注释文本。

图 7.10.1　创建注释文本

图 7.10.2　"文本格式"对话框

Step5. 设定文本格式。

（1）在图 7.10.2 所示的注释文本中选取图 7.10.3 所示的文本 1，将文本大小设置为 6.0。

（2）在图 7.10.2 所示的注释文本中选取图 7.10.4 所示的文本 2，将文本大小设置为 4.0。

图 7.10.3　选取文本 1

图 7.10.4　选取文本 2

Step6. 单击 确定 按钮，然后按 Esc 键退出，完成注释文本的创建。

## 7.10.2　创建指引线文本

下面创建图 7.10.5 所示的指引线文本。其一般操作步骤如下。

Step1. 打开文件 D:\inv19.1\work\ch07.10.02\connecting_base.idw。

Step2. 选择命令。选择 标注 功能选项卡 文本 区域中的"指引线文本"命令 A 。

Step3. 定义指引线文本位置。在系统 在一个位置上单击 的提示下选取图 7.10.5 所示的边线，然后在合适的位置单击放置文本位置，按下 Enter 键，系统弹出"文本格式"对话框。

Step4. 创建文本。在系统弹出的"文本格式"对话框中输入"此处喷漆"。

Step5. 设定文本格式。在"文本格式"对话框中选中刚才输入的"此处喷漆"文本，如图 7.10.6 所示，在 大小 文本框中输入文本大小为 5.0。

Step6. 单击 确定 按钮，然后按 Esc 键退出，完成注释文本的创建。

图 7.10.5　添加指引线文本

图 7.10.6　选取文本

## 7.10.3　注释文本的编辑

下面以图 7.10.7 为例，说明编辑文本的一般操作步骤。

Step1. 打开文件 D:\inv19.1\work\ch07.10.03\edit_text.idw。

Step2. 双击要编辑的文本，系统弹出"文本格式"对话框。

Step3. 选取文本。选取图 7.10.8 所示的文本。

Step4. 定义文本格式。在"文本格式"对话框中单击 I 按钮。

技术要求
1.未注倒角为C2
2.未注圆角为R2

技术要求
1.未注倒角为C2
2.未注圆角为R2

技术要求
1.未注倒角为C2
2.未注圆角为R2

图 7.10.7　编辑注释文本

图 7.10.8　选取文本

Step5. 单击"文本格式"对话框中的 确定 按钮，完成注释文本的编辑。

# 7.11　Inventor 软件的打印出图

打印出图是 CAD 工程设计中必不可少的一个环节。在 Inventor 软件的工程图模块中，选择下拉菜单 文件 ➡ 打印 命令，就可进行打印出图操作。

下面举例说明工程图打印的一般操作步骤。

Step1. 打开文件 D:\inv19.1\work\ch07.11\down_base.idw。

Step2. 选择命令。选择下拉菜单 文件 ➡ 🖶 打印 命令，系统弹出"打印工程图"对话框。

Step3. 选择打印机。在"打印工程图"对话框的 名称(N): 下拉列表中选择打印机类型为 Microsoft XPS Document Writer 。

**说明：** 在打印机名称下拉列表中显示的是当前计算机已安装的打印机，具体用户之间会存在差异。

Step4. 定义页面设置。

（1）单击"打印工程图"对话框中的 特性(P)... 按钮，系统弹出"Microsoft XPS Document Writer 文档 属性"对话框。

（2）选择方向。在 方向(O): 下拉列表中选择 🅰 横向 选项。

（3）定义打印纸张的大小。在该对话框中单击 高级(V)... 按钮，在弹出的"Microsoft XPS Document Writer 高级选项"对话框 纸张规格: 下拉列表中选择 A4 选项，单击两次 确定 按钮，系统返回到"打印工程图"对话框。

Step5. 定义其他打印参数，设置完成，如图7.11.1所示。

图 7.11.1　"打印工程图"对话框

Step6. 打印预览。单击"打印工程图"对话框中的 预览(V)... 按钮，可以预览工程图的打印效果。

**说明：** 在Step5中也可直接单击 确定 按钮，打印工程图。

Step7. 在打印预览界面中单击 打印(P)... 按钮，系统返回到"打印工程图"对话框，单击 确定 按钮，系统弹出"另存为"对话框，选择合适的存储位置并输入文件名称，即可打印工程图。

# 7.12 Inventor 工程图设计综合实际应用

本应用是一个综合范例，不仅综合了基础视图、投影视图、局部剖视图和局部视图等的创建，而且还有基准的创建、几何公差的创建及中心线的标注等。创建完成后的工程图如图 7.12.1 所示。

图 7.12.1 工程图制作范例

## Task1. 新建工程图文件

新建一个工程图文件。选择下拉菜单 文件 ➡ 新建 ➡ 工程图 DWG 命令，系统自动进入工程图制作环境。

## Task2. 创建基本视图

Step1. 选择命令。单击 放置视图 选项卡 创建 区域中的"基础视图"按钮，系统弹出"工程视图"对话框。

Step2. 选择零件模型。在"工程视图"对话框中单击"打开现有文件"按钮，系统弹出"打开"对话框，在 查找范围(I): 下拉列表中选择目录 D:\inv19.1\work\ch07.12，然后选择 down_base.ipt，单击 打开(O) 按钮。

Step3．定义视图参数。

（1）定义视图方向。在图纸区将视图方向调整为前视图，此时在图纸区会有图 7.12.2 所示的预览图。

（2）定义视图比例。在 比例 文本框中输入比例 1:1。

（3）定义视图样式。在 样式(T) 区域中选中"不显示隐藏线"选项 🔲。

（4）定义显示选项。在该对话框中单击 显示选项 选项卡，取消选中 🔲 相切边 复选项。

Step4．放置视图。单击"工程视图"对话框中的 确定 按钮，创建主视图的结果如图 7.12.3 所示。然后将视图移至合适的位置。

图 7.12.2　预览图　　　　　　　　　　图 7.12.3　创建主视图

Step5．选择命令。单击 放置视图 选项卡 创建 区域中的"投影视图"按钮 🔲。

Step6．在系统 选择视图 的提示下，选取图 7.12.3 中的主视图作为投影的父视图。

Step7．放置视图。在主视图的下方单击，生成俯视图，在图纸区右击，选择 创建(C) 命令，完成俯视图的创建，如图 7.12.4 所示。

## Task3．创建图 7.12.5 所示的全剖视图

图 7.12.4　创建俯视图　　　　　　　图 7.12.5　创建全剖视图

Step1．选择命令。单击 放置视图 功能选项卡 创建 区域中的"剖视图"按钮 🔲。

Step2．选取剖切父视图。在系统 选择视图或视图草图 的提示下，选取主视图作为剖切的父视图。

Step3．绘制剖切线。绘制图 7.12.6 所示的直线作为剖切线，绘制完成后右击选择 ➡ 继续(C) 命令，系统弹出"剖视图"对话框。

Step4. 在"剖视图"对话框的 视图标识符 文本框中输入视图标识符 A。

Step5. 放置视图。在图纸区选择合适的位置单击，生成全剖视图，如图 7.12.5 所示。

### Task4. 创建图 7.12.7 所示的局部剖视图（两处）

Step1. 绘制剖切范围。首先在图纸区选取要创建局部剖的视图，然后选择 放置视图 选项卡 草图 区域中的"开始创建草图"命令 ，绘制图 7.12.8 所示的样条曲线作为剖切范围。

图 7.12.6　绘制剖切线　　　　图 7.12.7　局部剖视图　　　　图 7.12.8　绘制剖切范围 1

Step2. 选择命令。单击 放置视图 功能选项卡 修改 区域中的"局部剖视图"按钮 。

Step3. 选取局部剖切父视图。在系统 选择视图或视图草图 的提示下，选取图 7.12.7 中的主视图作为剖切的父视图，系统弹出"局部剖视图"对话框。

Step4. 定义深度参考。在"局部剖视图"对话框 深度 区域的下拉列表中选择 至孔 选项，然后选择图 7.12.9 所示的圆作为深度参考。

Step5. 单击"局部剖视图"对话框中的 确定 按钮，完成局部剖视图的创建。

Step6. 绘制剖切范围。首先在图纸区选取要创建局部剖的视图，然后选择 放置视图 选项卡 草图 区域中的"开始创建草图"命令 ，绘制图 7.12.10 所示的样条曲线作为剖切范围。

Step7. 选择命令。单击 放置视图 功能选项卡 修改 区域中的"局部剖视图"按钮 。

Step8. 选取局部剖切父视图。在系统 选择视图或视图草图 的提示下，选取图 7.12.10 中的主视图作为剖切的父视图，系统弹出"局部剖视图"对话框。

Step9. 定义深度参考。在"局部剖视图"对话框 深度 区域的下拉列表中选择 至孔 选项，然后选择图 7.12.11 所示的圆作为深度参考。

图 7.12.9　定义深度参考　　　图 7.12.10　绘制剖切范围 2　　　图 7.12.11　定义深度参考

Step10. 单击"局部剖视图"对话框中的 确定 按钮，完成局部剖视图的创建。

## Task5. 创建图 7.12.12 所示的局部视图

Step1. 选择命令。单击 放置视图 功能选项卡 创建 区域中的"局部视图"按钮 。

Step2. 选取父视图。在系统 选择视图 的提示下，选取图 7.12.12 中的主视图作为局部视图的父视图，系统弹出"局部视图"对话框。

Step3. 在"剖视图"对话框的 视图标识符 文本框中输入视图标识符 B。在 缩放比例 文本框中输入比例 4:1。

Step4. 绘制局部范围。绘制图 7.12.13 所示的圆作为剖切范围。

Step5. 放置视图。在图纸区选择合适的位置单击，完成局部视图的创建。

图 7.12.12　局部视图　　　　　图 7.12.13　绘制视图区域

## Task6. 为主视图创建图 7.12.14 所示的中心线

Step1. 选择命令。单击 标注 功能选项卡 符号 区域中的"对分中心线"按钮 。

Step2. 依次选取图 7.12.14 中的直线 1、直线 2、直线 3 和直线 4，此时系统会自动为视图创建中心线。

Step3. 参照以上步骤添加其他中心线。结果如图 7.12.15 所示。

## Task7. 标注图 7.12.16 所示的基准符号

Step1. 选择命令。单击 标注 功能选项卡 符号 区域中的 按钮，选择"基准标识符号"命令 。

图 7.12.14　选取直线　　　　　　　　　　图 7.12.15　添加中心线

Step2. 放置基准特征符号。选取图 7.12.16 所示的边线，在合适的位置处单击，系统弹出"文本格式"对话框。

Step3. 设置参数。在"文本格式"对话框中输入 B。

Step4. 单击 确定 按钮，然后按 Esc 键退出，调整基准符号至合适的位置，完成基准特征符号的创建。

## Task8. 标注图 7.12.17 所示的尺寸

利用 标注 功能选项卡 尺寸 区域中的"尺寸"命令 与"倒角"命令 倒角 标注所需尺寸。

图 7.12.16　标注基准符号　　　　　图 7.12.17　标注尺寸

## Task9. 标注图 7.12.18 所示的几何公差

图 7.12.18　标注几何公差

Step1. 选择命令。单击 标注 功能选项卡 符号 区域中的 按钮，选择"形位公差符号"命令 ⊕.1 。

Step2. 放置几何公差特征符号。分别选取图 7.12.18 所示的边线，选择合适的位置单击以放置几何公差，然后按 Enter 键，系统弹出"形位公差符号"对话框。

Step3. 定义几何公差。

（1）在"形位公差符号"对话框中单击 符号 区域的"项目特征符号"按钮 ⊕ ，然后单击 ∥ 按钮。

（2）在 公差 文本框中输入公差值 0.08。

（3）在 基准 文本框中输入基准符号 B。

Step4. 单击 确定 按钮，然后按 Esc 键完成几何公差的标注。

Step5. 参照此方式标注图 7.12.18 中另一处圆度几何公差。

## Task10．创建图 7.12.19 所示的注释文本

Step1. 选择命令。选择 标注 功能选项卡 文本 区域中的"文本" **A** 命令。

### 技术要求
1.未注倒圆角为R2
2.调质处理240HBW

图 7.12.19　创建注释文本

Step2. 定义注释文本位置。在系统 在某处或两角处单击 的提示下单击，系统弹出图 7.12.20 所示的"文本格式"对话框。

图 7.12.20　"文本格式"对话框

Step3. 创建文本。在系统弹出的"文本格式"对话框中输入图 7.12.20 所示的注释文本。

Step4. 设定文本格式。

（1）在注释文本中选取图 7.12.21 所示的文本 1，将文本大小设置为 8.0。

（2）在注释文本中选取图 7.12.22 所示的文本 2，将文本大小设置为 6.0。

Step5. 单击 确定 按钮，然后按 Esc 键退出，完成注释文本的创建。

技术要求
1.未注倒圆角为R2
2.调质处理240HBW

图 7.12.21　选取文本 1

技术要求
1.未注倒圆角为R2
2.调质处理240HBW

图 7.12.22　选取文本 2

## Task11. 保存文件

选择下拉菜单 文件 ➡ 保存 命令，系统弹出"另存为"对话框，将文件命名为 down_base.idw，单击 保存 按钮保存。

# 7.13 习 题

1. 打开文件 D:\inv19.1\work\ch07.13\spd1.ipt，然后创建图 7.13.1 所示的工程图。

图 7.13.1　习题 1

2. 打开文件 D:\inv19.1\work\ch07.13\spd2.ipt，然后创建图 7.13.2 所示的工程图。

图 7.13.2　习题 2

# 第 **8** 章  曲 面 设 计

**本章提要**  Inventor 的曲面造型工具对于创建复杂曲面零件非常有用。与一般实体零件的创建相比，曲面零件的创建过程和方法比较特殊，技巧性也很强，掌握起来不太容易，本章将介绍曲面造型的基本知识。主要内容包括：

- 曲线的创建。

- 曲面的创建。

- 曲面的圆角。

- 曲面的剪裁。

- 曲面的延伸。

- 曲面的缝合。

- 将曲面面组转化为实体。

## 8.1  曲面设计概述

Inventor 中的曲面（Surface）设计功能主要用于创建形状复杂的零件。这里要注意，曲面是一种零厚度、特殊类型的几何特征。

在 Inventor 中，通常将一个曲面或几个曲面的组合称为面组。

用曲面创建形状复杂的零件的主要过程如下：

（1）创建数个单独的曲面。

（2）对曲面进行剪裁、填充和等距等操作。

（3）将各个单独的曲面缝合为一个整体的面组。

（4）将曲面（面组）转化为实体零件。

## 8.2  创 建 曲 线

曲线是构成曲面的基本元素，在绘制许多形状不规则的零件时，经常要用到曲线工具。本节主要介绍关键点曲线、螺旋线、投影曲线、相交曲线和分割线的一般创建过程。

## 8.2.1  关键点曲线

关键点曲线就是通过三点或更多的点创建的三维曲线。这些点可以是已创建的点、线框元素和边上的关键点，或者是自由空间中的点。下面以图 8.2.1 为例来介绍通过关键点创建曲线的一般过程。

Step1. 打开文件 D:\inv19.1\work\ch08.02\Curve_Through_Reference_Points.ipt。

a）创建前                                                     b）创建后

图 8.2.1  创建通过关键点的曲线

Step2. 进入三维草图绘制环境。单击 三维模型 选项卡 草图 区域中的 开始创建二维草图 按钮，选择 开始创建 三维草图 命令，系统进入三维草图绘制环境。

Step3. 选择命令。单击 三维草图 选项卡 绘制 ▼ 区域中的 样条曲线 按钮，选择 样条曲线 插值 命令。

Step4. 定义通过点。依次选取图 8.2.2 所示的点 1、点 2、点 3、点 4 为曲线通过点。

Step5. 单击 ✔ 按钮（或按 Enter 键），结束样条线的绘制。

图 8.2.2  选取关键点

## 8.2.2  螺旋线

螺旋线可以用于扫描特征的一个路径或引导曲线，或用于放样特征的引导曲线。在创建螺旋线/涡状线之前，必须绘制一个圆或选取包含单一圆的草图来定义螺旋线的断面。下面以图 8.2.3 为例来介绍创建螺旋线/涡状线的一般操作步骤。

Step1. 打开文件 D:\inv19.1\work\ch08.02\Helix_Spiral.ipt。

Step2. 进入三维草图绘制环境。单击 三维模型 选项卡 草图 区域中的 开始创建二维草图 按钮，选择 开始创建 三维草图 命令，系统进入三维草图绘制环境。

Step3. 选择命令。单击 三维草图 选项卡 绘制▼ 区域中的"螺旋曲线"按钮 ⑧ ，系统弹出图 8.2.4 所示的"螺旋曲线"对话框。

Step4. 定义螺旋轴的起始点。分别选取图 8.2.3 所示的点 1 与点 2 为螺旋轴的起点与终点。

Step5. 定义螺旋线的方式。在"螺旋曲线"对话框 定义 区域的下拉列表中选择 螺距和转数 选项。

Step6. 定义螺旋线参数。在"螺旋曲线"对话框的 直径 文本框中输入数值 60.0，在 螺距 文本框中输入数值 10.0，在 转数 文本框中输入数值 10.0，在 锥度 文本框中输入数值 0.0，并确认 ⑧ 按钮被按下，如图 8.2.4 所示。

Step7. 单击 确定 按钮，完成螺旋线的创建。

点 1　　　点 2

a) 创建前

b) 创建后

图 8.2.3　创建螺旋线

图 8.2.4　"螺旋曲线"对话框

**图 8.2.4 所示的"螺旋曲线"对话框中的部分选项说明如下。**

- 类型 区域：用于指定螺旋曲线是等半径还是变半径。

- 旋向 区域：用于指定螺旋曲线是按顺时针方向还是按逆时针方向旋转。

- 定义 区域：提供了四种创建螺旋线的方式。

  ☑ 螺距和转数 选项：通过定义螺距和转数生成一条螺旋线。

  ☑ 转数和高度 选项：通过定义转数和高度生成一条螺旋线。

  ☑ 螺距和高度 选项：通过定义高度和螺距生成一条螺旋线。

  ☑ 平面螺旋 选项：通过定义螺距和转数生成一条涡状线。

  ☑ 直径 文本框：用于指定螺旋曲线的直径。

☑ 高度 文本框：用于设置螺旋曲线的高度。

☑ 螺距 文本框：用于输入螺旋线的螺距值。

☑ 转数 复选框：用于输入螺旋线或涡状线的旋转数。

☑ 锥度 选项：用于为螺旋线指定锥角（除平面螺旋外）。

## 8.2.3　投影曲线

投影曲线就是将曲线按照指定的类型投射到曲面或实体表面上而生成的曲线。投影曲线的类型包括"沿矢量投影""投影到最近的点"和"折叠到曲面"三种。下面以图 8.2.5 所示为例来介绍创建投影曲线的一般操作步骤。

a）投影前　　　　　　　　　　　　　　　　b）投影后

图 8.2.5　创建投影曲线

Step1. 打开文件 D:\inv19.1\work\ch08.02\projection_Curves.ipt。

Step2. 进入三维草图绘制环境。单击 三维模型 选项卡 草图 区域中的 开始创建二维草图 按钮，选择 开始创建三维草图 命令，系统进入三维草图绘制环境。

Step3. 选择命令。单击 三维草图 选项卡 绘制 ▼ 区域中的"投影到曲面"按钮，系统弹出图 8.2.6 所示的"将曲线投影到曲面"对话框。

Step4. 定义投影面。在系统 选择面、曲面特征或工作平面 的提示下选取图 8.2.7 所示的圆柱面为投影面。

Step5. 定义投影曲线。单击"将曲线投影到曲面"对话框中的 曲线 按钮，然后选取图 8.2.7 所示的曲线为投影曲线。

图 8.2.6　"将曲线投影到曲面"对话框

投影曲线　　　投影面

图 8.2.7　定义投影参照

Step6. 定义投影曲线的输出类型。在"将曲线投影到曲面"对话框 输出 区域选中"折叠到曲面"按钮。

Step7. 单击 确定 按钮，完成投影曲线的创建。

图 8.2.6 所示的"将曲线投影到曲面"对话框中的部分选项说明如下。

- ⬚面按钮：用于选择一个或多个要在其上投影曲线的曲面或实体的目标面。
- ⬚曲线按钮：用于选择要投影的曲线。
- 输出区域：用于指定投影曲线的输出类型。

    ☑ ⬚↕（沿矢量投影）按钮：用于指定矢量投影。

    ☑ ⬚（投影到最近的点）按钮：用于与最近的点成法向的平面投影。

    ☑ ⬚（折叠到曲面）按钮：用于围绕选定面的曲率形成投影的曲线。

注意：对于折叠到曲面输出，面必须是圆柱面、圆锥面或平面。曲线必须位于一个平面上并且平面与选定的面相切。

## 8.2.4　相交曲线

相交曲线是两个面相交处的交线。两个相交的面可以是参考平面、模型面或构造表面的任意组合。下面以图 8.2.8 为例，介绍创建相交曲线的一般过程。

a）创建前　　　　　　　　　　　　　　　　　　b）创建后

图 8.2.8　创建相交曲线

Step1. 打开文件 D:\inv19.1\work\ch08.02\Intersection_Curves.ipt。

Step2. 进入三维草图绘制环境。单击 三维模型 选项卡 草图 区域中的 开始创建二维草图 按钮，选择 ✐ 开始创建 三维草图 命令，系统进入三维草图绘制环境。

Step3. 选择命令。单击 三维草图 选项卡 绘制 ▼ 区域中的"相交曲线"按钮 ⬚，系统弹出图 8.2.9 所示的"三维相交曲线"对话框。

Step4. 定义要相交的几何图元。选取图 8.2.10 所示的两个面为要相交的对象。

Step5. 单击"三维相交曲线"对话框中的 确定 按钮，完成相交曲线的创建。

图 8.2.9　"三维相交曲线"对话框

选取此两面为相交对象

图 8.2.10　定义要相交的面

## 8.2.5  分割

"分割"命令可以将草图、曲面、面、基准面或曲面样条曲线投影到曲面或平面，并将所选的面分割为多个分离的面，从而允许对分离的面进行操作。下面以图 8.2.11 为例来介绍分割的一般创建过程。

Step1. 打开文件 D:\inv19.1\work\ch08.02\Split_Lines.ipt。

a）创建前                                          b）创建后

图 8.2.11　创建分割线

Step2. 选择命令。单击 三维模型 选项卡 修改 ▼ 区域中的 分割 按钮，系统弹出图 8.2.12 所示的"分割"对话框。

Step3. 定义分割工具。选取图 8.2.13 所示的曲线为分割工具。

Step4. 定义分割面。在"分割"对话框中单击 面 按钮，然后选取图 8.2.13 所示的曲面为分割面。

Step5. 单击 确定 按钮，完成分割线的创建。

图 8.2.12　"分割"对话框

图 8.2.13　定义分割参照

图 8.2.12 所示的"分割"对话框的各选项说明如下。

- （分割面）按钮：用于选择要分割的一个或多个面。
- （修剪实体）按钮：用于选择要分割的零件或实体，并丢弃一侧。
- （分割实体）按钮：用于选择用来将实体分割成两部分的工作平面或分模线。
- 分割工具 按钮：用于选择工作平面、曲面或草图，以将面或实体分割成两部分。
- 面 按钮：用于在"面分割"方法处于激活状态时，选取要分割的面。
- 实体 按钮：用于在"修剪实体"或者"分割实体"方法处于激活状态时，选取要修剪或者分割的实体。

- （全部）按钮：用于选取所有面进行分割。
- （选择）按钮：用于选择面进行分割。

# 8.3 创 建 曲 面

## 8.3.1 拉伸曲面

拉伸曲面是将曲线或直线沿指定的方向拉伸所形成的曲面。下面以图 8.3.1 为例来介绍创建拉伸曲面的一般操作步骤。

a）创建前　　　　　　　　　　　　　　　　　b）创建后

图 8.3.1　创建拉伸曲面

Step1. 打开文件 D:\inv19.1\work\ch08.03.01\extrude.ipt。

Step2. 选择命令。在 创建 区域中单击 按钮，系统弹出图 8.3.2 所示的"拉伸"对话框。

Step3. 定义拉伸曲线。系统自动选取图 8.3.3 所示的曲线为拉伸曲线。

图 8.3.2　"拉伸"对话框

选取此曲线

图 8.3.3　定义拉伸曲线

说明：如果在绘图区域有多个截面轮廓，并且没有选择任何一个，可以单击"截面轮廓"按钮，然后在图形窗口中单击一个或多个截面轮廓；如果只有一个封闭的截面轮廓，系统会自动选取。

Step4. 定义输出类型。在"拉伸"对话框 输出 区域单击"曲面"按钮 。

Step5. 定义深度属性。

（1）确定深度类型。在"拉伸"对话框 范围 区域的下拉列表中选择 距离 选项，如图

8.3.2 所示。

（2）确定拉伸方向。采用系统默认的拉伸方向。

（3）确定拉伸深度。在"拉伸"对话框 范围 区域的文本框中输入数值 20.0，如图 8.3.2 所示。

Step6. 在该对话框中单击 确定 按钮，完成拉伸曲面的创建。

## 8.3.2 旋转曲面

旋转曲面是将曲线绕中心线旋转所形成的曲面。下面以图 8.3.4 所示的模型为例来介绍创建旋转曲面的一般操作步骤。

a）创建前          b）创建后

图 8.3.4  创建旋转曲面

Step1. 打开文件 D:\inv19.1\work\ch08.03.02\rotate.ipt。

Step2. 选择命令。在 创建 区域中单击 按钮，系统弹出图 8.3.5 所示的"旋转"对话框。

Step3. 定义旋转曲线。系统自动选取图 8.3.6 所示的曲线为旋转曲线。

Step4. 定义旋转轴。采用系统默认的旋转轴。

说明：在选取旋转曲线时，系统自动将图 8.3.6 所示的中心线选取为旋转轴，所以此例不需要再选取旋转轴；用户可以通过单击 旋转轴 按钮来选择中心线。

Step5. 定义旋转类型及角度。在"旋转"对话框 范围 区域的下拉列表中选择 全部 选项，如图 8.3.5 所示。

Step6. 单击 确定 按钮，完成旋转曲面的创建。

图 8.3.5  "旋转"对话框

图 8.3.6  定义旋转曲线

### 8.3.3 扫掠曲面

扫掠曲面是将轮廓曲线沿一条路径进行扫掠所产生的曲面。下面以图 8.3.7 所示的模型为例，介绍创建扫掠曲面的一般操作步骤。

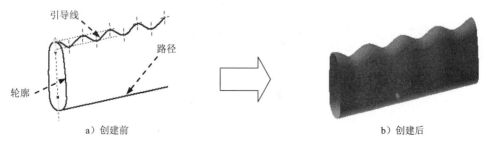

图 8.3.7 创建扫掠曲面

Step1. 打开文件 D:\inv19.1\work\ch08.03.03\sweep.ipt。

Step2. 选择命令。在 创建 区域中单击"扫掠"按钮 扫掠，系统弹出图 8.3.8 所示的"扫掠"对话框。

Step3. 定义截面轮廓。系统自动选取图 8.3.9 所示的曲线 1 作为扫掠截面轮廓。

Step4. 定义扫掠路径。选取图 8.3.9 所示的曲线 2 为扫描路径。

Step5. 定义输出类型。在"扫掠"对话框 输出 区域单击"曲面"按钮 。

Step6. 定义扫描类型。在"扫掠"对话框 类型 区域的下拉列表中选择 路径和引导轨道 选项。

Step7. 定义扫描引导轨道。选取图 8.3.9 所示的曲线 3 为引导线，其他参数采用默认设置，如图 8.3.8 所示。

Step8. 在该对话框中单击 确定 按钮，完成扫掠曲面的创建。

图 8.3.8 "扫掠"对话框

图 8.3.9 定义轮廓曲线

### 8.3.4 放样曲面

放样曲面是通过一系列截面轮廓以定义曲面形状，并可以选择导轨或中心线来进一步美化该形状。下面以图 8.3.10 所示的模型为例，介绍创建放样曲面的一般操作步骤。

a）放样前

b）放样后

图 8.3.10　创建放样曲面

**Step1.** 打开文件 D:\inv19.1\work\ch08.03.04\Lofted_Surface.ipt。

**Step2.** 选择命令。在 创建 区域中单击 放样 按钮，系统弹出图 8.3.11 所示的"放样"对话框。

**Step3.** 定义放样轮廓。选取图 8.3.12 所示的曲线 1 和曲线 2 为轮廓。

**Step4.** 定义输出类型。在"放样"对话框 输出 区域确认"曲面"按钮 被按下。

图 8.3.11　"放样"对话框

图 8.3.12　定义放样轮廓和轨道线

**Step5.** 定义放样轨道。在"放样"对话框 轨道 文本框中单击，然后选取图 8.3.12 所示的曲线 3 和曲线 4 为轨道线，其他参数采用默认设置，如图 8.3.11 所示。

**Step6.** 在该对话框中单击 确定 按钮，完成放样曲面的创建。

### 8.3.5 边界嵌片

使用"边界嵌片"可以从闭合的草图或闭合的边界创建平面或三维曲面。下面介绍图 8.3.13 所示的创建边界嵌片的一般操作步骤。

a）创建前

b）创建后

图 8.3.13　创建边界嵌片

Step1. 打开文件 D:\inv19.1\work\ch08.03.05\ambit_surf.ipt。

Step2. 选择命令。在 曲面 区域中单击"边界嵌片"按钮 ，系统弹出图 8.3.14 所示的"边界嵌片"对话框。

图 8.3.14　"边界嵌片"对话框

Step3. 定义边界边。在系统 选择边或草图曲线 的提示下依次选取图 8.3.15 所示的边界为曲面的边界。

Step4. 单击 确定 按钮，完成边界嵌片的创建。

说明：如果选择图 8.3.16 所示的边界，形成的曲面如图 8.3.17 所示。

选取此边界

图 8.3.15　定义边界边

选取此边界

图 8.3.16　定义边界边

图 8.3.17　边界嵌片

## 8.3.6　偏移曲面

偏移曲面是将选定曲面沿其法线方向偏移后所生成的曲面。下面介绍图 8.3.18 所示的创建偏移曲面的一般操作步骤。

b）创建后

a）创建前

c）创建后

图 8.3.18　创建偏移曲面

Step1. 打开文件 D:\inv19.1\work\ch08.03.06\offset_Surface.ipt。

Step2. 选择命令。在 修改 ▼ 区域中单击"加厚/偏移"按钮 ，系统弹出图 8.3.19 所示的"加厚/偏移"对话框。

图 8.3.19 "加厚/偏移"对话框

Step3. 定义偏移曲面。选取图 8.3.20 所示的曲面为偏移曲面。

Step4. 定义输出类型。在"加厚/偏移"对话框 输出 区域中选择"曲面"选项 。

Step5. 定义偏移距离。在"加厚/偏移"对话框 距离 文本框中输入数值 10，偏移曲面预览如图 8.3.21 所示。

说明：选取图 8.3.21 所示的面组为偏移曲面，并定义其偏移方向，结果如图 8.3.18b 所示。

图 8.3.20 定义偏移曲面

图 8.3.21 定义偏移面组

Step6. 单击 确定 按钮，完成偏移曲面的创建。

# 8.4 曲面的曲率分析

下面通过简单的实例分析来说明曲面特性分析的一般方法及操作步骤。

## 8.4.1 曲面曲率的显示

下面以图 8.4.1 所示的曲面为例，说明曲面平均曲率显示的一般操作步骤。

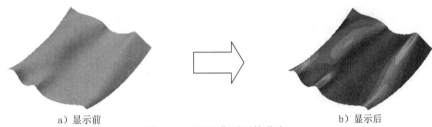

a）显示前　　　　　　　　　　　　　b）显示后

图 8.4.1　显示曲面平均曲率

Step1. 打开文件 D:\inv19.1\work\ch08.04.01\surface_curvature.ipt。

Step2. 选择命令。在 检验 选项卡 分析 区域单击"曲面"按钮，系统弹出图 8.4.2 所示的"曲面分析"对话框。

Step3. 设置参数。在"曲面分析"对话框设置图 8.4.2 所示的参数。

Step4. 单击 确定 按钮，图形区立即显示曲面的分析图。

图 8.4.2　"曲面分析"对话框

图 8.4.2 所示的"曲面分析"对话框的部分选项说明如下。

● 曲面1 文本框：用于输入一个自定义名称。

　☑ 高斯 选项：用于通过在零件表面应用渐变色显示来估算高曲面曲率区域和低曲面曲率区域。

　☑ 平均曲率 选项：用于显示代表 U 和 V 曲面曲率值的平均曲率的梯度。

　☑ 最大曲率 选项：用于显示代表 U 或 V 曲面曲率值中较大者的梯度。

● 自动范围 按钮：用于自动设置曲率比值，从而使用整个范围的颜色来显示分析。

● ☑ 梯度 复选框：用于以梯度的形式显示结果。

● 显示质量 区域：用于指定显示质量。

说明：冷色表明曲面的曲率较低，如黑色、紫色和蓝色；暖色表明曲面的曲率较高，如红色和绿色。

## 8.4.2　曲面斑马条纹的显示

下面以图 8.4.3 所示为例，说明曲面斑马条纹显示的一般操作步骤。

a）显示前　　　　　　　　　　　　　　　　　　b）显示后

图 8.4.3　显示曲面斑马条纹

Step1. 打开文件 D:\inv19.1\work\ch08.04.02\surface_curvature.ipt。

Step2. 选择命令。在 检验 选项卡 分析 区域单击"斑纹"按钮 ，系统弹出图 8.4.4 所示的"斑纹分析"对话框。

图 8.4.4　"斑纹分析"对话框

Step3. 设置参数。在"斑纹分析"对话框单击"水平"按钮 ，其他参数采用系统默认设置，然后单击 确定 按钮，完成曲面的斑纹显示操作。

# 8.5　曲面的圆角

曲面的圆角可以在两组曲面表面之间建立光滑连接的过渡曲面。生成的过渡曲面的剖面线可以是圆弧、二次曲线、等参数曲线或其他类型的曲线。

## 8.5.1 等半径圆角

下面以图 8.5.1 所示的模型为例，介绍创建等半径圆角的一般操作步骤。

a）倒圆前　　　　　　图 8.5.1　等半径圆角　　　　　　b）倒圆后

Step1. 打开文件 D:\inv19.1\work\ch08.05.01\Fillet01.ipt。

Step2. 选择命令。在 修改 ▼ 区域中单击 按钮，系统弹出图 8.5.2 所示的"圆角"对话框。

Step3. 定义圆角类型。在"圆角"对话框单击"边圆角"按钮，并确认 等半径 选项卡被选中。

Step4. 定义圆角对象。在系统 选择一条边进行圆角 的提示下，选取图 8.5.3 所示的模型边线为要圆角的对象。

图 8.5.2　"圆角"对话框

图 8.5.3　定义圆角边线

Step5. 定义圆角半径。在"圆角"对话框 半径 区域中输入数值 3.0。

Step6. 单击"圆角"对话框中的 确定 按钮，完成等半径圆角的创建。

## 8.5.2 变半径圆角

变半径圆角可以生成带有可变半径值的圆角。创建图 8.5.4 所示变半径圆角的一般操作步骤如下。

a）创建前　　　　　　　　　　　　　　　　　　b）创建后

图 8.5.4　创建变半径圆角

Step1. 打开文件 D:\inv19.1\work\ch08.05.02\Fillet02.ipt。

Step2. 选择命令。在 修改▼ 区域中单击 按钮，系统弹出"圆角"对话框。

Step3. 定义圆角类型。在"圆角"对话框单击"边圆角"按钮，并单击 变半径 选项卡。

Step4. 定义圆角对象。在系统 选择一条边进行圆角 的提示下，选取图 8.5.5 所示的模型边线 1 为要圆角的对象。

Step5. 定义圆角参数。在绘图区域选取图 8.5.6 所示的参考点，此时在"圆角"对话框"点"区域会添加除了开始点与结束点之外的另外一个点，然后在"圆角"对话框 半径 区域对应文本框中修改各控制点的半径值（具体数值可参考图 8.5.7 所示），并修改点 1 的位置（具体数值可参考图 8.5.7 所示）。

图 8.5.5　定义圆角边线　　　　　　　　　图 8.5.6　添加参考点

Step6. 单击对话框中的 确定 按钮，完成变半径圆角特征的定义。

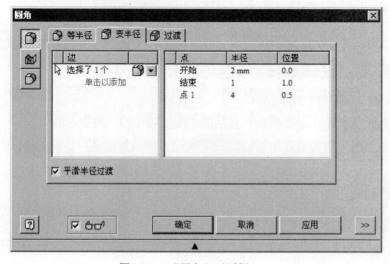

图 8.5.7　"圆角"对话框

### 8.5.3 面圆角

面圆角是把两个没有接触的面用圆角连接并剪切掉多余的部分。下面以图 8.5.8 所示的模型为例，介绍创建面圆角的一般操作步骤。

Step1. 打开文件 D:\inv19.1\work\ch08.05.03\Fillet_03.ipt。

Step2. 在 修改 ▼ 区域中单击 按钮，系统弹出"圆角"对话框。

Step3. 定义圆角类型。在"圆角"对话框单击"面圆角"按钮 。

Step4. 定义圆角面。在系统 选择面进行过渡 的提示下，选取图 8.5.8a 所示的模型面 1、面 2，并单击"反向"按钮 。

Step5. 定义圆角半径。在"圆角"对话框 半径 文本框中输入数值 20，其他参数采用系统默认设置。

图 8.5.8　创建面圆角

Step6. 单击对话框中的 确定 按钮，完成面圆角的创建。

### 8.5.4 完整圆角

完整圆角是相切于三个相邻面的圆角。下面以图 8.5.9 所示的模型为例，介绍创建完整圆角的一般操作步骤。

Step1. 打开文件 D:\inv19.1\work\ch08.05.04\Fillet_04.ipt。

Step2. 在 修改 ▼ 区域中单击 按钮，系统弹出"圆角"对话框。

Step3. 定义圆角类型。在"圆角"对话框单击"全圆角"按钮 。

Step4. 选取要圆角的对象。在系统 选择面进行过渡 的提示下，依次选取图 8.5.10 所示的模型侧面集 1、中心面集、侧面集 2。

Step5. 单击对话框中的 确定 按钮，完成完整圆角的创建。

a）创建前　　　　　　　　　　b）创建后

图 8.5.9　创建完整圆角

图 8.5.10　定义圆角面

# 8.6　曲面的剪裁

曲面的剪裁（Trim）是通过曲面、基准面或曲线等剪裁工具将相交的曲面进行剪切，它类似于实体的切除（Cut）功能。

下面以图 8.6.1 为例，介绍修剪曲面的一般操作过程。

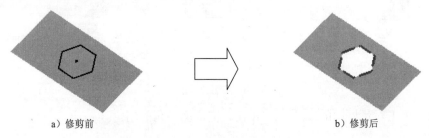

a）修剪前　　　　　　　　　　　　　　　　　　b）修剪后

图 8.6.1　曲面的修剪

Step1. 打开文件 D:\inv19.1\work\ch08.06\Trim_Surface.ipt。

Step2. 选择命令。在 曲面 区域中单击"修剪曲面"按钮 ，系统弹出图 8.6.2 所示的"修剪曲面"对话框。

图 8.6.2　"修剪曲面"对话框

Step3. 定义切割工具。在系统 选择曲面、工作平面或草图作为切割工具 的提示下选取图 8.6.3 所示的边链为切割工具。

Step4. 定义要删除的面，在系统 选择要删除的面 的提示下选取图 8.6.4 所示的面为要删除的面。

Step5. 单击 确定 按钮，完成曲面修剪的创建。

图 8.6.3 定义分割工具

图 8.6.4 定义删除面

# 8.7 曲面的延伸

曲面的延伸就是将曲面延长某一距离，延伸到某一平面或延伸到某一点，延伸部分的曲面与原始曲面类型可以相同，也可以不同。下面以图 8.7.1 为例来介绍曲面延伸的一般操作步骤。

Step1. 打开文件 D:\inv19.1\work\ch08.07\extension.ipt。

a）延伸前

图 8.7.1 曲面的延伸

b）延伸后

Step2. 选择命令。在 三维模型 选项卡中单击 曲面 ▼ 按钮，选择 延伸 命令，系统弹出图 8.7.2 所示的"延伸曲面"对话框。

Step3. 定义延伸边线。在系统 选择要延伸的边界边 的提示下选取图 8.7.3 所示的边线为延伸边线。

Step4. 定义终止条件类型。在"延伸曲面"对话框 范围 区域的下拉列表中选择 距离 选项，输入距离值为 8.0。

图 8.7.2 "延伸曲面"对话框

图 8.7.3 定义延伸边线

Step5. 在该对话框中单击 确定 按钮，完成延伸曲面的创建。

# 8.8 曲面的缝合

缝合曲面可以将多个独立曲面缝合到一起作为一个曲面。下面以图 8.8.1 所示的模型为例，介绍创建曲面缝合的一般操作步骤。

Step1. 打开文件 D:\inv19.1\work\ch08.08\sew.ipt。

Step2. 选择命令。在 曲面 区域中单击"缝合"按钮 ，系统弹出图 8.8.2 所示的"缝合"对话框。

Step3. 定义缝合对象。在系统 选择要缝合的实体 的提示下选取图 8.8.3 所示的曲面 1 和曲面 2 为缝合对象。

Step4. 在该对话框中先单击 应用 按钮，再单击 完毕 按钮，完成缝合曲面的创建。

图 8.8.1  曲面的缝合          图 8.8.2  "缝合"对话框          图 8.8.3  定义缝合对象

# 8.9 删 除 面

"删除"命令可以把现有多个面进行删除，并对删除后的曲面进行修补或填充。下面以图 8.9.1 为例来说明其一般操作步骤。

a）删除前                                                    b）删除后

图 8.9.1  删除面

Step1. 打开文件 D:\inv19.1\work\ch08.09\Delete_Face.ipt。

Step2. 选择命令。在 三维模型 选项卡 修改 ▾ 区域中单击"删除面"按钮 ，系统弹出图 8.9.2 所示的"删除面"对话框。

Step3. 定义删除面。选择图 8.9.3 所示的曲面为要删除的面。

图 8.9.2 "删除面"对话框

图 8.9.3 定义删除面

Step4. 在"删除面"对话框中选中 ☑ 修复 复选项。

Step5. 单击 确定 按钮，完成删除面的创建。

# 8.10 将曲面转化为实体

## 8.10.1 闭合曲面的实体化

"缝合曲面"命令可以将封闭的曲面缝合成一个面，并将其实体化。下面以图 8.10.1 所示为例来介绍闭合曲面实体化的一般操作步骤。

Step1. 打开文件 D:\inv19.1\work\ch08.10.01\Thickening_the_Model.ipt。

Step2. 用剖面视图查看零件模型为曲面。

a) 实体化前　　　　　　　　图 8.10.1 闭合曲面实体化　　　　　　　　b) 实体化后

（1）选择剖面视图命令。在 检验 选项卡 分析 区域单击"剖视"按钮，系统弹出图 8.10.2 所示的"截面分析"对话框。

（2）定义剖面。在系统 选择平面或面（剖视） 的提示下选取 XY 平面作为剖切面，单击 确定 按钮，结果如图 8.10.3 所示，此时可看到在绘图区中显示的特征为曲面。

（3）取消零件观察结果。在浏览器 📁 分析:剖视1(开) 上右击选择 ✔ 分析可见性 命令，使其处于隐藏状态。

图 8.10.2 "截面分析"对话框

图 8.10.3 剖面视图结果

**Step3.** 选择缝合曲面命令。单击 三维模型 选项卡 曲面▼ 区域中的"缝合"按钮，系统弹出图 8.10.4 所示的"缝合"对话框。

图 8.10.4 "缝合"对话框

**Step4.** 定义缝合对象。选取图 8.10.5 所示的曲面 1、曲面 2 和曲面 3（或在浏览器上选择 拉伸曲面1、 边界嵌片1、 边界嵌片2）为缝合对象。

**Step5.** 定义实体化。在"缝合"对话框中确认 □保留为曲面 不被选中。

**Step6.** 先单击 应用 按钮，再单击 完毕 按钮，完成曲面实体化的操作。

**Step7.** 用剖面视图查看零件模型为实体。

（1）在浏览器 分析:剖视1(关) 上右击选择 分析可见性 命令，使其处于显示的状态，结果如图 8.10.6 所示，此时可看到在绘图区中显示的特征为实体。

图 8.10.5 定义缝合对象

图 8.10.6 定义参考剖面

（2）在浏览器 □ 分析: 剖视1(开) 上右击选择 ✔ 分析可见性 命令，使其处于隐藏状态。

## 8.10.2 用曲面替换实体表面

使用"替换"命令可以用曲面替代实体的表面，替换曲面不必与实体表面有相同的边界。下面以图 8.10.7 为例来说明用曲面替换实体表面的一般操作步骤。

a）替换前　　　　　　　　　　　　　　b）替换后

图 8.10.7　用曲面替换实体表面

Step1. 打开文件 D:\inv19.1\work\ch08.10.02\Replace_Face.ipt。

Step2. 选择命令。在 三维模型 选项卡中单击 曲面 按钮，选择 凸 替换面 命令，系统弹出图 8.10.8 所示的"替换面"对话框。

Step3. 定义替换的现有面。在系统 选择要替换的现有面 的提示下选取图 8.10.9 所示的曲面为替换的现有面。

图 8.10.8　"替换面"对话框

选取该面

图 8.10.9　定义替换的现有面

Step4. 定义新建面。在"替换面"对话框中单击 ⬚ 新建面 按钮，然后选取图 8.10.10 所示的曲面为新建面。

Step5. 在该对话框中单击 确定 按钮，完成替换操作，结果如图 8.10.11 所示。

曲面 2

图 8.10.10　定义新建面

图 8.10.11　替换结果

### 8.10.3 开放曲面的加厚

"加厚"命令可以将开放的曲面（或开放的面组）转化为薄板实体特征。下面以图 8.10.12 为例，说明加厚曲面的一般操作步骤。

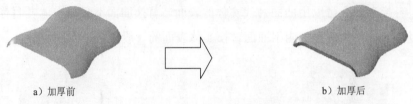

a）加厚前      b）加厚后

图 8.10.12   开放曲面的加厚

Step1. 打开文件 D:\inv19.1\work\ch08.10.03\thicken.ipt。

Step2. 选择命令。在 修改 ▼ 区域中单击"加厚/偏移"按钮，系统弹出图 8.10.13 所示的"加厚/偏移"对话框。

Step3. 定义加厚曲面。选取图 8.10.14 所示的曲面为加厚曲面。

图 8.10.13   "加厚/偏移"对话框

图 8.10.14   定义加厚曲面

Step4. 定义加厚方向。在"加厚/偏移"对话框 距离 区域中单击 按钮。

Step5. 定义厚度。在"加厚/偏移"对话框 距离 区域的文本框中输入数值 3.0。

Step6. 在该对话框中单击 确定 按钮，完成开放曲面的加厚。

## 8.11 Inventor 曲面产品设计实际应用 1

【范例概述】本范例详细介绍螺栓的设计过程，主要运用了拉伸、倒角、螺旋扫掠、旋转等命令。需要注意的是螺旋扫掠的创建过程。零件模型如图 8.11.1 所示。

图 8.11.1　零件模型

Step1. 启动 Inventor 软件，选择"文件菜单"按钮 **文件** 下的 ▢**新建** ➡ ▢**零件** 零件模板，系统自动进入零件设计环境。

Step2. 创建图 8.11.2 所示的拉伸特征 1。在 **创建** 区域中单击▢按钮，选取 XZ 平面作为草图平面，绘制图 8.11.3 所示的截面草图，在"拉伸"对话框 **范围** 区域的下拉列表中选择 **距离** 选项，并输入距离值 80，将拉伸方向设置为"方向 1"类型 ▨，单击对话框中的 **确定** 按钮，完成拉伸特征 1 的创建。

图 8.11.2　拉伸特征 1

图 8.11.3　截面草图

Step3. 创建图 8.11.4 所示的倒角特征 1。选取图 8.11.4a 所示的模型边线为倒角的对象，输入倒角值 1.5。

a）倒角前　　　　　　　　　　　　　　　　　　　　b）倒角后

图 8.11.4　倒角特征 1

Step4. 创建草图 1。选取 XY 平面作为草图平面，绘制图 8.11.5 所示的草图。

Step5. 创建图 8.11.6 所示的螺旋扫掠特征 1。在 **创建** 区域中单击 ▤**螺旋扫掠** 按钮，选取图 8.11.7 所示的线定义为旋转轴，然后在"螺旋扫掠"对话框中将布尔运算类型设置为"求差"类型 🗗，单击 **螺旋规格** 选项卡，在 **类型** 下拉列表中选择 **螺距和高度** 选项，在 **螺距** 文本框中输入数值 1.5，在 **高度** 文本框中输入数值 46，单击"螺旋扫掠"对话框中的 **确定** 按钮，完成螺旋扫掠特征的创建。

图 8.11.5　草图　　　　图 8.11.6　螺旋扫掠特征 1　　　　图 8.11.7　定义旋转轴

Step6. 创建图 8.11.8 所示的拉伸特征 2。在 创建 区域中单击 按钮，选取图 8.11.9 所示的模型表面作为草图平面，绘制图 8.11.10 所示的截面草图，在"拉伸"对话框 范围 区域的下拉列表中选择 距离 选项，并输入距离值 12.5，将拉伸方向设置为"方向 1"类型 ，单击"拉伸"对话框中的 确定 按钮，完成拉伸特征 2 的创建。

图 8.11.8　拉伸特征 2　　　　图 8.11.9　草图平面　　　　图 8.11.10　截面草图

Step7. 创建图 8.11.11 所示的旋转特征 1。在 创建 区域中选择 命令，选取 XY 平面为草图平面，绘制图 8.11.12 所示的截面草图；在"旋转"对话框中将布尔运算类型设置为"求差"类型 ，在"旋转"对话框 范围 区域的下拉列表中选中 全部 选项；单击"旋转"对话框中的 确定 按钮，完成旋转特征 1 的创建。

图 8.11.11　旋转特征 1　　　　图 8.11.12　截面草图

Step8. 保存模型文件，并命名为 bolt。

# 8.12　Inventor 曲面产品设计实际应用 2

【范例概述】本范例详细介绍了叶轮的设计过程，其设计过程是将草绘曲线向曲面上投影，然后根据投影曲线生成曲面，最后将曲面加厚生成实体。零件实体模型如图 8.12.1 所示。

图 8.12.1　零件模型

Step1. 新建一个零件模型，进入建模环境。

Step2. 创建图 8.12.2 所示的拉伸特征 1。在 创建 区域中单击 ⬚ 按钮，选取 XZ 平面作为草图平面，绘制图 8.12.3 所示的截面草图，在"拉伸"对话框 范围 区域的下拉列表中选择 距离 选项，并输入距离值 20，将拉伸方向设置为"方向 1"类型 ↗，单击"拉伸"对话框中的 确定 按钮，完成拉伸特征 1 的创建。

Step3. 创建图 8.12.4 所示的偏移曲面 1。在 修改 ▼ 区域中单击 ◇ 按钮，选取图 8.12.5 所示的曲面为要偏移的曲面；在 输出 区域中选择类型为"曲面"选项 ▱；在 距离 文本框中输入数值 50，单击 确定 按钮，完成偏移曲面 1 的创建。

图 8.12.2　拉伸特征 1

图 8.12.3　截面草图

图 8.12.4　偏移曲面 1

选取此面

图 8.12.5　选取偏移面

Step4. 创建图 8.12.6 所示的工作平面 1。在 定位特征 区域中单击"平面"按钮 ▱ 下的 平面 ▼，选择 ▱ 从平面偏移 命令；选取 YZ 平面作为参考平面，输入要偏距的距离为 80；单击 ✓ 按钮，完成工作平面 1 的创建。

Step5. 创建图 8.12.7 所示的工作平面 2。在 定位特征 区域中单击"平面"按钮 ▱ 下的 平面 ▼，选择 ▱ 平面绕边旋转的角度 命令；选取 XY 平面作为参考平面，选取 Y 轴作为旋转轴，输入要偏距的距离为-30；单击 ✓ 按钮，完成工作平面 2 的创建。

Step6. 创建图 8.12.8 所示的工作平面 3。在 定位特征 区域中单击"平面"按钮 ▱ 下的 平面 ▼，选择 ▱ 平面绕边旋转的角度 命令；选取工作平面 2 作为参考平面，选取 Y 轴作为旋转轴，输入要偏距的距离为 60；单击 ✓ 按钮，完成工作平面 3 的创建。

图 8.12.6　工作平面 1

图 8.12.7　工作平面 2

图 8.12.8　工作平面 3

Step7. 创建图 8.12.9 所示的相交曲线 1。单击 草图 区域中的 开始创建二维草图 按钮，选择 开始创建 三维草图 命令；在 绘制▼ 区域中选择"相交曲线"命令 ；选取偏移曲面 1 与工作平面 2 作为相交的对象；单击 确定 按钮，完成相交曲线 1 的创建。

Step8. 创建图 8.12.10 所示的相交曲线 2。在 绘制▼ 区域中选择"相交曲线"命令 ；选取偏移曲面 1 与工作平面 3 作为相交的对象；单击 确定 按钮，完成相交曲线 2 的创建。

Step9. 创建图 8.12.11 所示的相交曲线 3。在 绘制▼ 区域中选择"相交曲线"命令 ；选取图 8.12.11 所示的圆柱面与工作平面 2 作为相交的对象；单击 确定 按钮，完成相交曲线 3 的创建。

Step10. 创建图 8.12.12 所示的相交曲线 4。在 绘制▼ 区域中选择"相交曲线"命令 ；选取图 8.12.12 所示的圆柱面与工作平面 3 作为相交的对象；单击 确定 按钮，完成相交曲线 4 的创建，并退出三维草图绘制环境。

图 8.12.9　相交曲线 1

图 8.12.10　相交曲线 2

选取此面
图 8.12.11　相交曲线 3

选取此面
图 8.12.12　相交曲线 4

Step11. 创建草图 1。选取工作平面 1 作为草图平面，绘制图 8.12.13 所示的草图 1。

Step12. 创建草图 2。选取工作平面 1 作为草图平面，绘制图 8.12.14 所示的草图 2。

图 8.12.13　草图 1

图 8.12.14　草图 2

Step13. 创建图 8.12.15 所示的投影曲线 1。单击 草图 区域中的 开始创建二维草图 按钮，选择 开始创建 三维草图 命令；在 绘制▼ 区域中选择"投影到曲面"命令 ；选取偏移曲面 1 作为投影面；单击 曲线 按钮，选取草图 1 作为投影曲线；单击 确定 按钮，完成投影曲线 1 的创建。

Step14. 创建图 8.12.16 所示的投影曲线 2。在 绘制▼ 区域中选择"投影到曲面"命令 ；选取拉伸特征 1 的柱面作为投影面；单击 曲线 按钮，选取草图 2 作为投影曲线；单击 确定 按钮，完成投影曲线 2 的创建，并退出三维草图绘制环境。

图 8.12.15　投影曲线 1

图 8.12.16　投影曲线 2

Step15. 创建图 8.12.17 所示的三维草图——直线 1 与直线 2。

Step16. 创建图 8.12.18 所示的边界嵌片，在 曲面 区域中单击 按钮，依次选取投影曲线 1、直线 1、投影曲线 2、直线 2 作为边界条件；单击 确定 按钮，完成边界嵌片的创建。

图 8.12.17 三维草图

图 8.12.18 边界嵌片

Step17. 创建 8.12.19 所示的曲面的加厚。在 修改 ▼ 区域中单击 按钮，选取边界嵌片作为加厚的曲面；在对话框 距离 文本框中输入数值 1.5，将加厚方向设置为"对称"类型 ；单击 确定 按钮，完成曲面的加厚。

Step18. 创建图 8.12.20 所示的圆角 1。选取图 8.12.21 所示的模型边线为倒圆的对象，圆角半径为 8。

图 8.12.19 加厚

图 8.12.20 圆角 1

图 8.12.21 倒圆对象

Step19. 创建图 8.12.22 所示的圆角 2，圆角半径为 0.5。

Step20. 创建图 8.12.23 所示的环形阵列。在 阵列 区域中单击 按钮，单击"阵列实体"按钮 ；选取 Y 轴为环形阵列轴，定义阵列个数为 4，阵列角度为 360°，单击 确定 按钮，完成环形阵列的创建。

图 8.12.22 圆角 2

图 8.12.23 环形阵列

Step21. 创建图 8.12.24 所示的拉伸特征 2。在 创建 区域中单击 按钮，选取 XZ 平面作为草图平面，绘制图 8.12.25 所示的截面草图，在"拉伸"对话框中将布尔运算类型设置为"求并"类型 ，在 范围 区域的下拉列表中选择 距离 选项，并输入距离值 20，将拉伸方向设置为"方向 1"类型 ，单击对话框中的 确定 按钮，完成拉伸特征 2 的创建。

图 8.12.24　拉伸特征 2　　　　　　　　　图 8.12.25　截面草图

Step22. 创建图 8.12.26 所示的圆角 3，选取图 8.12.27 所示的模型边线为倒圆的对象，圆角半径为 0.5。

图 8.12.26　圆角 3　　　　　　　　　　　图 8.12.27　倒圆对象

Step23. 保存模型文件，并命名为 impeller。

# 8.13　Inventor 曲面产品设计实际应用 3

【范例概述】本范例主要介绍了放样曲面的应用技巧。先用放样命令构建模型的一个曲面，然后通过镜像命令产生另一侧曲面，模型的前后曲面也为放样曲面。练习时，注意放样曲面之间是如何相切过渡的。零件模型如图 8.13.1 所示。

图 8.13.1　零件模型

Step1. 新建一个零件模型，进入建模环境。

Step2. 创建图 8.13.2 所示的工作平面 1（本步的详细操作过程请参见随书光盘 video 文件夹中对应章节的语音视频讲解文件）。

Step3. 创建图 8.13.3 所示的草图 1。在 三维模型 选项卡 草图 区域单击 按钮，选取工作平面 1 作为草图平面，绘制图 8.13.3 所示的草图 1。

Step4. 创建图 8.13.4 所示的草图 2。在 三维模型 选项卡 草图 区域单击 按钮，选取工作平面 1 作为草图平面，绘制图 8.13.5 所示的草图 2。

图 8.13.2 工作平面 1

图 8.13.3 草图 1

图 8.13.4 草图 2（建模环境）

Step5. 创建图 8.13.6 所示的草图 3。在 三维模型 选项卡 草图 区域单击 按钮，选取 XZ 平面作为草图平面，绘制图 8.13.7 所示的草图 3。

图 8.13.5 草图 2（草图环境）

图 8.13.6 草图 3（建模环境）

图 8.13.7 草图 3（草图环境）

Step6. 创建图 8.13.8 所示的放样曲面 1。在 创建 区域中单击 放样 按钮，系统弹出"放样"对话框；在绘图区域选取图 8.13.9 所示的草图 2 与草图 1 为轮廓；在绘图区域选取图 8.13.9 所示的草图 3 为轨道；在"放样"对话框 输出 区域确认"曲面"按钮 被按下；单击 确定 按钮，完成放样曲面 1 的创建。

图 8.13.8 放样曲面 1

图 8.13.9 选取轮廓

Step7. 创建图 8.13.10 所示的镜像 1。在 阵列 区域中单击"镜像"按钮 ；在图形区中选取要镜像复制的放样特征（或在浏览器中选择"放样曲面 1"特征）；单击"镜像"对话框中的 镜像平面 按钮，然后选取 XY 平面作为镜像中心平面；单击"镜像"对话框中的 确定 按钮，完成镜像 1 的操作。

a）镜像前                                                              b）镜像后

图 8.13.10　镜像 1

Step8. 创建图 8.13.11 所示的工作平面 2。在 定位特征 区域中单击"平面"按钮 下的 平面 ，选择 从平面偏移 命令；选取 XZ 平面作为参考平面，输入要偏距的距离为 400；单击 按钮，完成工作平面 2 的创建。

Step9. 创建图 8.13.12 所示的草图 4。在 三维模型 选项卡 草图 区域单击 按钮，选取工作平面 2 作为草图平面，绘制图 8.13.13 所示的草图 4。

说明：图 8.13.12 所示的各圆弧之间均有相切的约束关系。

图 8.13.11　工作平面 2　　　图 8.13.12　草图 4（建模环境）　　　图 8.13.13　草图 4（草图环境）

Step10. 创建图 8.13.14 所示的草图 5。在 三维模型 选项卡 草图 区域单击 按钮，选取 XZ 平面作为草图平面，绘制图 8.13.15 所示的草图 5。

说明：图 8.13.14 所示的各圆弧之间均有相切的约束关系。

Step11. 创建图 8.13.16 所示的放样曲面 2。在 创建 区域中单击 放样 按钮，系统弹出"放样"对话框；在绘图区域选取图 8.13.17 所示的草图 4 与草图 5 为轮廓；在绘图区域选取图 8.13.17 所示的边界 1 与边界 2 为轨道；单击 条件 选项卡，将边界 1 与边界 2 的条件设置为"方向条件" ；在"放样"对话框 输出 区域确认"曲面"按钮 被按下；单击 确定 按钮，完成放样曲面 2 的创建。

图 8.13.14　草图 5（建模环境）　　图 8.13.15　草图 5（草图环境）　　图 8.13.16　放样曲面 2

Step12. 创建图 8.13.18 所示的草图 6。在 三维模型 选项卡 草图 区域单击 按钮，选取工作平面 2 作为草图平面，绘制图 8.13.19 所示的草图 6。

图 8.13.17　定义轮廓与轨迹　　图 8.13.18　草图 6（建模环境）　　图 8.13.19　草图 6（草图环境）

说明：图 8.13.18 所示的各圆弧之间均有相切的约束关系。

Step13. 创建图 8.13.20 所示的草图 7。在 三维模型 选项卡 草图 区域单击 按钮，选取 XZ 平面作为草图平面，绘制图 8.13.21 所示的草图 7。

说明：图 8.13.20 所示的各圆弧之间均有相切的约束关系。

Step14. 创建图 8.13.22 所示的放样曲面 3。在 创建 区域中单击 放样 按钮，系统弹出"放样"对话框；在绘图区域选取图 8.13.23 所示的草图 6 与草图 7 为轮廓；在绘图区域选取图 8.13.23 所示的边界 1 与边界 2 为轨道；单击 条件 选项卡，将边界 1 与边界 2 的条件设置为"方向条件" ；在"放样"对话框 输出 区域确认"曲面"按钮 被按下；单击 确定 按钮，完成放样曲面 3 的创建。

图 8.13.20　草图 7（建模环境）　　图 8.13.21　草图 7（草图环境）　　图 8.13.22　放样曲面 3

Step15. 创建缝合曲面 1。在 曲面 区域中单击"缝合"按钮 ，系统弹出"缝合"对话框；在系统 选择要缝合的实体 的提示下选取放样曲面 1、镜像 1、放样曲面 2 和放样曲面 3 作为缝合对象；在该对话框中先后单击 应用 及 完毕 按钮，完成缝合曲面的创建。

Step16. 创建图 8.13.24 所示的加厚 1。在 修改 ▼ 区域中单击"加厚/偏移"按钮 ，系统弹出"加厚/偏移"对话框；在"加厚/偏移"对话框中选中 缝合曲面 单选项，然后选取缝合曲面 1 为要加厚的曲面；在"加厚/偏移"对话框 输出 区域中选择"实体" ；在"加厚/偏移"对话框 距离 文本框中输入数值 3.0，将偏移方向设置为"方向 1"类型 （向模型内部）；单击 确定 按钮，完成加厚 1 的创建。

图 8.13.23　定义轮廓与轨迹　　　　　图 8.13.24　加厚 1

Step17. 至此，零件模型创建完毕。选择下拉菜单 文件 ➡ 保存 命令，命名为 INSTANCE_BOOT，即可保存零件模型。

# 8.14　Inventor 曲面产品设计实际应用 4

【范例概述】本范例主要介绍水嘴旋钮的设计过程。通过学习本例，读者可以掌握一般曲面创建的思路：先创建一系列草绘曲线，再利用草绘曲线构建出多个曲面，然后利用缝合等工具将曲面合并成一个整体曲面，最后将整体曲面转变成实体模型。零件模型如图 8.14.1 所示。

从 A 向查看
图 8.14.1　零件模型

说明：本范例前面的详细操作过程请参见随书光盘 video 文件夹中对应章节的语音视频讲解文件。

Step1. 打开文件 D:\inv19.1\work\ch08.14\faucet_knob_ex.psm。

Step2. 创建图 8.14.2 所示的拉伸曲面 1。在 创建 区域中单击 按钮，单击"截面轮廓"按钮 ，选取草图 2 作为拉伸曲面的截面轮廓，在 输出 区域中选择类型为"曲面" ，输入拉伸距离为 10，并将拉伸方向设置为"方向 2"类型 ，单击"拉伸"对话框中的 确定 按钮，完成拉伸曲面 1 的创建。

Step3. 创建图 8.14.3 所示的拉伸曲面 2。在 创建 区域中单击 按钮，单击"截面轮廓"按钮 ，选取草图 3 作为拉伸曲面的截面轮廓，在 输出 区域中选择类型为"曲面" ，输入拉伸距离为 10，并将拉伸方向设置为"方向 1"类型 ，单击"拉伸"对话框中的 确定 按钮，完成拉伸曲面 2 的创建。

Step4. 创建图 8.14.4 所示的边界嵌片 1。在 曲面 区域中单击 按钮，依次选取草图 1、边 1 与边 2 作为边界条件，在 条件 区域将边 1 与边 2 的边界条件调整为"相切条件" ；单击 确定 按钮，完成边界嵌片 1 的创建。

图 8.14.2 拉伸曲面 1

图 8.14.3 拉伸曲面 2

图 8.14.4 边界嵌片 1

Step5. 创建图 8.14.5 所示的镜像 1。在 阵列 区域中单击"镜像"按钮 ，选取边界嵌片 1 为要镜像的特征，然后选取 YZ 平面作为镜像中心平面，单击"镜像"对话框中的 确定 按钮，完成镜像操作。

Step6. 创建图 8.14.6 所示的缝合曲面 1。在 曲面 区域中单击 按钮，选取边界嵌片 1 与镜像 1 作为缝合对象；先后单击 应用 及 完毕 按钮，完成缝合曲面 1 的创建。

Step7. 创建边界嵌片 2，在 曲面 区域中单击 按钮，选取图 8.14.7 所示缝合曲面 1 的边线作为边界条件；单击 确定 按钮，完成边界嵌片 2 的创建。

图 8.14.5 镜像 1

图 8.14.6 缝合曲面 1

图 8.14.7 边界嵌片 2

Step8. 创建图 8.14.8 所示的缝合曲面 2。在 曲面 区域中单击 按钮，选取边界嵌片 2 与缝合曲面 1 作为缝合对象；先后单击 应用 及 完毕 按钮，完成缝合曲面 2 的创建。

Step9. 创建图 8.14.9 所示的环形阵列。在 阵列 区域中单击 按钮，选取缝合曲面 2 为要阵列的特征，选取 Y 轴为环形阵列轴，阵列个数为 4，阵列角度为 360°，单击 确定 按钮，完成环形阵列的创建。

Step10. 创建边界嵌片 3，在 曲面 区域中单击 按钮，选取图 8.14.10 所示的模型边线作为边界条件；单击 确定 按钮，完成边界嵌片 3 的创建。

图 8.14.8　缝合曲面 2

图 8.14.9　环形阵列

图 8.14.10　边界嵌片 3

Step11. 创建图 8.14.11 所示的缝合曲面 3。在 曲面 区域中单击 按钮，选取边界嵌片 3 与旋转曲面 1 作为缝合对象；先单击 应用 按钮，再单击 完毕 按钮，完成缝合曲面 3 的创建。

Step12. 创建图 8.14.12 所示的拉伸切除特征。在 创建 区域中单击 按钮，选取 XZ 平面作为草图平面，绘制图 8.14.13 所示的截面草图；在"拉伸"对话框将布尔运算设置为"求差"类型 ；输入拉伸距离为 12，并将拉伸方向设置为"方向 1"类型 ，单击"拉伸"对话框中的 确定 按钮，完成拉伸切除特征的创建。

图 8.14.11　缝合曲面 3

图 8.14.12　拉伸切除特征

图 8.14.13　截面草图

Step13. 创建图 8.14.14 所示的倒角 1。选取图 8.14.14a 所示的模型边线为倒角的对象，输入倒角值 1。

a）倒角前　　　　　　　　b）倒角后

图 8.14.14　倒角 1

Step14. 创建图 8.14.15 所示的圆角 2。选取图 8.14.15a 所示的模型边线为圆角的对象，输入圆角半径为 2。

a) 圆角前

b) 圆角后

图 8.14.15 圆角 2

Step15. 创建图 8.14.16 所示的圆角 3。选取图 8.14.16a 所示的模型边线为圆角的对象，输入圆角半径为 2。

a) 圆角前

b) 圆角后

图 8.14.16 圆角 3

Step16. 保存模型文件。

# 8.15　Inventor 曲面产品设计实际应用 5

【范例概述】本范例主要介绍充电器上盖的设计过程。通过本例，读者可以掌握一般曲面创建的思路：先创建一系列草绘曲线，再利用草绘曲线构建出多个曲面，然后利用缝合等工具将曲面合并成一个整体曲面，最后将整体曲面转变成实体模型。零件模型如图 8.15.1 所示。

从 A 向查看

图 8.15.1 零件模型

说明：本范例前面的详细操作过程请参见随书光盘 video 文件夹中对应章节的语音视频讲解文件。

Step1. 打开文件 D:\inv19.1\work\ch08.15\upper_cover_ex.psm。

Step2. 创建图 8.15.2 所示曲面的修剪 3，在 曲面 区域中单击 ✂ 按钮；选取图 8.15.3 所示的曲面作为修剪工具，再选取图 8.15.3 所示要删除的面；单击 确定 按钮，完成曲面的修剪 3。

图 8.15.2　修剪 3

图 8.15.3　定义修剪工具及删除面

Step3. 创建图 8.15.4 所示曲面的修剪 4，在 曲面 区域中单击 按钮；选取图 8.15.5 所示的曲面作为修剪工具，再选取图 8.15.5 所示要删除的面；单击 确定 按钮，完成曲面的修剪 4。

图 8.15.4　修剪 4

图 8.15.5　定义修剪工具及删除面

Step4. 创建图 8.15.6 所示的缝合曲面 1。在 曲面 区域中单击 按钮，选取拉伸曲面 1 与放样曲面 1 作为缝合对象；先后单击 应用 及 完毕 按钮，完成缝合曲面 1 的创建。

Step5. 创建图 8.15.7 所示曲面的修剪 5，在 曲面 区域中单击 按钮；选取图 8.15.8 所示的曲面作为修剪工具，再选取图 8.15.8 所示要删除的面；单击 确定 按钮，完成曲面的修剪 5。

图 8.15.6　缝合曲面 1

图 8.15.7　修剪 5

图 8.15.8　定义修剪工具及删除面

Step6. 创建缝合曲面 2。在 曲面 区域中单击 按钮，选取缝合曲面 1 与放样曲面 2 作为缝合对象；先后单击 应用 及 完毕 按钮，完成缝合曲面 2 的创建。

Step7. 创建圆角 1。选取图 8.15.9 所示的模型边线为倒圆的对象，圆角半径为 5。

Step8. 创建圆角 2。选取图 8.15.10 所示的模型边线为倒圆的对象，圆角半径为 3。

图 8.15.9　圆角 1　　　　　　　　　图 8.15.10　圆角 2

Step9. 创建图 8.15.11 所示的工作平面 3。在 定位特征 区域中单击"平面"按钮 下的 平面 ，选择 从平面偏移 命令；选取 YZ 平面作为参考平面，输入要偏距的距离为 25；单击 按钮，完成工作平面 3 的创建。

Step10. 创建图 8.15.12 所示的工作平面 4。在 定位特征 区域中单击"平面"按钮 下的 平面 ，选择 从平面偏移 命令；选取图 8.15.12 所示的模型表面作为参考平面，输入要偏移的距离为 25；单击 按钮，完成工作平面 4 的创建。

图 8.15.11　工作平面 3　　　　　　　图 8.15.12　工作平面 4

Step11. 创建草图 7。选取工作平面 3 作为草图平面，绘制图 8.15.13 所示的草图 7。

Step12. 创建草图 8。选取工作平面 4 作为草图平面，绘制图 8.15.14 所示的草图 8。

图 8.15.13　草图 7　　　　　　　　　图 8.15.14　草图 8

Step13. 创建图 8.15.15 所示的草图 9。选取 XY 平面作为草图平面，绘制图 8.15.16 所示的草图 9。

图 8.15.15　草图 9（建模环境）　　　　图 8.15.16　草图 9（草绘环境）

Step14. 创建图 8.15.17 所示的放样曲面 3。在 创建 区域中单击 放样 按钮，在 输出 区域中选择类型为"曲面" ；依次选取草图 7 与草图 8；选择"中心线" 选项，选取草图 9，单击 确定 按钮，完成放样曲面 3 的创建。

Step15. 创建草图 10。选取工作平面 3 作为草图平面，绘制图 8.15.18 所示的草图 10。

Step16. 创建图 8.15.19 所示的边界嵌片 1，在 曲面 区域中单击 按钮，选取草图 10 作为边界条件；单击 确定 按钮，完成边界嵌片 1 的创建。

图 8.15.17　放样曲面 3

图 8.15.18　草图 10

图 8.15.19　边界嵌片 1

Step17. 创建草图 11。选取工作平面 4 作为草图平面，绘制图 8.15.20 所示的草图 11。

Step18. 创建图 8.15.21 所示的边界嵌片 2，在 曲面 区域中单击 按钮，选取草图 10 作为边界条件；单击 确定 按钮，完成边界嵌片 2 的创建。

图 8.15.20　草图 11

图 8.15.21　边界嵌片 2

Step19. 创建图 8.15.22 所示曲面的修剪 6，在 曲面 区域中单击 按钮；选取图 8.15.23 所示的放样曲面 3 作为修剪工具，再选取图 8.15.23 所示要删除的面；单击 确定 按钮，完成曲面的修剪 6。

图 8.15.22　修剪 6

图 8.15.23　定义修剪工具及删除面

Step20. 创建图 8.15.24 所示曲面的修剪 7，在 曲面 区域中单击 按钮；选取图 8.15.25 所示的放样曲面 3 作为修剪工具，再选取图 8.15.25 所示要删除的面；单击 确定 按钮，完成曲面的修剪 7。

Step21. 创建图 8.15.26 所示的缝合曲面 3。在 曲面 区域中单击 按钮，选取放样曲面 3、边界嵌片 1 与边界嵌片 2 作为缝合对象；先后单击 应用 及 完毕 按钮，完成缝合曲面 3 的创建。

Step22. 创建图 8.15.27 所示曲面的修剪 8，在 曲面 区域中单击 ✂ 按钮；选取图 8.15.26 所示的缝合曲面 3 作为修剪工具，再选取图 8.15.28 所示要删除的面；单击 确定 按钮，完成曲面的修剪 8。

图 8.15.24 修剪 7

图 8.15.25 定义修剪工具及删除面

图 8.15.26 缝合曲面 3

图 8.15.27 修剪 8

图 8.15.28 定义修剪工具及删除面

Step23. 创建图 8.15.29 所示曲面的修剪 9，在 曲面 区域中单击 ✂ 按钮；选取图 8.15.26 所示的缝合曲面 3 作为修剪工具，再选取图 8.15.30 所示要删除的面；单击 确定 按钮，完成曲面的修剪 9。

图 8.15.29 修剪 9

图 8.15.30 定义修剪工具及删除面

Step24. 创建图 8.15.31 所示的缝合曲面 4。在 曲面 区域中单击 ▤ 按钮，选取缝合曲面 2 与缝合曲面 3 作为缝合对象；先后单击 应用 及 完毕 按钮，完成缝合曲面 4 的创建。

Step25. 创建圆角 3。选取图 8.15.32 所示的模型边线为圆角对象，圆角半径为 1.5。

Step26. 创建圆角 4。选取图 8.15.33 所示的模型边线为圆角对象，圆角半径为 3。

图 8.15.31 缝合曲面 4

图 8.15.32 圆角 3

图 8.15.33 圆角 4

Step27. 创建图 8.15.34 所示的镜像 1。在 阵列 区域中单击"镜像"按钮 ，选取缝合曲面 4、圆角 3 与圆角 4 作为要镜像的特征，然后选取 XY 平面作为镜像中心平面，单击"镜像"对话框中的 确定 按钮，完成镜像 1 的操作。

Step28. 创建图 8.15.35 所示的缝合曲面 5。在 曲面 区域中单击 按钮，选取缝合曲面 2 与缝合曲面 3 作为缝合对象；先后单击 应用 及 完毕 按钮，完成缝合曲面 5 的创建。

Step29. 创建图 8.15.36 所示曲面的加厚。在 曲面 区域中单击 按钮，选择 缝合曲面 选项，选取整个缝合曲面作为加厚的曲面，在"距离"下拉列表中输入数值 1，选择加厚方向为"对称"类型 ；单击 确定 按钮，完成曲面的加厚。

图 8.15.34　镜像 1

图 8.15.35　缝合曲面 5

图 8.15.36　加厚

Step30. 创建图 8.15.37 所示的拉伸切除特征 1。在 创建 区域中单击 按钮，选取 XY 平面作为草图平面，绘制图 8.15.38 所示的截面草图；在"拉伸"对话框将布尔运算设置为"求差"类型 ；在 范围 下拉列表中选择 贯通 选项，并将拉伸方向设置为"对称"类型 ，单击"拉伸"对话框中的 确定 按钮，完成拉伸切除特征 1 的创建。

图 8.15.37　拉伸切除特征 1

图 8.15.38　截面草图

Step31. 创建草图 12。选取 XY 平面作为草图平面，绘制图 8.15.39 所示的草图 12。

Step32. 创建图 8.15.40 所示的扫掠 1。在 创建 区域中单击"扫掠"按钮 扫掠 ，选取图 8.15.41 所示的模型边线作为扫掠轨迹，在"扫掠"对话框 类型 区域的下拉列表中选择 路径 ，其他参数接受系统默认，单击"扫掠"对话框中的 确定 按钮，完成扫掠 1 的创建。

图 8.15.39　草图 12　　　　　　　　　　　　　　图 8.15.40　扫掠 1

图 8.15.41 选取模型边线

Step33. 创建图 8.15.42 所示的拉伸特征 2。在 创建 区域中单击 按钮，选取 YZ 平面作为草图平面，绘制图 8.15.43 所示的截面草图；在"拉伸"对话框将布尔运算设置为"求差"类型 ；在 范围 下拉列表中选择 贯通 选项，并将拉伸方向设置为"方向 1"类型 ，单击"拉伸"对话框中的 确定 按钮，完成拉伸特征 2 的创建。

图 8.15.42 拉伸特征 2

图 8.15.43 截面草图

Step34. 保存模型文件，并命名为 upper_cover。

# 8.16 Inventor 曲面产品设计实际应用 6

【范例概述】本范例介绍了在曲面上创建文字的一般方法，其操作过程是先在平面上创建草绘文字，然后将其印贴到曲面上。零件模型如图 8.16.1 所示。

图 8.16.1 零件模型

说明：本范例前面的详细操作过程请参见随书光盘 video 文件夹中对应章节的语音视频讲解文件。

Step1. 打开文件 D:\inv19.1\work\ch08.16\曲面上创建文字_ex.ipt。

Step2. 创建图 8.16.2 所示的平面 1。在 定位特征 区域中单击"平面"按钮 下的 平面 ，选择 与曲面相切且平行于平面 命令；在绘图区域选取图 8.16.3 所示的圆柱面与 XY 平面作为参考平面。

Step3. 创建图 8.16.4 所示的草图 2。在 三维模型 选项卡 草图 区域单击 按钮，选取平面 1 作为草图平面，单击 草图 功能选项卡 绘制 区域中的 A 文本 按钮，在绘图区域合适的位置单击，系统弹出图 8.16.5 所示的"文本格式"对话框，设置图 8.16.5 所示的参数，单击 确定 按钮，系统返回到草绘环境，添加图 8.16.4 所示的定位尺寸，绘制图 8.16.4 所示的草图 2。

图 8.16.2　平面 1

图 8.16.3　参考面

图 8.16.4　草图 2

图 8.16.5　"文本格式"对话框

Step4. 创建图 8.16.6 所示的凸雕特征 1。单击 三维模型 功能区域选项卡 创建 区域中的 凸雕 按钮；选取图 8.16.4 所示的草图 2；调整方向至图 8.16.7 所示。在 深度 下拉列表中输入数值 3.00；在"凸雕"对话框中选中 ☑ 折叠到面 复选框，然后选取图 8.16.8 所示的面；单击"凸雕"对话框中的 确定 按钮，完成凸雕特征 1 的创建。

图 8.16.6　凸雕特征 1

图 8.16.7　定义方向

图 8.16.8　定义折叠面

Step5. 保存模型文件。选择下拉菜单 文件 ➡ 保存 命令，文件名称为"曲面上创建文字"。

# 8.17　Inventor 曲面产品设计实际应用 7

【范例概述】本范例介绍了一款面板的设计过程。本例模型外形比较规则，所以在设计过程中只需绘制相应的特性曲线就足以对产品的外形有很充分的控制。要注意的是本例利用镜像方法得到模型整体，这就对特征曲线的绘制提出比较高的要求，因为镜像后不能有很生硬的过渡。在模型的设计过程中对此有比较好的处理方法，当然这种方法不只是在此例中才适用，更不是唯一的。零件模型如图 8.17.1 所示。

图 8.17.1　零件模型

说明：本范例前面的详细操作过程请参见随书光盘 video 文件夹中对应章节的语音视频讲解文件。

Step1. 打开文件 D:\inv19.1\work\ch08.17\face_cover_ex.ipt。

Step2. 创建图 8.17.2 所示的工作平面 1（本步的详细操作过程请参见随书光盘 video 文件夹中对应章节的语音视频讲解文件）。

Step3. 创建图 8.17.3 所示的草图 2。在 三维模型 选项卡 草图 区域单击 按钮，然后选择工作平面 1 为草图平面，系统进入草图设计环境；绘制图 8.17.4 所示的草图 2，单击 按钮，退出草绘环境。

图 8.17.2　工作平面 1

图 8.17.3　草图 2（建模环境）

说明：图 8.17.4 所示的点 1 与点 2 处的控制棒均添加有竖直的几何约束。

Step4. 创建图 8.17.5 所示的工作平面 2（本步的详细操作过程请参见随书光盘 video 文件夹中对应章节的语音视频讲解文件）。

图 8.17.4　草图 2（草图环境）　　　　　　　　图 8.17.5　工作平面 2

**Step5.** 创建图 8.17.6 所示的草图 3。在 三维模型 选项卡 草图 区域单击 按钮，然后选择工作平面 2 为草图平面，系统进入草图设计环境；绘制图 8.17.7 所示的草图 3，单击 按钮，退出草绘环境。

图 8.17.6　草图 3（建模环境）　　　　　图 8.17.7　草图 3（草图环境）

**说明：** 图 8.17.7 所示的点 1 与点 2 处的控制棒均添加有竖直的几何约束。

**Step6.** 创建图 8.17.8 所示的草图 4。在 三维模型 选项卡 草图 区域单击 按钮，然后选择 XY 平面作为草图平面，系统进入草图设计环境；绘制图 8.17.9 所示的草图 4，单击 按钮，退出草绘环境。

图 8.17.8　草图 4（建模环境）　　　　　图 8.17.9　草图 4（草图环境）

**Step7.** 创建图 8.17.10 所示的放样 1。在 创建 区域中单击 放样 按钮；依次选取图 8.17.11 所示的曲线 1 为第一个横截面，选取曲线 2 为第二个横截面；选取图 8.17.11 所示的曲线 3、4、5 为轨道线；单击 "放样" 对话框中的 确定 按钮，完成特征的创建。

Step8. 创建图 8.17.12 所示的镜像 1。在 阵列 区域中单击"镜像"按钮 ▷◁，选取"放样 1"为要镜像的特征，然后选取 XY 平面作为镜像中心平面，单击"镜像"对话框中的 确定 按钮，完成镜像 1 的操作。

图 8.17.10 放样 1　　　图 8.17.11 定义截面与轨道　　　图 8.17.12 镜像 1

Step9. 创建缝合曲面 1。在 曲面 区域中单击"缝合曲面"按钮 🗐，在系统 选择要缝合的实体 的提示下选取放样 1 与镜像 1 作为缝合对象，先后单击 应用 及 完毕 按钮，完成缝合曲面的创建。

Step10. 创建图 8.17.13 所示的草图 5。在 三维模型 选项卡 草图 区域单击 🖉 按钮，然后选择工作平面 1 作为草图平面，系统进入草图设计环境；绘制图 8.17.14 所示的草图 5，单击 ✔ 按钮，退出草绘环境。

图 8.17.13 草图 5（建模环境）　　　图 8.17.14 草图 5（草图环境）

Step11. 创建图 8.17.15 所示的草图 6。在 三维模型 选项卡 草图 区域单击 🖉 按钮，然后选择工作平面 2 作为草图平面，系统进入草图设计环境；绘制图 8.17.16 所示的草图 6，单击 ✔ 按钮，退出草绘环境。

图 8.17.15 草图 6（建模环境）　　　图 8.17.16 草图 6（草图环境）

Step12. 创建图 8.17.17 所示的草图 7。在 三维模型 选项卡 草图 区域单击 🖉 按钮，然后选择 XY 平面作为草图平面，系统进入草图设计环境；绘制图 8.17.18 所示的草图 7，单击✅按钮，退出草绘环境。

图 8.17.17　草图 7（建模环境）　　　　图 8.17.18　草图 7（草图环境）

**Step13.** 创建图 8.17.19 所示的放样 2。在 `创建` 区域中单击 `放样` 按钮；在"放样"对话框 `输出` 区域确认"曲面"按钮 被按下；依次选取图 8.17.20 所示的曲线 1 为第一个横截面，选取曲线 2 为第二个横截面；选取图 8.17.20 所示的曲线 3、4 为轨道线；单击"放样"对话框中的 `确定` 按钮，完成放样 2 的创建。

图 8.17.19　放样 2　　　　　　　　图 8.17.20　定义截面与轨道

**Step14.** 创建图 8.17.21 所示的延伸特征 1。在 `三维模型` 选项卡中单击 `曲面 ▾` 按钮，选择 `延伸` 命令，在系统 `选择要延伸的边界边` 的提示下选取图 8.17.22 所示的边线为延伸边线，在 `范围` 区域的下拉列表中选择 `距离` 选项，输入距离值为 2.0，单击 `确定` 按钮，完成延伸特征 1 的创建。

图 8.17.21　延伸特征 1　　　　　　图 8.17.22　定义修剪和延伸边

**Step15.** 创建图 8.17.23 所示的修剪 1。在 `曲面` 区域中单击"修剪"按钮 ，在系统 `选择曲面、工作平面或草图作为切割工具` 的提示下选取图 8.17.24 所示的面为切割工具，在系统

选择要删除的面 的提示下，选取图 8.17.24 所示的面为要删除的面，单击 确定 按钮，完成修剪 1 的创建。

选取该面

a）修剪前　　　　　　　　　　　　b）修剪后

图 8.17.23　修剪 1

放大图

删除面

图 8.17.24　定义删除面

Step16. 创建图 8.17.25 所示的修剪 2，具体操作可参照上一步。

a）修剪前　　　　　　　　　　　　b）修剪后

图 8.17.25　修剪 2

Step17. 后面的详细操作过程请参见随书光盘 video 文件夹中对应章节的语音视频讲解文件。

# 8.18　Inventor 曲面产品设计实际应用 8

【范例概述】本范例介绍了一个简易肥皂盒的设计过程，其采用一体化设计方法，如图 8.18.1 所示。一体化设计是产品设计的重要方法之一，通过建立产品的总体参数或整体造型，实现控制产品的细节设计，采用这种方法可以得到较好的整体造型，许多家用电器（如手机、吹风机以及固定电话等）都可以采用这种方法进行设计。

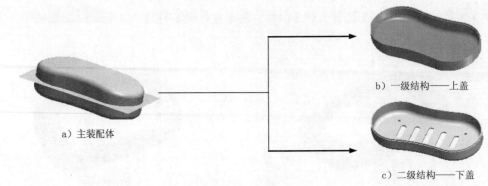

b）一级结构——上盖

a）主装配体

c）二级结构——下盖

图 8.18.1　一体化设计

　　肥皂盒的创建步骤：首先创建主体零件，然后创建肥皂盒的上盖及下盖，最后装配上、下盖形成最终产品。下面介绍具体步骤。

### 1. 创建主体零件

　　本范例的详细操作过程请参见随书光盘中 video\ch08.18\文件下的语音视频讲解文件。模型文件为 D:\inv19.1\work\ch08.18\first.ipt。

### 2. 创建一级结构——肥皂盒上盖

　　Step1. 新建一个零件模型，进入建模环境。

　　Step2. 引入一级控件 first。在 创建 区域中单击 衍生 按钮，打开 first.ipt 文件，单击 确定 按钮。

　　Step3. 创建图 8.18.2 所示的分割特征 1。在 修改 ▼ 区域中单击 分割 按钮；单击 按钮，选取图 8.18.2 所示的曲面为分割工具，调整删除方向为 ，单击 确定 按钮。

　　Step4. 创建图 8.18.3 所示的抽壳特征 1。在 修改 ▼ 区域中单击 抽壳 按钮，在"抽壳"对话框 厚度 文本框中输入数值为 2；选择图 8.18.3a 所示的模型表面为要移除的面；单击对话框中的 确定 按钮，完成抽壳特征 1 的创建。

分割工具

a）分割前

b）分割后

图 8.18.2　分割特征 1

要移除的面

a）抽壳前

b）抽壳后

图 8.18.3　抽壳特征 1

Step5. 创建草图 1。选取 XY 平面作为草图平面，绘制图 8.18.4 所示的草图 1。

图 8.18.4　草图 1

Step6. 创建图 8.18.5 所示的扫掠特征 1。在 创建 区域中单击"扫掠"按钮 扫掠，选取图 8.18.6 所示的模型边线作为扫掠轨迹，在"扫掠"对话框将布尔运算设置为"求差"类型 ，在对话框 类型 区域的下拉列表中选择 路径，其他参数采用系统默认值，单击"扫掠"对话框中的 确定 按钮，完成扫掠特征 1 的创建。

图 8.18.5　扫掠特征 1

图 8.18.6　选择扫掠轨迹

Step7. 保存模型文件，并命名为 cover_up。

### 3. 创建二级结构——肥皂盒下盖

Step1. 新建一个零件模型，进入建模环境。

Step2. 引入一级控件 first。在 创建 区域中单击 衍生 按钮，打开 first.ipt 文件，单击 确定 按钮。

Step3. 创建图 8.18.7 所示的分割特征 1。在 修改 ▼ 区域中单击 分割 按钮；单击 按钮，调整删除方向为"方向 1"类型 ，单击 确定 按钮。

a）分割前　　　　　　　　　　　　　　　　　　　　b）分割后

图 8.18.7　分割特征 1

Step4. 创建图 8.18.8 所示的抽壳特征 1。在 修改 ▼ 区域中单击 抽壳 按钮，在"抽壳"对话框 厚度 文本框中输入厚度值为 2；选择图 8.18.8a 所示的模型表面为要移除的面；单击对话框中的 确定 按钮，完成抽壳特征 1 的创建。

要移除的面

a）抽壳前　　　　　　　　　　　　　　b）抽壳后

图 8.18.8　抽壳特征 1

Step5. 创建草图 1。选取 XY 平面作为草图平面，绘制图 8.18.9 所示的草图 1。

放大图

图 8.18.9　草图 1

Step6. 创建图 8.18.10 所示的扫掠特征 1。在 创建 区域中单击 扫掠 按钮，选取图 8.18.11 所示的模型边线作为扫掠轨迹，在"扫掠"对话框将布尔运算设置为"求差"类型，在对话框 类型 区域的下拉列表中选择 路径 ，其他参数采用系统默认值，单击"扫掠"对话框中的 确定 按钮，完成扫掠特征 1 的创建。

放大图　　　　　　　　　　　　　　　　　　　　放大图

图 8.18.10　扫掠特征 1　　　　　　　　　　图 8.18.11　选择参考边线

Step7. 创建图 8.18.12 所示的拉伸特征 1。在 创建 区域中单击 按钮，选取图 8.18.13 所示的模型表面作为草图平面，绘制图 8.18.14 所示的截面草图；在"拉伸"对话框将布尔运算设置为"求差"类型，在 范围 区域的下拉列表中选择 贯通 选项，并将拉伸方向设置为"方向 1"类型，单击"拉伸"对话框中的 确定 按钮，完成拉伸特征 1 的创建。

草图平面

图 8.18.12　拉伸特征 1　　　　　图 8.18.13　草图平面　　　　　图 8.18.14　截面草图

Step8. 保存模型文件，并命名为 cover_down。

**4．零部件装配**

装配模型和浏览器如图 8.18.15 所示。

从 A 向查看

图 8.18.15　装配模型和浏览器

Step1. 新建一个装配文件，进入装配环境。

Step2. 添加肥皂盒下盖零件模型。在 装配 选项卡 零部件 区域单击 按钮，系统弹出"装入零部件"对话框；在 D:\inv19.1\work\ch08.18 下选取模型文件 cover_ dowm.ipt，再单击 打开(O) 按钮；将鼠标移动至图形区，在绘图区域中右击选择 在原点处固定放置(G) 命令，并按 Esc 键，将模型放置在装配环境中，如图 8.18.16 所示。

Step3. 添加肥皂盒上盖零件模型。

（1）引入零件。在 装配 选项卡 零部件 区域单击 按钮，系统弹出"插入零部件"对话框，在 D:\inv19.1\work\ch08.18 下选取模型文件 cover_up. ipt，再单击 打开(O) 按钮，将鼠标移动至图形区并单击，按 Esc 键，将模型放置在装配环境中，如图 8.18.17 所示。

图 8.18.16　引入下盖

图 8.18.17　引入上盖

（2）放置约束。

① 单击"装配"选项卡 关系 ▼ 区域中的"约束"按钮 （或在"装配"浏览器中右击选择 约束(C) 命令），系统弹出"放置约束"对话框，

② 确定约束类型。在"放置约束"对话框 部件 选项卡的 类型 区域中选中"配合"约束 。

③ 选取约束面。分别选取图 8.18.18 所示的面 1 与面 2 作为约束面。

④ 改变方向。在"放置约束"对话框中确认 被选中。

⑤ 在"放置约束"对话框中单击 应用 按钮，完成第一个装配约束。

图 8.18.18　选取约束面

⑥ 定义第二个约束。分别选取图8.18.19所示的面1与面2作为约束面。单击 应用 按钮，完成第二个装配约束。

图 8.18.19　选取约束面

⑦ 定义第三个约束。分别选取图8.18.20所示的面1与面2作为约束面。单击 应用 按钮，完成第三个装配约束。单击 取消 按钮。

图 8.18.20　选取约束面

Step4. 保存模型文件，并命名为 cover。

# 8.19　习　　题

根据图 8.19.1 所示的零件视图，创建零件模型——鼠标盖。

a）轴测方位 1

b）轴测方位 2

c）轴测方位 3

d）前视图

e）左视图

f）上视图

图 8.19.1 零件视图

# 第 **9** 章 钣 金 设 计

**本章提要**　在机械设计中，钣金件设计占很大的比例。钣金具有质量轻、强度高、导电（能够用于电磁屏蔽）、成本低、大规模量产性能好等特点，目前在电子电器、通信、汽车工业、医疗器械等领域得到了广泛应用，例如在计算机机箱、手机中，钣金是必不可少的组成部分。随着钣金的应用越来越广泛，钣金件的设计变成了产品开发过程中很重要的一环，机械工程师必须熟练掌握钣金件的设计技巧，设计的钣金件既要满足产品的功能和外观等要求，又能使冲压模具制造简单、成本低。本章将介绍 Inventor 钣金设计的基本知识，包括以下内容：

- 钣金设计概述。
- 创建基础特征。
- 钣金的折叠与展开。
- 钣金除料及拐角处理。
- 钣金冲压特征。
- 钣金综合范例。

## 9.1　钣金设计概述

　　钣金件一般是指具有均一厚度的金属薄板零件，机电设备的支撑结构（如电器控制柜）、护盖（如机床的外围护罩）等一般都是钣金件。图 9.1.1 所示为常见的几种钣金零件，与实体零件模型一样，钣金件模型的各种结构也是以特征的形式创建的，但钣金件的设计也有自己独特的规律。

图 9.1.1　常见的几种钣金零件

使用 Inventor 软件创建钣金件的过程大致如下。

Step1. 通过新建一个钣金件模型，进入钣金设计环境。

Step2. 以钣金件所支持或保护的内部零部件大小和形状为基础，创建基础钣金特征。

Step3. 在基础钣金特征创建之后，往往需要在其基础上添加另外的钣金壁，即凸缘、异形板等特征。

Step4. 在钣金模型中，还可以随时添加一些如剪切特征、孔特征和拐角倒角特征等。

Step5. 创建钣金冲压特征，为钣金的折弯做准备。

Step6. 进行钣金的折弯。

Step7. 进行钣金的展平图样的创建。

Step8. 创建钣金件的工程图。

# 9.2　钣金基础特征

## 9.2.1　平板

平板是指其厚度一致的平整薄板，它是一个钣金零件的"基础"，其他的钣金特征（如凸缘、异形板、折弯、剪切等）都要在这个"基础"上构建，因而这个平整的薄板就是钣金件最重要的部分。

### 1. 创建"平板"的两种类型

进入 Inventor 的钣金设计环境后，在软件界面上方会显示图 9.2.1 所示的"钣金"功能选项卡中的"创建"工具栏，该工具栏中包含 Inventor 中几乎所有的钣金特征命令，特征命令的选取方法一般是单击其中的命令按钮。

图 9.2.1　"创建"工具栏

单击"平板"按钮，即可用来构造一个基本特征，也可以用来将特征添加到现有的钣金零件上，如图 9.2.2 所示。

图 9.2.2　平板钣金壁

**2. 创建平板的一般过程**

基本平板特征是创建一个平整的钣金基础特征，在创建钣金零件时，需要先绘制钣金壁的正面轮廓草图（轮廓必须是闭合的），必须定义需要的材料方向。添加平板特征是在已有的钣金壁上创建平整的钣金薄壁材料，其材料方向无须用户定义，系统自动设定为与已存在钣金壁的加厚方向相同。

### Task1. 基本平板特征

下面以图 9.2.3 所示的模型为例，来说明创建基本平板钣金壁的一般操作过程。

Step1. 新建钣金文件。选择下拉菜单 文件 ➡ 新建 ➡ 从模板列表创建文件 命令，系统弹出"新建文件"对话框，选取"Sheet Metal.ipt"钣金件模板，单击 创建 按钮。

说明：除 Step1 中的叙述外，还有两种方法可进入钣金设计环境。

- 首先新建一个实体零件，然后在"零件"对话框中单击 三维模型 选项卡 转换 区域中的"转换为钣金"按钮，即可转换到钣金环境。
- 直接打开一个钣金零件进入钣金设计环境。

Step2. 定义平板特征的截面草图。

（1）选择命令。单击 钣金 功能选项卡 草图 区域中的 按钮。

（2）选取草图平面。在系统 选择平面以创建草图或选择现有草图以进行编辑 的提示下，选取 XZ 平面作为草图平面，进入草图绘制环境。

（3）绘制图 9.2.4 所示的截面草图。

图 9.2.3　创建基本平板特征

图 9.2.4　截面草图

（4）单击 草图 功能选项卡 退出 区域中的"完成草图"按钮，退出草图绘制环境。

Step3. 选择命令。单击 钣金 功能选项卡 创建 区域中的"平板"按钮，系统弹出图 9.2.5 所示的"面"对话框。

图 9.2.5　"面"对话框

Step4. 定义钣金材料方向。在"面"对话框 形状 区域通过单击"偏移"按钮  将钣金材料方向调整至图 9.2.6 所示的方向。

图 9.2.6　定义材料方向

图 9.2.5 所示的"面"对话框中各选项的说明如下。

- 形状 选项卡：用于控制钣金平板截面的选择以及要使用的折弯设置。
  - ☑ ▯ 截面轮廓(P)：用于选择一个或者多个截面轮廓，按照钣金厚度进行拉伸，如果草图中只有一个截面轮廓，系统将自动选择该轮廓。
  - ☑ ▯ 偏移(O)：用于调整钣金材料的方向，如图 9.2.7 所示。
- 展开选项 选项卡：用于设置展开规则。
- 折弯 选项卡：用于设置释放槽的类型参数。

Step5. 单击"面"对话框中的 确定 按钮。

Step6. 定义钣金材料厚度。单击 钣金 功能选项卡 设置 ▾ 区域中的"钣金默认设置"按钮 ▯，系统弹出图 9.2.8 所示的"钣金默认设置"对话框；在 钣金规则(S) 下拉列表中选择 默认_mm 选项，取消选中 ☐ 使用规则中的厚度(R) 复选框，在 厚度(T) 文本框中输入数值为 1.0，其他参数接受系统默认设置，单击 确定 按钮。

图 9.2.7　调整钣金材料方向　　　　图 9.2.8　"钣金默认设置"对话框

图 9.2.8 所示的"钣金默认设置"对话框中各选项的说明如下。

- 钣金规则(S) 区域：用于指定或者修改钣金规则的参数值。
  - ☑ ▱ 按钮：用于编辑钣金规格，单击此按钮，系统会弹出图 9.2.9 所示的"样式和标准编辑器"对话框，在此对话框中可以定义包括"材料""厚度""折弯""拐角"和"展开模式"选项的选择和值，也可以新建一个样式。

☑ ☐ 使用规则中的厚度(R) 选项：用于设置是否使用钣金规则中的默认数值，如果
选中将使用规则值，如果不选中则可以根据需要输入一具体值。

- 材料(M) 区域：用于给当前钣金件指定材料。
- 展开规则(U) 区域：用于设置钣金展开规则，单击 ◢ 按钮，可用于编辑当前选中的
展开规则。

Step7. 保存模型文件。选择下拉菜单 文件 ➡ 🖫 保存 命令，文件名称为 tack。

图 9.2.9　"样式和标准编辑器"对话框

## Task2. 添加平板特征

下面继续以 Task1 的模型为例，来说明添加平板特征的一般操作过程（图 9.2.10）。

Step1. 定义平板特征的截面草图。

（1）选择命令。单击 钣金 功能选项卡 草图 区域中的 ▱ 按钮。

（2）选取草图平面。在系统 选择平面以创建草图或选择现有草图以进行编辑 的提示下，选取图
9.2.10 所示的模型表面作为草图平面，进入草图绘制环境。

（3）绘制图 9.2.11 所示的截面草图。

（4）单击 草图 功能选项卡 退出 区域中的"完成草图"按钮 ✔，退出草图绘制环境。

Step2. 选择命令。单击 钣金 功能选项卡 创建 区域中的"平板"按钮 ▱，系统弹出

"面"对话框。

图 9.2.10　创建附加平板　　　　　　图 9.2.11　截面草图

Step3. 单击"面"对话框中的 确定 按钮，完成平板特征的创建。

## 9.2.2　凸缘

钣金凸缘是在已存在的钣金壁的边缘上创建的折弯，其厚度与原有钣金厚度相同。在创建凸缘特征时，需要先在已存在的钣金中选取某一条边线作为凸缘钣金壁的附着边，其次需要定义凸缘特征的其余参数。

下面以图 9.2.12 所示的模型为例，说明创建凸缘钣金壁的一般操作过程。

a）创建前　　　　　　　　　　　　　　　　b）创建后

图 9.2.12　创建弯边特征

Step1. 打开文件 D:\inv19.1\work\ch09.02.02\practice.ipt。

Step2. 选择命令。单击 钣金 功能选项卡 创建 区域中的"凸缘"按钮 ⬙ ，系统弹出图 9.2.13 所示的"凸缘"对话框。

Step3. 选取附着边。选取图 9.2.14 所示的模型边线为凸缘的附着边。

Step4. 定义凸缘形状属性。在"凸缘"对话框 高度范围 区域的下拉列表中选择 距离 选项，在"距离"下拉列表中输入数值 40.0；在 凸缘角度(A) 文本框中输入数值 90；在 折弯半径(B) 文本框中输入数值 3.0；在 高度基准 区域中单击"从两个外侧面的交线折弯"按钮 ⬛ ，在 折弯位置 区域中单击"折弯面范围之内"按钮 ⬛ 。

图 9.2.13 所示的"凸缘"对话框（一）中的部分选项说明如下。

- ⬛ （边选择模式）按钮：单击该按钮，可用于选择应用于凸缘的一条或者多条独立的边线，如图 9.2.15 所示。

- ⬛ （回路选择模式）按钮：单击该按钮，可用于选择一个边回路，然后将凸缘应用于选定回路的所有边线，如图 9.2.16 所示。

图 9.2.13 "凸缘"对话框（一）

图 9.2.14 定义附着边

图 9.2.15 边选择模式

图 9.2.16 回路选择模式

- （反向）按钮：用于调整凸缘生成的反向，如图 9.2.17 所示。

a）反向前

b）反向后

图 9.2.17 反向按钮

- 凸缘角度(A) 区域：可以输入折弯角度的值，该值是与原钣金所成角度的补角，几种折弯角度如图 9.2.18 所示。

a）30°

b）90°

c）120°

图 9.2.18 设置折弯角度值

- ⬚ （材料外侧）按钮：单击该按钮，弯边的内侧面与附着边平齐。
- 折弯半径(B) 区域：用于设置凸缘折弯半径。
- 高度基准 区域：用于选择定义凸缘高度时选取哪个面作为高度测量基准。
  - ☑ ⬚ 从两个外交面的交线折弯：凸缘的总长是从折弯面的外部虚拟交点处开始计算，直到折弯平面区域端部为止的距离，如图 9.2.19a 所示。
  - ☑ ⬚ 从两个内侧面的交线折弯：凸缘的总长是从折弯面的内部虚拟交点处开始计算，直到折弯平面区域端部为止的距离，如图 9.2.19b 所示。
  - ☑ ⬚ 平行于凸缘终止面：凸缘的总长距离是从折弯面相切虚拟交点处开始计算，直到折弯平面区域的端部为止的距离（只对大于 90° 的折弯有效），如图 9.2.19c 所示。

a）从两个外交面的交线折弯　　b）从两个内侧面的交线折弯　　c）平行于凸缘终止面

图 9.2.19　设置法兰长度选项

  - ☑ ⬚ 对齐与平行：此选项用于控制高度测量值是与凸缘面对齐还是与基础面正交，如图 9.2.20 所示。

a）对齐　　　　　　　　　　　　　　　　　　b）正交

图 9.2.20　对齐与平行选项

- 折弯位置 区域：用于选择相对于包含选定边的面定位折弯。
  - ☑ ⬚ 基础面范围之内：凸缘的外侧面与附着边平齐，如图 9.2.21 所示。
  - ☑ ⬚ 从相邻面折弯：把凸缘特征直接加在基础特征上来创建材料而不改变基础特征尺寸，如图 9.2.22 所示。

图 9.2.21　基础面范围内　　　　　图 9.2.22　从相邻面折弯

☑ 　基础面范围之外：凸缘的内侧面与附着边平齐，如图 9.2.23 所示。

☑ 　从侧面相切的折弯：凸缘圆弧面的相切面与附着边平齐，如图 9.2.24 所示。

图 9.2.23　基础面范围之外　　　　　图 9.2.24　从侧面相切的折弯

● 　按钮：单击此按钮可以指定凸缘的范围。

☑ 　边：用于创建选定平板边的全长的凸缘，如图 9.2.25 所示。

☑ 　宽度：用于从现有面的边上选定一个顶点、工作点、工作平面或者平面作为参考，偏移一定的值来创建指定宽度的凸缘，如图 9.2.26 所示；还可以以选定边的中点为基准创建特定宽度的凸缘，如图 9.2.27 所示。

图 9.2.25　边选项　　　　图 9.2.26　宽度选项 1　　　　图 9.2.27　宽度选项 2

☑ 　偏移量：用于从现有面的边上的两个选定顶点、工作点、工作平面或平面的偏移量创建凸缘，如图 9.2.28 所示。

☑ 　从表面到表面：用于创建通过选定现有的零件几何图元定义凸缘的宽度，效果如图 9.2.29 所示。

图 9.2.28　偏移量选项　　　　　　　图 9.2.29　从表面到表面选项

　　Step5. 定义凸缘折弯属性。在"凸缘"对话框中单击 折弯 选项卡，此选项卡内容接受系统默认设置，如图 9.2.30 所示。

图 9.2.30 "凸缘"对话框(二)

**图 9.2.30** 所示的"凸缘"对话框(二)中的部分选项说明如下。

● **释压形状(S)** 区域:用于设置钣金件中释放槽的类型。

☑ **默认 (线性过渡)**:用于由方形拐角定义折弯释放槽的形状,效果如图 9.2.31 所示。

图 9.2.31 线性过渡类型

☑ **水滴形**:用于创建在凸缘壁的连接处,通过垂直切割主壁材料至折弯线处构建的释放槽,效果如图 9.2.32 所示。

图 9.2.32 水滴形类型

☑ **圆角**:用于创建在凸缘的连接处,将主壁材料切割成矩圆形缺口构建的释放槽,效果如图 9.2.33 所示。

图 9.2.33　圆角类型

- **释压宽度(A)(W)** 对话框：用于定义折弯释压的宽度，在对话框释放槽预览区域标示为"A"。

- **释压深度(B)(D)** 对话框：用于定义折弯释压的深度，在对话框释放槽预览区域标示为"B"。

- **最小余量(M)** 对话框：用于定义沿折弯释压切割允许保留的最小备料的可接受大小。

- **折弯过渡(T)** 区域：用于定义在进行折弯操作时折弯过渡的形式。

  - ☑ **默认（无）**：用于根据几何图元，在选定折弯处相交的两个面的边之间会产生一条样条曲线。

  - ☑ **交点**：用于从与折弯特征的边相交的折弯区域的边上产生一条直线。

  - ☑ **直线**：用于从折弯区域的一条边到另一条边产生一条直线。

  - ☑ **圆弧**：用于从与折弯特征的边相交的折弯区域的边上产生一段圆弧。

  - ☑ **修剪到折弯**：用于将垂直于折弯特征对折弯区域进行切割。

Step6. 单击"凸缘"对话框中的 **确定** 按钮，完成特征的创建。

## 9.2.3　异形板

异形板特征是以扫掠的方式创建钣金壁。在创建异形板特征时需要先绘制钣金壁的侧面轮廓草图，然后给定钣金的宽度值（扫掠轨迹的长度值），则系统将轮廓草图沿指定方向延伸至指定的深度，形成钣金壁。值得注意的是，异形板所使用的草图必须是不封闭的。

### 1. 创建基本异形板

基本异形板是创建一个异形板的钣金基础特征，在创建该钣金特征时，需要先绘制钣金壁的侧面轮廓草图（必须为开放的线条），然后给定钣金厚度和材料方向。下面以图 9.2.34 所示的模型为例，说明创建基本异形板的一般操作过程。

Step1. 新建一个钣金件模型，进入钣金设计环境。

Step2. 定义异形板特征的截面草图。

（1）选择命令。单击 钣金 功能选项卡 草图 区域中的 按钮。

（2）选取草图平面。在系统 选择平面以创建草图或选择现有草图以进行编辑 的提示下，选取 XY 平面作为草图平面，进入草图绘制环境。

（3）绘制图 9.2.35 所示的截面草图。

图 9.2.34 基本异形板

图 9.2.35 截面草图

（4）单击 草图 功能选项卡 退出 区域中的"完成草图"按钮 ，退出草图绘制环境。

Step3. 选择命令。单击 钣金 功能选项卡 创建 区域中的"异形板"按钮 ，系统弹出图 9.2.36 所示的"异形板"对话框。

图 9.2.36 "异形板"对话框

**说明：** 在绘制轮廓弯边的截面草图时，如果没有将折弯位置绘制为圆弧，系统将在折弯位置自动创建圆弧作为折弯的半径。

Step4. 定义截面轮廓。在系统 选择开放截面轮廓 的提示下，选取 Step2 中创建的草图作为截面轮廓，若已经选中则无需进行选取。

Step5. 定义异形板参数。

（1）定义材料加厚方向。在"异形板"对话框 偏移方向 区域中确认 被按下。

（2）定义折弯半径。在"异形板"对话框 折弯半径 文本框中输入数值 1.0。

（3）定义钣金板长度。在"异形板"对话框 距离(D) 文本框中输入数值 60.0。

Step6. 单击"异形板"对话框中的 确定 按钮，完成异形板的创建。

Step7. 保存模型文件。选择下拉菜单 文件 ➡ 保存 命令，文件名称为 schema。

### 2. 创建第二次异形板

第二次异形板是根据用户定义的侧面形状并沿着已存在的钣金体的边缘进行拉伸所形成的钣金特征，其壁厚与原有钣金壁相同。下面以上面创建的模型为例，来说明创建第二次异形板的一般操作过程，如图 9.2.37 所示。

Step1. 定义第二次异形板特征的截面草图。

（1）选择命令。单击 钣金 功能选项卡 草图 区域中的 按钮。

（2）选取草图平面。在系统 选择平面以创建草图或选择现有草图以进行编辑 的提示下，选取图 9.2.38 所示的模型表面作为草图平面，进入草图绘制环境。

图 9.2.37　创建第二次异形板

图 9.2.38　选取草图平面

（3）绘制图 9.2.39 所示的截面草图。

图 9.2.39　截面草图

（4）单击 草图 功能选项卡 退出 区域中的"完成草图"按钮 ✔️，退出草图绘制环境。

Step2. 选择命令。单击 钣金 功能选项卡 创建 区域中的"异形板"按钮 ，系统弹出"异形板"对话框。

Step3. 定义截面轮廓。在系统 选择开放截面轮廓 的提示下，选取 Step1 中创建的草图作为截面轮廓。

Step4. 定义附着边。在系统 选择边 的提示下，选取图 9.2.40 所示的模型边线为异形板的附着边。

图 9.2.40  定义附着边

Step5. 定义异形板参数。

（1）定义材料加厚方向。在"异形板"对话框 偏移方向 区域中确认 被按下。

（2）定义折弯半径。在"异形板"对话框 折弯半径 文本框中输入数值 1.0。

（3）定义钣金板长度。在"异形板"对话框 类型(T) 下拉列表中选择 宽度 选项，并在宽度文本框中输入数值 100。

Step6. 单击"异形板"对话框中的 确定 按钮，完成图 9.2.37 所示的异形板的创建。

## 9.2.4  钣金放样

钣金放样是通过两个钣金截面轮廓生成钣金，这两个截面轮廓必须位于两个平行的参考平面上。

下面以图 9.2.41 所示的模型为例，说明创建钣金放样的一般过程。

Step1. 打开文件 D:\inv19.1\work\ch09.02.04\Hopper.ipt。

Step2. 选取命令。单击 钣金 功能选项卡 创建 区域中的"钣金放样"按钮 钣金放样，系统弹出图 9.2.42 所示的"钣金放样"对话框。

**图 9.2.42 所示的"钣金放样"对话框中的部分选项说明如下。**

● 输出 区域：用于设置钣金放样的输出类型。

　　☑ ：用于冲压成型输出的钣金放样，效果如图 9.2.41 所示。

　　☑ ：用于折弯成型输出的钣金放样，此类钣金件完全是由平面或者圆柱面折弯组成的过渡形状，效果如图 9.2.43 所示。

Step3. 定义特征的截面轮廓以及输出类型。在系统 选择第一个打开或关闭的截面轮廓 的提示下，选取图 9.2.44 所示的草图 1 为截面轮廓 1；然后选取图 9.2.44 所示的草图 2 为截面轮廓 2；并在对话框中确认"冲压成型"按钮 被选中。

Step4. 单击"钣金放样"对话框中的 确定 按钮，完成特征的创建。

图 9.2.41　创建钣金放样特征　　　　　图 9.2.42　"钣金放样"对话框

图 9.2.43　折弯成型输出类型

图 9.2.44　定义截面轮廓

## 9.2.5　卷边

卷边特征是沿着钣金件的任意一条边线折叠构造卷边。下面以图 9.2.45 所示的模型为例，说明创建卷边的一般过程。

Step1. 打开文件 D:\inv19.1\work\ch09.02.05\schema.ipt。

Step2. 选取命令。单击 钣金 功能选项卡 创建 区域中的"卷边"按钮 卷边，系统弹出图 9.2.46 所示的"卷边"对话框。

"卷边"对话框中的部分选项说明如下。

- 类型(T) 区域：用于设置卷边的类型。在其下拉列表中包含 单层、水滴形、滚边形 和 双层 四种类型选项，如图 9.2.47 所示。

- 边(E) 按钮：用于选取附着边，并且可以反转卷边的方向。

- 间隙 文本框：在此文本框中输入不同的数值，可改变卷边特征的内壁面与附着边之间的垂直距离（仅对"单层""双层"卷边类型使用）。

图 9.2.45 创建卷边特征　　　　　图 9.2.46 "卷边"对话框

a）单层　　　　　　　　　　　b）水滴形

c）滚边形　　　　　　　　　　d）双层

图 9.2.47 定义卷边类型

- 长度(L) 文本框：在此文本框中输入不同的数值，可以改变卷边的长度（仅对 ⇒ 单层、⊐ 双层 卷边类型使用）。

- 半径(R) 文本框：在此文本框中输入不同的数值，可改变卷边内侧半径的大小（仅对 ⊃ 水滴形、⊃ 滚边形 卷边类型使用）。

- 角度(A) 文本框：在此文本框中输入不同的数值，可改变卷边的角度（仅对 ⊃ 水滴形、⊃ 滚边形 卷边类型使用）。

Step3. 选取附着边。选取图 9.2.48 所示的模型边线为卷边的附着边。

放大图 →

选取此边线为附着边

图 9.2.48 选取附着边

Step4. 定义卷边类型及属性。在"卷边"对话框 类型(T) 下拉列表中选中 ⇒ 单层 选项；在 间隙 文本框中输入数值 0.1；在 长度(L) 文本框中输入数值 10.0。

Step5. 单击"卷边"对话框中的 确定 按钮，完成特征的创建。

# 9.3  钣金的折叠与展开

## 9.3.1  钣金折叠

钣金折叠是将钣金的平面区域沿指定的直线弯曲某个角度。

钣金折叠特征包括如下三个要素。

- 折叠角度：折叠折弯的弯曲程度。
- 折叠半径：折叠处的内半径或外半径。
- 折叠应用曲线：确定折弯位置和折叠形状的几何线。

下面以图 9.3.1 所示的模型为例，说明创建折叠的一般过程。

a）折弯前            b）折弯后

图 9.3.1  折叠的一般过程

Step1. 打开文件 D:\inv19.1\work\ch09.03.01\offsett01.ipt。

Step2. 选择命令。单击 钣金 功能选项卡 创建 区域中的"折叠"按钮 ⌁ 折叠 ，系统弹出图 9.3.2 所示的"折叠"对话框。

图 9.3.2  "折叠"对话框

Step3. 选取折弯线。选取图 9.3.3 所示的直线作为折弯线。

Step4. 定义折弯属性。在"折叠"对话框 反向控制 区域单击"反转到对侧"按钮 ⇄，使折叠方向如图 9.3.4 所示；在 折叠位置 区域选中"折弯中心线"按钮 ；在 折叠角度 文本框中输入数值 90；在 折弯半径(R) 文本框中输入数值 1.0。

Step5. 单击"折叠"对话框中的 确定 按钮，完成特征的创建。

图 9.3.3　选取折弯线　　　　　　　图 9.3.4　定义折叠方向

## 9.3.2　钣金展开

在钣金设计中，如果需要在钣金件的折叠区域创建剪切或孔等特征，首先用展开命令取消折弯钣金件的折叠特征，然后就可以在展开的折叠区域创建剪切或孔等特征。

下面以图 9.3.5 所示的模型为例，说明展开特征的一般过程。

a）展开前

图 9.3.5　钣金展开

b）展开后

Step1. 打开文件 D:\inv19.1\work\ch09.03.02\cancel.ipt。

Step2. 选择命令。单击 钣金 功能选项卡 修改 ▼ 区域中的"展开"按钮 展开，系统弹出"展开"对话框。

Step3. 选取基础参考。选取图 9.3.6 所示的内表面为基础参考面。

基础参考面

图 9.3.6　选取基础参考面

Step4. 选取要展开的折弯面。在"展开"对话框 展开几何图元(B) 区域单击 添加所有折弯 按钮。

Step5. 单击"展开"对话框中的 确定 按钮，完成特征的创建。

### 9.3.3 重新折叠

将展开后钣金壁部分或全部折弯回来（图 9.3.7），就是钣金的重新折叠。

下面以图 9.3.7 所示的模型为例，说明重新折叠的一般过程。

Step1. 打开文件 D:\inv19.1\work\ch09.03.03\cancel.ipt。

Step2. 选择命令。单击 钣金 功能选项卡 修改 ▼ 区域中的"重新折叠"按钮 重新折叠 ，系统弹出"重新折叠"对话框。

|   a）原钣金件   |   b）展开钣金件   |   c）钣金的重新折叠 |

图 9.3.7　钣金的重新折叠

Step3. 选取基础参考。在系统的提示下，选取图 9.3.8 所示的模型表面。

Step4. 选取要重新折叠的展开的折叠面。在系统 选择要重新折叠的展开的折弯面 的提示下，选取图 9.3.9 所示的折叠特征。

图 9.3.8　选取基础参考　　　　图 9.3.9　选取折叠特征

Step5. 单击"重新折叠"对话框中的 确定 按钮，完成特征的创建。

## 9.4　钣金除料及拐角处理

### 9.4.1　剪切

剪切是沿着垂直于草图平面，以一组连续的曲线作为裁剪的轮廓线进行拉伸裁剪。剪切与实体拉伸切除特征的结果大致相同。

下面以图 9.4.1 所示的模型为例，说明创建剪切的一般过程。

Step1. 打开文件 D:\inv19.1\work\ch09.04.01\remove.ipt。

图 9.4.1 创建剪切特征

Step2. 定义剪切特征的截面草图。

（1）选择命令。单击 钣金 功能选项卡 草图 区域中的 ⬚ 按钮。

（2）选取草图平面。在系统 选择平面以创建草图或选择现有草图以进行编辑 的提示下，选取图 9.4.2 所示的面作为草图平面，进入草图绘制环境。

（3）绘制图 9.4.3 所示的截面草图。

（4）单击 草图 功能选项卡 退出 区域中的"完成草图"按钮 ✔，退出草图绘制环境。

工作平面 1 为草图平面

图 9.4.2 选取草图平面

图 9.4.3 截面草图

Step3. 选择命令。单击 钣金 功能选项卡 修改 ▼ 区域中的"剪切"按钮 ▢，系统弹出图 9.4.4 所示的"剪切"对话框。

图 9.4.4 "剪切"对话框

Step4. 定义剪切参数。在"剪切"对话框 范围 区域的下拉列表中选择 贯通 选项，将方向设置为"方向 2"类型 ⬚。

Step5. 单击"剪切"对话框中的 确定 按钮，完成特征的创建。

## 9.4.2 孔

孔特征包含简单孔、螺纹孔、沉孔等，生成孔特征的操作步骤与零件模块完全一致，这里不再赘述。

### 9.4.3　拐角接缝

拐角接缝可以修改两个相邻弯边特征间的缝隙并创建一个止裂口，在创建封闭角时需要确定希望封闭的两个折弯中的一个折弯。

下面以图9.4.5所示的模型为例，来说明创建拐角接缝的一般操作过程。

a）接缝前　　　　　　　　　　　　　　b）接缝后

图9.4.5　创建拐角接缝特征

Step1. 打开文件 D:\inv19.1\work\ch09.04.03\fold.ipt。

Step2. 选择命令。单击 钣金 功能选项卡 修改 ▼ 区域中的"拐角接缝"按钮 ，系统弹出图9.4.6所示的"拐角接缝"对话框。

图9.4.6　"拐角接缝"对话框

Step3. 定义拐角接缝参考边。在系统 选择边 的提示下，依次选取图9.4.7所示的边线1与边线2作为参照。

Step4. 定义接缝参数，在"拐角接缝"对话框 接缝 区域选中 ⊙ 面/边距离 单选项，单击"交迭"按钮 ，在 文本框中输入数值1.0，在 间隙(G) 文本框中输入数值0.1，其余参数接受系统默认设置。

Step5. 单击"拐角接缝"对话框中的 确定 按钮，完成图 9.4.8 所示特征的创建。

图 9.4.7　定义拐角接缝参考边

图 9.4.8　创建拐角接缝特征

图 9.4.6 所示的"拐角接缝"对话框中的部分选项说明如下。

- 形状 区域：选择模型的边并指定是否接缝拐角。
- 接缝 区域：用于控制接缝间隙交迭类型、间隙距离值以及交迭百分比等。
  - ☑ ⊙ 最大间隙距离：使用该选项创建拐角接缝间隙，可以与使用物理检测标尺方式一致的方式对其进行测量。
  - ☑ ⊙ 面边距离：使用该选项创建拐角接缝间隙，可以测量从与选定的第一条边相邻的面到选定的第二条边的距离。
  - ☑ （对称间隙）：用于将当前的拐角接缝类型设置为"对称间隙"（只有在选中 ⊙ 最大间隙距离 后才可以使用该选项），如图 9.4.9 所示。

图 9.4.9　"对称间隙"类型

  - ☑ "交迭"：用于将当前的拐角接缝类型设置为"交迭"（只有在选中 ⊙ 最大间隙距离 后才可以使用该选项），如图 9.4.10 所示。
  - ☑ "反向交迭"：用于将当前的拐角接缝类型设置为"反向交迭"（只有在选中 ⊙ 最大间隙距离 后才可以使用该选项），如图 9.4.11 所示。

图 9.4.10　"交迭"类型

图 9.4.11　"反向交迭"类型

☑  "无交迭"：用于将当前的拐角接缝类型设置为"无交迭"（只有在选中 面边距离 后才可以使用该选项），如图 9.4.12 所示。

图 9.4.12　"无交迭"类型

☑ "交迭"：用于将当前的拐角接缝类型设置为"交迭"（只有在选中 面边距离 后才可以使用该选项），如图 9.4.13 所示。

图 9.4.13　"交迭"类型

☑ "反向交迭"：用于将当前的拐角接缝类型设置为"反向交迭"（只有在选中 面边距离 后才可以使用该选项），如图 9.4.14 所示。

图 9.4.14　"反向交迭"类型

☑  "百分比交迭": 使用 0~1 的小数值来定义交迭部分占凸缘厚度的百分比, 只有将交迭类型指定为交迭或反向交迭时, 该选项才有效。

☑ 间隙(G): 用于指定拐角接缝的边之间（或面与边之间）的距离。

● 延长拐角 区域: 用于指定拐角如何延长。

☑ ⊙对齐 : 用于投影第一个平板使其与第二个平板对齐。

☑ ⊙垂直 : 用于投影第一个平板使其与第二个平板垂直。

## 9.4.4　拐角圆角

拐角圆角特征即对钣金件在厚度方向上倒圆角。下面以图 9.4.15 所示的模型为例, 来说明创建拐角圆角特征的一般操作过程。

a）拐角圆角前

b）拐角圆角后

图 9.4.15　创建拐角圆角

Step1. 打开文件 D:\inv19.1\work\ch09.04.04\Break_corner.ipt。

Step2. 选择命令。单击 钣金 功能选项卡 修改▼ 区域中的"拐角圆角"按钮 拐角圆角, 系统弹出图 9.4.16 所示的"拐角圆角"对话框。

Step3. 定义拐角圆角的参数。

（1）选取图 9.4.17 所示的四条模型边线为圆角参照边。

图 9.4.16　"拐角圆角"对话框

图 9.4.17　定义拐角圆角参照边

图 9.4.16 所示的"拐角圆角"对话框中的部分选项说明如下。

● 拐角 : 定义用于圆角的一组钣金拐角。

● 半径 : 用于指定一组选定拐角的半径。

● 选择模式 区域: 用于设置改变从拐角组中添加或删除拐角的方法。

☑ ⦿ 拐角(C)：选中该单选项用于选择或者删除单个拐角特征。

☑ ⦿ 特征(F)：选中该单选项用于选择或删除某个特征的所有拐角。

（2）定义拐角圆角属性。在"拐角圆角"对话框中输入半径值为8。

Step4. 单击"拐角圆角"对话框中的 确定 按钮，完成拐角圆角的创建。

## 9.4.5　拐角倒角

拐角倒角特征可以对钣金件表面棱边或厚度方向的棱边进行倒角。下面以图 9.4.18 所示的模型为例，来说明创建拐角倒角特征的一般操作过程。

a）拐角倒角前　　　　　　　　图 9.4.18　　创建拐角倒角　　　　　　　b）拐角倒角后

Step1. 打开文件 D:\inv19.1\work\ch09.04.05\wall.ipt。

Step2. 选择命令。单击 钣金 功能选项卡 修改 ▾ 区域中的"拐角倒角"按钮 ⬜ 拐角倒角，系统弹出图 9.4.19 所示的"拐角倒角"对话框。

Step3. 定义拐角倒角的参数。

（1）选取图 9.4.20 所示的两条模型边线为倒角参照边。

（2）在"拐角倒角"对话框 倒角边长 文本框中输入数值 8.0。

图 9.4.19　"拐角倒角"对话框　　　　　　图 9.4.20　定义拐角倒角参照边

Step4. 单击"拐角倒角"对话框中的 确定 按钮，完成拐角倒角特征的创建。

## 9.5　钣金成型特征

本节将详细介绍 Inventor 2019 软件中创建冲压特征的一般过程。冲压工具是预先定义好的冲压型孔以及冲压成型特征，当需要使用该特征时，需保证在已有板的基础上创建一个草图点，并以该草图点为基准选取冲压工具，最后将其插入。通过本节提供的一些具体范例的操作，读者可以掌握钣金设计中冲压特征的创建方法。

## 9.5.1 冲压工具

在冲压特征的创建过程中冲压工具的选择尤其重要，有了一个很好的冲压工具才可以创建完美的冲压特征。在 Inventor 2019 中用户可以直接使用软件提供的冲压工具或将其修改后使用，也可按要求自己创建冲压工具。下述内容将详细讲解使用冲压工具的几种方法。

### 1．软件提供的冲压工具

单击 钣金 功能选项卡 修改 ▼ 区域中的"冲压工具"按钮 ，系统弹出"冲压工具目录"对话框，在此对话框中可以浏览该文件夹中的冲压工具。

若选取要使用的冲压工具并打开，此时系统弹出"冲压工具"对话框，在此对话框中可以定义冲压工具的几何中心、角度以及大小规格。

### 2．自定义冲压工具

冲压工具的定制相对来说比较简单，首先要创建出该特征，然后利用 iFeature 功能就可以定制冲压工具了。

下面以图 9.5.1 所示的剪切工具为例，讲述冲压工具定制的一般操作过程。

Step1. 打开文件 D:\inv19.1\work\ch09.05\form_tool_01.ipt。

Step2. 创建图 9.5.1 所示的剪切工具。

放大图

图 9.5.1 剪切工具

（1）定义剪切特征的截面草图。单击 钣金 功能选项卡 草图 区域中的 按钮；在系统 选择平面以创建草图或选择现有草图以进行编辑 的提示下，选取图 9.5.2 所示的面作为草图平面，进入草图绘制环境；绘制图 9.5.3 所示的截面草图。

注意：图 9.4.3 所示的草图中的原点位置要有一个定位参考点。

图 9.5.2　草图平面　　　　　　　　　　图 9.5.3　截面草图

（2）定义剪切参数。单击 钣金 功能选项卡 修改 ▼ 区域中的"剪切"按钮 ▢，系统弹出"剪切"对话框；在"剪切"对话框 范围 区域的下拉列表中选择 贯通 选项，将方向设置为"方向 2"类型 ▨ 。

（3）单击"剪切"对话框中的 确定 按钮，完成特征的创建。

Step3. 创建冲压工具。

（1）选择命令。选择 管理 选项卡 编写 区域中的"提取 iFeature"命令 ▣，系统弹出"提取 iFeature"对话框。

（2）定义提取类型。在"提取 iFeature"对话框 类型 区域选中 ⊙ 钣金冲压 iFeature 单选项。

说明：选中 ⊙ 钣金冲压 iFeature 单选项之后，制造 与 深度 区域激活，可定义冲压工具的制造信息与深度信息。

（3）选取提取为冲压工具的特征。在图形区域或者浏览器中选取 Step2 中创建的剪切特征，选取完成后，在"提取 iFeature"对话框中会自动提取所选特征的自定义参数，如图 9.5.4 所示。

图 9.5.4　"提取 iFeature"对话框

（4）添加并定义尺寸参数。

① 在"提取 iFeature"对话框 所选特征 区域选中 x= d6 [25 mm]，然后单击 >> 按钮。

② 参照上一步，将 x= d8 [12 mm] 与 x= d9 [2.0000000 mm] 添加至 尺寸参数 列表。

③ 在"提取 iFeature"对话框 尺寸参数 区域中，将"d6"提示设置为"宽度"；将"d8"提示设置为"长度"；将"d9"提示设置为"深度"。

（5）定义定位基准。采用系统默认的定位基准。

（6）定义冲压工具的制造信息。在"提取 iFeature"对话框 制造 区域的 指定冲压 ID 文本框中输入"冲压工具"，其他参数采用系统默认设置。

（7）定义冲压工具的深度信息。不指定深度信息。

说明：对于冲压工具，可以不指定，Inventor 将默认为冲压工具定义的厚度参数。当然也可以指定每个冲压工具冲裁的深度。

Step4. 保存冲压工具。单击"提取 iFeature"对话框中的 保存 按钮，系统弹出"另存为"对话框，选择冲压工具的保存路径，输入冲压工具的名称，单击 保存 按钮，完成冲压工具的创建。

## 9.5.2　创建冲压特征的一般过程

### 1. 一般过程

使用系统中自带的冲压工具，应用到钣金零件上创建冲压特征的一般过程如下。

（1）定义冲压工具在钣金中的放置参考点。

（2）选择冲压工具命令，找到合适的冲压工具。

（3）定义冲压工具的中心、角度及规格。

### 2. 实例 1

下面以图 9.5.5 所示的模型为例，来说明用"冲压工具"创建冲压特征的一般过程。

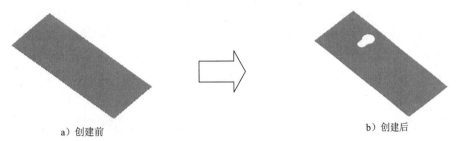

a）创建前　　　　　　　　　　　　b）创建后

图 9.5.5　创建钣金冲压特征

Step1. 打开文件 D:\inv19.1\work\ch09.05\SM_FORM_01.ipt。

Step2. 定义冲压工具在钣金中的放置参考点。

（1）选择命令。单击 钣金 功能选项卡 草图 区域中的 按钮。

（2）选取草图平面。在系统 选择平面以创建草图或选择现有草图以进行编辑 的提示下，选取图 9.5.6 所示的模型表面作为草图平面，进入草图绘制环境。

（3）绘制图 9.5.7 所示的截面草图。

（4）单击 草图 功能选项卡 退出 区域中的"完成草图"按钮 ，退出草图绘制环境。

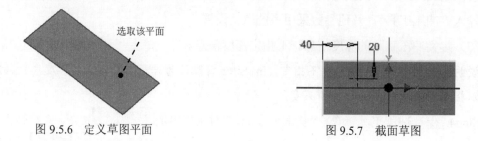

图 9.5.6　定义草图平面　　　　　　　　　图 9.5.7　截面草图

Step3. 选择命令。单击 钣金 功能选项卡 修改 ▼ 区域中的"冲压工具"按钮 ，系统弹出图 9.5.8 所示的"冲压工具目录"对话框。

Step4. 选取冲压工具。在"冲压工具目录"对话框中选取冲压工具，单击 打开(O) 按钮，系统弹出"冲压工具"对话框。

图 9.5.8　"冲压工具目录"对话框

Step5. 定义冲压工具参数。在"冲压工具"对话框中单击 几何图元 选项卡，在此选项卡中可以设置冲压工具的中心及角度，本例中采用系统默认设置；单击 规格 选项卡，在此选项卡中可以设置冲压工具的大小，本例中采用系统默认设置。

Step6. 单击 完成 按钮，完成冲压特征的创建。

# 9.6　Inventor 钣金设计综合实际应用 1

【范例概述】本范例详细讲解了图 9.6.1 所示钣金环的设计过程，主要应用了异形板、镜像、剪切、轮廓旋转等命令。钣金件模型及相应的浏览器如图 9.6.1 所示。

图 9.6.1　钣金件模型及相应的浏览器

说明：本范例前面的详细操作过程请参见随书光盘 video 文件夹中对应章节的语音视频讲解文件。

Step1. 打开文件 D:\inv19.1\work\ch09.06\ring_ex.ipt。

Step2. 创建图 9.6.2 所示的剪切特征 1。

（1）定义特征的截面草图。单击 钣金 功能选项卡 草图 区域中的 按钮；选取 YZ 平面作为草图平面，进入草图绘制环境；绘制图 9.6.3 所示的截面草图；单击 草图 功能选项卡 退出 区域中的"完成草图"按钮 ✓ ，退出草图绘制环境。

（2）选择命令。单击 钣金 功能选项卡 修改 ▼ 区域中的"剪切"按钮 □ ，系统弹出"剪切"对话框。

（3）定义剪切参数。在"剪切"对话框 范围 区域的下拉列表中选择 贯通 选项，将剪切方向设置为"对称"类型 。

图 9.6.2　剪切特征 1

图 9.6.3　截面草图

（4）单击 确定 按钮，完成剪切特征的创建。

Step3. 创建图 9.6.4 所示的剪切特征 2。

（1）定义特征的截面草图。单击 钣金 功能选项卡 草图 区域中的 按钮；选取 XY 平面作为草图平面，进入草图绘制环境；绘制图 9.6.5 所示的截面草图；单击 草图 功能选项卡 退出 区域中的"完成草图"按钮 ，退出草图绘制环境。

图 9.6.4　剪切特征 2　　　　　　　　图 9.6.5　截面草图

（2）选择命令。单击 钣金 功能选项卡 修改 ▼ 区域中的"剪切"按钮 ，系统弹出"剪切"对话框。

（3）定义剪切参数。在"剪切"对话框 范围 区域的下拉列表中选择 贯通 选项，将剪切方向设置为"对称"类型 。

（4）单击 确定 按钮，完成剪切特征的创建。

Step4. 创建图 9.6.6 所示的圆角特征 1。

（1）选择命令。单击 三维模型 功能选项卡 修改 ▼ 区域中的 按钮。

（2）选取要倒圆的对象。在系统的提示下，选取图 9.6.6b 所示的模型边线为倒圆的对象。

（3）定义倒圆参数。在"圆角"对话框 半径 区域中输入数值 5.0。

（4）单击"圆角"对话框中的 确定 按钮，完成圆角特征的定义。

a）倒圆前　　　　　　　　　　　　　　　　　　　　b）倒圆后

图 9.6.6　圆角特征 1

Step5. 创建图 9.6.7 所示的轮廓旋转特征 1。

图 9.6.7　轮廓旋转特征 1

（1）定义特征的截面草图。单击 钣金 功能选项卡 草图 区域中的 ⬚ 按钮；选取 XY 平面作为草图平面，进入草图绘制环境；绘制图 9.6.8 所示的截面草图；单击 草图 功能选项卡 退出 区域中的"完成草图"按钮 ✔，退出草图绘制环境。

（2）选择命令。单击 钣金 功能选项卡 创建 区域中的"轮廓旋转"按钮 🔩 轮廓旋转，系统弹出"轮廓旋转"对话框。

（3）定义轮廓旋转参数。

① 定义旋转轮廓，选取图 9.6.8 所示的轮廓。

图 9.6.8　定义旋转轮廓

② 定义旋转轴。在浏览器中选取 Y 轴作为旋转轴。

③ 定义旋转角度。在"轮廓旋转"对话框 旋转角度 文本框中输入数值 180。

（4）单击"轮廓旋转"对话框中的 确定 按钮，完成轮廓旋转特征的定义。

Step6. 创建图 9.6.9 所示的镜像特征 1。

图 9.6.9　镜像特征 1

（1）选择命令。单击 钣金 功能选项卡 阵列 区域中的"镜像"按钮 �><，系统弹出"镜像"对话框。

（2）定义镜像特征。选取 Step5 创建的轮廓旋转特征 1 为镜像体。

（3）定义镜像平面。选取 XY 平面为镜像平面。

（4）单击 确定 按钮，完成特征的创建。

Step7. 保存钣金件模型文件，并命名为 ring。

# 9.7　Inventor 钣金设计综合实际应用 2

【范例概述】本范例介绍了插座铜芯的设计过程。首先创建出铜芯的大致形状，然后通过折弯命令将模型沿着不同的折弯线进行折弯，最后创建出倒圆角，其中主要讲解的是折弯命令的使用。通过对本范例的学习，读者对折弯命令将会有更深的了解，模型的创建思路值得借鉴。该钣金件模型及浏览器如图 9.7.1 所示。

图 9.7.1　钣金件模型及浏览器

说明：本范例前面的详细操作过程请参见随书光盘 video 文件夹中对应章节的语音视频讲解文件。

Step1. 打开文件 D:\inv19.1\work\ch09.07\SOCKET_CONTACT_SHEEET_ex.ipt。

Step2. 创建图 9.7.2 所示的折叠特征 2。

创建此折叠特征 2

图 9.7.2　折叠特征 2

（1）绘制折弯线。单击 钣金 功能选项卡 草图 区域中的 按钮；在系统 选择平面以创建草图或选择现有草图以进行编辑 的提示下，选取图 9.7.3 所示的模型表面作为草图平面，进入草图绘制环境，绘制图 9.7.4 所示的截面草图。

（2）选择命令。单击 钣金 功能选项卡 创建 区域中的"折叠"按钮 折叠，系统弹出"折叠"对话框。

（3）选取折弯线。选取图 9.7.4 所示的直线作为折弯线。

草图平面

图 9.7.3　定义草图平面

折弯线

9

图 9.7.4　截面草图

（4）定义折弯属性。通过调整 反向控制 区域的"反转到对侧"方向按钮 ⇄ 与"反向"按钮 ⫣↑，使折叠方向如图9.7.5所示；在 折叠位置 区域选中"折弯中心线"按钮 ⫧ ；在 折叠角度 文本框中输入数值60；在 折弯半径(R) 文本框中输入数值8.0。

（5）单击"折叠"对话框中的 确定 按钮，完成特征的创建。

Step3. 创建图9.7.6所示的凸缘特征2。

图9.7.5　定义折弯位置与方向

创建此凸缘特征2

图9.7.6　凸缘特征2

（1）选择命令。单击 钣金 功能选项卡 创建 区域中的"凸缘"按钮 ▱ ，系统弹出"凸缘"对话框。

（2）选取附着边。选取图9.7.7所示的模型边线为凸缘的附着边。

选取此边线为附着边

放大图

图9.7.7　选取附着边

（3）定义凸缘形状属性。

① 在"凸缘"对话框 高度范围 区域的下拉列表中选择 距离 选项，在"距离"下拉列表中输入数值20.0。

② 在 凸缘角度(A) 文本框中输入数值85；在 折弯半径(B) 文本框中输入数值0.1。

③ 在 高度基准 区域中单击"从两个外侧面的交线折弯"按钮 ⫣ ，在 折弯位置 区域中单击"折弯面范围之内"按钮 ⫣ 。

（4）单击"凸缘"对话框中的 确定 按钮，完成特征的创建。

Step4. 创建图9.7.8所示折叠特征3。

（1）绘制折弯线。单击 钣金 功能选项卡 草图 区域中的 ▱ 按钮；在系统 选择平面以创建草图或选择现有草图以进行编辑 的提示下，选取图9.7.8所示的模型表面作为草图平面，进入草图绘制环境，绘制图 9.7.9 所示的截面草图。

图 9.7.8　折叠特征 3

图 9.7.9　截面草图

（2）选择命令。单击 钣金 功能选项卡 创建 区域中的"折叠"按钮 折叠，系统弹出"折叠"对话框。

（3）选取折弯线。选取图 9.7.9 所示的直线作为折弯线。

（4）定义折弯属性。通过调整 反向控制 区域的"反转到对侧"方向按钮 与"反向"按钮 ，使折叠方向如图 9.7.10 所示；在 折叠位置 区域单击"折弯中心线"按钮 ；在 折叠角度 文本框中输入数值 30；在 折弯半径(R) 文本框中输入数值 5.0。

（5）单击"折叠"对话框中的 确定 按钮，完成特征的创建。

Step5. 创建图 9.7.11 所示的折叠特征 4。

图 9.7.10　定义折弯位置与方向

图 9.7.11　折叠特征 4

（1）绘制折弯线。单击 钣金 功能选项卡 草图 区域中的 按钮；在系统 选择平面以创建草图或选择现有草图以进行编辑 的提示下，选取图 9.7.12 所示的模型表面作为草图平面，进入草图绘制环境，绘制图 9.7.13 所示的截面草图。

（2）选择命令。单击 钣金 功能选项卡 创建 区域中的"折叠"按钮 折叠，系统弹出"折叠"对话框。

（3）选取折弯线。选取图 9.7.13 所示的直线作为折弯线。

（4）定义折弯属性。在"折叠"对话框 反向控制 区域单击"反向"按钮 ，使折叠方向如图 9.7.14 所示；在 折叠位置 区域选中"折弯起始线"按钮 ；在 折叠角度 文本框中输入数值 60；在 折弯半径(R) 文本框中输入数值 8.0。

图 9.7.12 选取草图平面

图 9.7.13 截面草图

图 9.7.14 定义折弯位置与方向

（5）单击"折叠"对话框中的 确定 按钮，完成特征的创建。

Step6. 后面的详细操作过程请参见随书光盘 video 文件夹中对应章节的语音视频讲解文件。

# 9.8 习　　题

## 1. 习题 1

**练习概述**

本练习介绍的是一个水杯盖的创建过程。首先创建一个实体旋转特征，然后创建旋转切削特征、抽壳特征、圆角特征、钣金变换特征、轮廓旋转特征及剪切特征。这些钣金设计命令有一定的代表性，尤其是轮廓旋转特征的创建思路更值得借鉴。零件模型如图 9.8.1 所示，具体操作步骤提示如下。

Step1. 新建一个钣金件模型，进入钣金设计环境。

Step2. 创建图 9.8.2 所示的实体旋转特征（切换到零件环境），截面草图如图 9.8.3 所示。

图 9.8.1 水杯盖模型

图 9.8.2 实体旋转特征

Step3. 创建图 9.8.4 所示的旋转切削特征，截面草图如图 9.8.5 所示。

图 9.8.3 截面草图

图 9.8.4 旋转切削特征

Step4. 创建图 9.8.6 所示的圆角特征，其圆角半径值为 5.0。

图 9.8.5　截面草图　　　　　　　　　　　　　　　图 9.8.6　圆角特征

Step5. 创建图 9.8.7 所示的抽壳特征及钣金变换，壁厚值为 1.0，并切换到钣金设计环境。

Step6. 创建图 9.8.8 所示的轮廓旋转特征，截面草图如图 9.8.9 所示，旋转轴为 Y 轴，角度为 180°。

图 9.8.7　抽壳特征及钣金变换　　　　　　　　　　图 9.8.8　轮廓旋转特征

图 9.8.9　截面草图

Step7. 创建图 9.8.10 所示的镜像特征。

Step8. 创建图 9.8.11 所示的剪切特征，截面草图如图 9.8.12 所示。

图 9.8.10　镜像特征　　　　　图 9.8.11　剪切特征　　　　　图 9.8.12　截面草图

Step9. 保存零件模型文件，并命名为 INSTANCE_CUP_COVER。

## 2. 习题 2

**练习概述**

本练习介绍的是一个卷尺挂钩的创建过程。首先创建一个平板基础特征，然后创建折叠特征、卷边特征及剪切特征。这些钣金设计命令有一定的代表性，尤其是折叠特征的创建思路更值得借鉴。零件模型如图 9.8.13 所示，操作步骤提示如下。

Step1. 新建一个钣金件模型，进入钣金设计环境。

Step2. 创建图 9.8.14 所示的平板特征（切换到零件环境），截面草图如图 9.8.15 所示，厚度值为 1.0。

图 9.8.13 卷尺挂钩模型

图 9.8.14 平板特征

Step3. 创建图 9.8.16 所示的折叠特征。绘制折弯线如图 9.8.17 所示，折弯半径为 1，折弯角度值为 60°。

图 9.8.15 截面草图

图 9.8.16 折叠特征

Step4. 创建图 9.8.18 所示的折叠特征。选择类型为"闭环"，折弯半径为 5，弯边长度值为 28。

图 9.8.17 绘制折弯线

图 9.8.18 折叠特征

Step5. 创建图 9.8.19、图 9.8.20、图 9.8.21 所示的剪切特征。截面草图如图 9.8.22、图 9.8.23、图 9.8.24 所示。

图 9.8.19　剪切特征（一）

图 9.8.22　截面草图（一）

图 9.8.20　剪切特征（二）

图 9.8.23　截面草图（二）

图 9.8.21　剪切特征（三）

图 9.8.24　截面草图（三）

Step6. 保存零件模型文件，并命名为 ROLL_RULER_HIP。

# 第 **10** 章  机构运动仿真与分析

**本章提要**  运动仿真与分析可以对一个机构装置进行运动仿真及分析，除了查看机构的运行状态，检查机构运行时有无碰撞外，还能进行进一步的位置分析、运动分析、动态分析、静态分析和力平衡分析，为检验和进一步改进机构的设计提供参考数据。本章将介绍 Inventor 软件中运动仿真与分析的基本知识，包括以下内容：

- 机构运动仿真简介。
- 机构运动仿真环境。
- 基本运动类型。
- 机构运动类型。
- 受力类型。
- 添加驱动。
- 添加外部载荷。
- 输出图示器。

## 10.1    机构运动仿真简介

在 Inventor 的运动仿真模块中，可以对一个装配体中的零部件运动进行运动仿真，也可以对装配体在载荷条件下进行动态仿真。需要注意的是，运动仿真只能在装配环境下使用。

## 10.2    机构运动仿真环境

### 10.2.1  进入/退出 Inventor 运动仿真环境

要进入 Inventor 运动仿真模块，必须先新建或打开一个装配模型。下面以一个装配模型为例，说明进入机构模块的操作过程。

Step1. 打开文件 D:\inv19.1\work\ch10.02\intervene-explode.iam。

Step2. 进入运动仿真模块。在 环境 选项卡 开始 区域单击"运动仿真"按钮 ，系统进入到运动仿真模块中，此时界面如图 10.2.1 所示。

图 10.2.1　运动仿真界面

Step3. 退出运动仿真模块。在 运动仿真 选项卡 退出 区域单击"完成"按钮 ✓。

## 10.2.2　运动仿真环境基础参数设置

在进入到运动仿真模块之后，一般都要设置一些基础的参数。下面介绍其操作的一般过程。

Step1. 选择 运动仿真 选项卡 管理 ▾ 区域的"仿真设置"命令 ，系统弹出图 10.2.2 所示的"运动仿真设置"对话框。

图 10.2.2 所示的"运动仿真设置"对话框中各选项说明如下。

- ☑ 自动将约束转换为标准联接 复选框：用于将装配约束转换为标准运动类型。Inventor 在进入到运动仿真模块后，会自动将现有的装配约束转换为运动连接。当选中此 选项时，用户便不能添加后面要讲的"基本运动类型约束"；当取消勾选该复选框 时，系统会弹出图 10.2.3 所示的"运动仿真"对话框；单击 否 按钮，删除 所有现存的已经转换的约束。

图 10.2.2 "运动仿真设置"对话框

图 10.2.3 "运动仿真"对话框

- ☑ **当机械装置被过约束时发出警告** 复选框：用于如果机构被过约束时，将促使软件在自动转换所有配合前向用户发出警告并将约束插入标准运动类型。对于新装配，该选项在默认情况下是选中的。

- ☐ **所有零部件使用同一颜色** 复选框：用于将预定义的颜色分配给各个移动组。该选项有助于分析零部件关系。若要使零部件返回它们通常情况下分配的颜色，则需要在对话框中取消选中该复选框或在"移动组"节点中右击并选择"所有零部件使用同一颜色"。

- **初始位置的偏移** 区域选项的说明如下。
  - ☑ **⬚**：用于将所有自由度的初始位置设置为 0，而不更改机构的实际位置。该功能对于在输出图示器中查看以 0 开头的可变打印非常有用。
  - ☑ **⬚**：用于将所有自由度的初始位置重设为在构造运动类型坐标系的过程中指定的初始位置。

- ☑ **显示 AVI 的版权信息：** 复选框：用于显示生成的 AVI 文件的版权信息。

- ☑ **以每分钟转数 (rpm) 为单位输入角速度** 复选框：用于以 r/min 为单位输入角速度。

- Z轴大小: 文本框: 用于在图形窗口中设置部件 Z 轴的长度。
- ☑ 微型机械装置模型 复选框: 用于调整模型精度以专门适用于微型机械装置值。当激活"微型机械装置模型"后，质量必须大于 $1 \times 10^{-20}$kg 或者惯性大于 $1 \times 10^{-32}$kg ·m$^2$。高斯精度设置为 $1 \times 10^{-32}$。
- 装配精度: 文本框: 此文本框仅适用于封闭回路和 2D Contact（接触）实例。
  - ☑ 2D Contact: 定义接触点之间允许的最大距离。默认值为 $10^{-6}$m = 1 μm。
  - ☑ 封闭回路: 与 2D Contact 相同，但还可具有角度约束。
- 求解器精度: 文本框: 用于使用五阶 Runge-Kutta 积分法对动态表达式求积分。
- 捕获速度: 文本框: 该参数帮助求解器在产生恒定接触结果前限制较小反弹的数量。
- 调整速度: 文本框: 通过速度调整参数进行调整。在 2D Contact 中，使用实际非线性库仑摩擦定律。在运动类型和 3D Contact 中，为了达到简单的目的和避免超静态情况，将使用正规化的库仑定律。

Step2. 在"运动仿真设置"对话框中根据需要修改相应的参数。

# 10.3　基本运动类型

在 Inventor 运动仿真环境中，系统会自动将装配中的约束转换成基本运动约束，此时便不能再添加基本运动约束。因此在学习本节之前，需要在"运动仿真设置"对话框中取消选中 ☐ 自动将约束转换为标准联接 复选框，这样就可以添加基本的运动约束。

## 10.3.1　空间自由运动

空间自由运动类型可以创建六个自由度。使用此类型用于为通用运动类型或其他没有约束的实体（例如球形）创建模型，下面举例说明。

Step1. 打开文件 D:\inv19.1\work\ch10.03.01\Freedom-motion.iam。

Step2. 进入到运动仿真环境。在 环境 选项卡 开始 区域单击"运动仿真"按钮，系统进入到运动仿真环境。

Step3. 选择命令。在 运动仿真 选项卡 运动类型 区域单击"插入运动类型"按钮，系统弹出图 10.3.1 所示的"插入运动类型"对话框。

Step4. 定义运动类型。在"插入运动类型"对话框"运动类型"列表中选择 空间自由运动 选项。

Step5. 指定第一个零部件的运动类型坐标系。

图 10.3.1　"插入运动类型"对话框

（1）定义运动类型坐标系的原点。在绘图区域中选取图 10.3.2 所示的点作为运动类型坐标系的原点，完成后如图 10.3.3 所示。

图 10.3.2　定义参考点

图 10.3.3　完成后

（2）定义运动类型坐标系的 Z 轴。在绘图区域中选取图 10.3.4 所示的模型边线作为运动类型坐标系的 Z 轴方向。

（3）定义运动类型坐标系的 X 轴。在绘图区域中选取图 10.3.5 所示的模型边线作为运动类型坐标系的 X 轴方向。

图 10.3.4　定义 Z 轴方向

图 10.3.5　定义 X 轴方向

Step6. 指定第二个零部件的运动类型坐标系。

（1）定义运动类型坐标系的原点。在绘图区域中选取图 10.3.6 所示的点作为运动类型坐标系的原点。

（2）定义运动类型坐标系的 Z 轴。在绘图区域中选取图 10.3.7 所示的模型边线作为运动类型坐标系的 Z 轴方向。

图 10.3.6　定义坐标系的原点

图 10.3.7　定义 Z 轴方向

（3）定义运动类型坐标系的 X 轴。在绘图区域中选取图 10.3.8 所示的模型边线作为运动类型坐标系的 X 轴方向。

Step7. 单击 确定 按钮，完成空间自由运动的定义，效果如图 10.3.9 所示。

图 10.3.8　定义 X 轴方向

图 10.3.9　完成定义

## 10.3.2　铰链（旋转）运动

铰链（旋转）运动提供一个旋转自由度，可以实现零件相对的移动。

Step1. 打开文件 D:\inv19.1\work\ch10.03.02\Whirl-motion.iam。

Step2. 进入到运动仿真环境。在 环境 选项卡 开始 区域单击"运动仿真"按钮 ，系统进入到运动仿真环境。

Step3. 选择命令。在 运动仿真 选项卡 运动类型 区域单击"插入运动类型"按钮 ，系统弹出"插入运动类型"对话框。

Step4. 定义运动类型。在"插入运动类型"对话框"运动类型"列表中选择 铰链（旋转）运动 选项。

Step5. 指定第一个零部件的运动类型坐标系。

（1）定义运动类型坐标系的 Z 轴。在绘图区域中选取图 10.3.10 所示的圆弧面作为运动类型坐标系的 Z 轴方向的参考。

**注意**：Z 轴方向必须为此铰链（旋转）原点的旋转轴。

（2）定义运动类型坐标系的原点。在绘图区域中选取图 10.3.11 所示的圆弧作为运动类型坐标系的原点参考。

图 10.3.10　定义 Z 轴方向　　　　　　　图 10.3.11　定义原点

（3）定义运动类型坐标系的 X 轴。在绘图区域中选取图 10.3.12 所示的模型边线作为运动类型坐标系的 X 轴方向。

Step6. 指定第二个零部件的运动类型坐标系。

（1）定义运动类型坐标系的 Z 轴。在绘图区域中选取图 10.3.13 所示的圆弧面作为运动类型坐标系的 Z 轴方向的参考。

图 10.3.12　定义 X 轴方向　　　　　　　图 10.3.13　定义 Z 轴方向

（2）定义运动类型坐标系的原点。在绘图区域中选取图 10.3.14 所示的圆弧作为运动类型坐标系的原点参考。

（3）定义运动类型坐标系的 X 轴。在绘图区域中选取图 10.3.15 所示的模型边线作为运动类型坐标系的 X 轴方向，单击 按钮，调整 X 轴的正方向。

图 10.3.14　定义原点　　　　　　　　　图 10.3.15　定义 X 轴方向

Step7. 单击 确定 按钮，完成铰链（旋转）运动的定义，效果如图 10.3.16 所示。

## 10.3.3　平移运动

平移运动与传统意义上的"在平面上做运动"不同，平移运动是指沿着指定的 Z 轴方向移动，所以也可以称为"直线运动"。

Step1. 打开文件 D:\inv19.1\work\ch10.03.03\unassuming-motion.iam。

Step2. 进入到运动仿真环境。在 环境 选项卡 开始 区域单击"运动仿真"按钮 ，系统进入到运动仿真环境。

Step3. 选择命令。在 运动仿真 选项卡 运动类型 区域单击"插入运动类型"按钮 ，系统弹出"插入运动类型"对话框。

Step4. 定义运动类型。在"插入运动类型"对话框"运动类型"列表中选择 平移 选项。

Step5. 指定第一个零部件的运动类型坐标系。

（1）定义运动类型坐标系的 Z 轴。在绘图区域中选取图 10.3.17 所示的边线作为运动类型坐标系的 Z 轴方向。

图 10.3.16　完成定义　　　　　　　　图 10.3.17　定义 Z 轴方向

（2）定义运动类型坐标系的原点。在绘图区域中选取图 10.3.18 所示的点作为运动类型坐标系的原点。

（3）定义运动类型坐标系的 X 轴。在绘图区域中选取图 10.3.19 所示的模型边线作为运动类型坐标系的 X 轴方向。

图 10.3.18　定义原点　　　　　　　　图 10.3.19　定义 X 轴方向

Step6. 指定第二个零部件的运动类型坐标系。

（1）定义运动类型坐标系的 Z 轴。在绘图区域中选取图 10.3.20 所示的边线作为运动类型坐标系的 Z 轴方向的参考。

（2）定义运动类型坐标系的原点。在绘图区域中选取图 10.3.21 所示的点作为运动类型坐标系的原点。

（3）定义运动类型坐标系的 X 轴。在绘图区域中选取图 10.3.22 所示的模型边线作为运动类型坐标系的 X 轴方向，单击 <img> 按钮调整 X 轴的正方向。

图 10.3.20　定义 Z 轴方向

图 10.3.21　定义原点

Step7. 单击 确定 按钮，完成平移运动的定义，效果如图 10.3.23 所示。

图 10.3.22　定义 X 轴方向

图 10.3.23　完成定义

## 10.3.4　柱面运动

柱面运动与旋转运动有些相似，柱面连接既可以绕轴线转动，也可以沿轴线平移。可以提供一个平移自由度和一个旋转自由度。

Step1. 打开文件 D:\inv19.1\work\ch10.03.04\cylinder.iam。

Step2. 进入到运动仿真环境。在 环境 选项卡 开始 区域单击"运动仿真"按钮 ，系统进入到运动仿真环境。

Step3. 选择命令。在 运动仿真 选项卡 运动类型 区域单击"插入运动类型"按钮 ，系统弹出"插入运动类型"对话框。

Step4. 定义运动类型。在"插入运动类型"对话框"运动类型"列表中选择 柱面运动 选项。

Step5. 指定第一个零部件的运动类型坐标系。

（1）定义运动类型坐标系的 Z 轴。在绘图区域中选取图 10.3.24 所示的圆弧面作为运动类型坐标系的 Z 轴方向参考。

（2）定义运动类型坐标系的原点。在绘图区域中选取图 10.3.25 所示的点作为运动类型坐标系的原点参考。

（3）定义运动类型坐标系的 X 轴。采用系统默认的 X 轴方向。

选取此圆弧面

图 10.3.24　定义 Z 轴方向

选取此圆

图 10.3.25　定义原点

Step6. 指定第二个零部件的运动类型坐标系。

（1）定义运动类型坐标系的 Z 轴。在"插入运动类型"对话框中单击图 10.3.26 所示的
按钮，然后在绘图区域中选取图 10.3.27 所示的圆弧面作为运动类型坐标系的 Z 轴方向
的参考。

（2）定义运动类型坐标系的原点。在绘图区域中选取图 10.3.28 所示的圆弧作为运动类
型坐标系的原点参考。

图 10.3.26　"插入运动类型"对话框

选取此圆弧面

图 10.3.27　定义 Z 轴方向

选取此圆弧

图 10.3.28　定义原点

（3）定义运动类型坐标系的 X 轴。采用系统默认的 X 轴方向。

Step7. 单击 确定 按钮，完成柱面运动的定义，效果如图 10.3.29 所示。

## 10.3.5　球面运动

球面运动可以使零件绕着某一个约束点沿任意方向转动。

Step1. 打开文件 D:\inv19.1\work\ch10.03.05\ball.iam。

Step2. 进入到运动仿真环境。在 环境 选项卡 开始 区域单击"运动仿真"按钮 ，系统进入到运动仿真环境。

Step3. 选择命令。在 运动仿真 选项卡 运动类型 区域单击"插入运动类型"按钮 ，系统弹出"插入运动类型"对话框。

Step4. 定义运动类型。在"插入运动类型"对话框"运动类型"列表中选择 球面运动 选项。

Step5. 指定第一个零部件的运动类型坐标系。

（1）定义运动类型坐标系的原点。在绘图区域中选取图 10.3.30 所示的球面作为运动类型坐标系的原点参考，

图 10.3.29　完成定义

选取此球面

图 10.3.30　定义原点

（2）定义运动类型坐标系的 Z 轴。采用系统默认的 Z 轴方向。

（3）定义运动类型坐标系的 X 轴。采用系统默认的 X 轴方向。

Step6. 指定第二个零部件的运动类型坐标系。

（1）定义运动类型坐标系的原点。在"插入运动类型"对话框中单击图 10.3.31 所示的 按钮，然后在绘图区域中选取图 10.3.32 所示的点作为运动类型坐标系的原点，

（2）定义运动类型坐标系的 Z 轴。采用系统默认的 Z 轴方向。

（3）定义运动类型坐标系的 X 轴。采用系统默认的 X 轴方向。

Step7. 单击 确定 按钮，完成球面运动的定义，效果如图 10.3.33 所示。

## 10.3.6　平面运动

平面运动可以使零件在一个平面内移动，也可以绕着垂直于该平面的轴线转动；平面运动可以提供两个平移自由度和一个旋转自由度。

Step1. 打开文件 D:\inv19.1\work\ch10.03.06\planar.iam。

图 10.3.31　"插入运动类型"对话框

图 10.3.32　定义原点

图 10.3.33　完成定义

Step2. 进入到运动仿真环境。在 环境 选项卡 开始 区域单击"运动仿真"按钮，系统进入到运动仿真环境。

Step3. 选择命令。在 运动仿真 选项卡 运动类型 区域单击"插入运动类型"按钮，系统弹出"插入运动类型"对话框。

Step4. 定义运动类型。在"插入运动类型"对话框"运动类型"列表中选择 平面运动 选项。

Step5. 指定第一个零部件的运动类型坐标系。

（1）定义运动类型坐标系的平面。在绘图区域中选取图 10.3.34 所示的模型表面作为运动类型坐标系的平面参考。

（2）定义运动类型坐标系的原点。采用系统默认的原点。

（3）定义运动类型坐标系的 X 轴。采用系统默认的 X 轴方向。

Step6. 指定第二个零部件的运动类型坐标系。

（1）定义运动类型坐标系的平面。在"插入运动类型"对话框中单击 零部件 2 区域的 按钮，然后在绘图区域中选取图 10.3.35 所示的模型表面作为运动类型坐标系的平面参考。

图 10.3.34　定义平面

图 10.3.35　定义平面

（2）定义运动类型坐标系的原点。采用系统默认的原点。

（3）定义运动类型坐标系的 X 轴。采用系统默认的 X 轴方向。

Step7. 单击 ____确定____ 按钮，完成平面运动的定义，效果如图 10.3.36 所示。

图 10.3.36　完成定义

## 10.3.7　球面圆槽运动

球面圆槽运动可以使零件在选定的点处向任何方向转动，也可以沿着选定的轴线移动；球面圆槽运动可以提供三个旋转自由度和一个平移自由度。

Step1. 打开文件 D:\inv19.1\work\ch10.03.07\Sphere-notch.iam。

Step2. 进入到运动仿真环境。在 环境 选项卡 开始 区域单击"运动仿真"按钮 ，系统进入到运动仿真环境。

Step3. 选择命令。在 运动仿真 选项卡 运动类型 区域单击"插入运动类型"按钮 ，系统弹出"插入运动类型"对话框。

Step4. 定义运动类型。在"插入运动类型"对话框"运动类型"列表中选择 球面圆槽运动 选项。

Step5. 指定第一个零部件的运动类型坐标系。

（1）定义运动类型坐标系的 Z 轴。在绘图区域中选取图 10.3.37 所示的工作轴作为运动类型坐标系的 Z 轴方向。

（2）定义运动类型坐标系的原点。采用系统默认的原点。

（3）定义运动类型坐标系的 X 轴。采用系统默认的 X 轴方向。

Step6. 指定第二个零部件的运动类型坐标系。

（1）定义运动类型坐标系的原点。在绘图区域中选取图 10.3.38 所示的球面作为运动类型坐标系的原点参考。

图 10.3.37　定义 Z 轴方向

图 10.3.38　定义坐标系的原点

（2）定义运动类型坐标系的 Z 轴。在绘图区域中选取图 10.3.39 所示的边线作为运动类型坐标系的 Z 轴方向。

（3）定义运动类型坐标系的 X 轴。采用系统默认的 X 轴方向。

Step7. 单击 确定 按钮，完成球面圆槽运动的定义，效果如图 10.3.40 所示。

图 10.3.39　定义 Z 轴方向

图 10.3.40　完成定义

## 10.3.8　线面运动

线面运动可以使零件 1 上的一条直线落在零件 2 的平面上平动；线面运动可以提供两个旋转自由度和两个平移自由度。

Step1. 打开文件 D:\inv19.1\work\ch10.03.08\line-face.iam。

Step2. 进入到运动仿真环境。在 环境 选项卡 开始 区域单击"运动仿真"按钮 ，系统进入到运动仿真环境。

Step3. 选择命令。在 运动仿真 选项卡 运动类型 区域单击"插入运动类型"按钮 ，系统弹出"插入运动类型"对话框。

Step4. 定义运动类型。在"插入运动类型"对话框"运动类型"列表中选择 线-面运动 选项。

Step5. 指定第一个零部件的运动类型坐标系。

（1）定义运动类型坐标系的平面。在绘图区域中选取图 10.3.41 所示的模型表面作为运动类型坐标系的平面。

（2）定义运动类型坐标系的原点。采用系统默认的原点。

（3）定义运动类型坐标系的 X 轴。单击"插入运动类型"对话框 零部件 1 区域 X轴(X) 前的 按钮，然后在绘图区域中选取图 10.3.42 所示的边线作为运动类型坐标系的 X 轴方向。

图 10.3.41　定义平面

图 10.3.42　定义坐标系的 X 轴方向

Step6. 指定第二个零部件的运动类型坐标系。

（1）定义运动类型坐标系的 Z 轴。在绘图区域中选取图 10.3.43 所示的边线作为运动类型坐标系的 Z 轴方向。

（2）定义运动类型坐标系的原点。采用系统默认的原点。

（3）定义运动类型坐标系的 X 轴。采用系统默认的 X 轴方向。

Step7. 单击 确定 按钮，完成线面运动的定义，效果如图 10.3.44 所示。

图 10.3.43　定义 Z 轴方向　　　　　图 10.3.44　完成定义

## 10.3.9　点面运动

点面运动可以使零件 1 上的一个点落在零件 2 的平面上平动。下面举例说明。

Step1. 打开文件 D:\inv19.1\work\ch10.03.09\point-face.iam。

Step2. 进入到运动仿真环境。在 环境 选项卡 开始 区域单击"运动仿真"按钮 ，系统进入到运动仿真环境。

Step3. 选择命令。在 运动仿真 选项卡 运动类型 区域单击"插入运动类型"按钮 ，系统弹出"插入运动类型"对话框。

Step4. 定义运动类型。在"插入运动类型"对话框"运动类型"列表中选择 点-面运动 选项。

Step5. 指定第一个零部件的运动类型坐标系。

（1）定义运动类型坐标系的平面。在绘图区域中选取图 10.3.45 所示的模型表面作为运动类型坐标系的平面。

（2）定义运动类型坐标系的原点。采用系统默认的原点。

（3）定义运动类型坐标系的 X 轴。采用系统默认的 X 轴方向。

Step6. 指定第二个零部件的运动类型坐标系。

（1）定义运动类型坐标系的点。在"插入运动类型"对话框中单击 零部件 2 区域的 按钮，然后在绘图区域中选取图 10.3.46 所示的点。

（2）定义运动类型坐标系的 Z 轴。采用系统默认的 Z 轴方向。

（3）定义运动类型坐标系的 X 轴。采用系统默认的 X 轴方向。

Step7. 单击 确定 按钮，完成点面运动的定义，效果如图 10.3.47 所示。

图 10.3.45　定义平面　　　　　　　　图 10.3.46　定义坐标系的点

图 10.3.47　完成定义

## 10.3.10　焊接连接

焊接连接是将两个零件粘接在一起，焊接在一起的两个零部件之间将不会有任何的相对运动。

Step1. 打开文件 D:\inv19.1\work\ch10.03.10\jointing.iam。

Step2. 进入到运动仿真环境。在 环境 选项卡 开始 区域单击"运动仿真"按钮 ，系统进入到运动仿真环境。

Step3. 选择命令。在 运动仿真 选项卡 运动类型 区域单击"插入运动类型"按钮 ，系统弹出"插入运动类型"对话框。

Step4. 定义运动类型。在"插入运动类型"对话框"运动类型"列表中选择 焊接连接 选项。

Step5. 指定第一个零部件的运动类型坐标系。

（1）定义运动类型坐标系的 Z 轴。在绘图区域中选取图 10.3.48 所示的圆柱面作为运动类型坐标系 Z 轴方向参考。

（2）定义运动类型坐标系的原点。选取图 10.3.49 所示的圆作为运动类型坐标系的原点参考。

（3）定义运动类型坐标系的 X 轴。采用系统默认的 X 轴方向。

图 10.3.48　定义坐标系的 Z 轴

图 10.3.49　定义坐标系的原点

Step6. 指定第二个零部件的运动类型坐标系。

（1）定义运动类型坐标系的 Z 轴。在"插入运动类型"对话框中单击 零部件 2 区域的 ↳ 2 按钮，然后在绘图区域中选取图 10.3.50 所示的圆柱面作为运动类型坐标系 Z 轴方向参考。

（2）定义运动类型坐标系的原点。选取图 10.3.51 所示的圆作为运动类型坐标系的原点参考。

（3）定义运动类型坐标系的 X 轴。采用系统默认的 X 轴方向。

Step7. 单击 确定 按钮，完成点面运动的定义，效果如图 10.3.52 所示。

选取此圆柱面

选取此圆

图 10.3.50　定义坐标系的 Z 轴　　图 10.3.51　定义坐标系的原点　　图 10.3.52　完成定义

# 10.4　机构运动类型

## 10.4.1　齿轮齿条运动

齿轮齿条运动实际上是添加"一个圆柱沿着一条直线滚动""一个圆柱沿着一个平面滚动"或者"一个圆沿着一个平面滚动"的运动约束，并不一定是严格意义上的齿轮与齿条的运动。

Step1. 打开文件 D:\inv19.1\work\ch10.04.01\gear-rack.iam。

Step2. 进入到运动仿真环境。在 环境 选项卡 开始 区域单击"运动仿真"按钮 ，系统进入到运动仿真环境。

Step3. 选择命令。在 运动仿真 选项卡 运动类型 区域单击"插入运动类型"按钮 ，系统弹出"插入运动类型"对话框。

Step4. 定义运动类型。在"插入运动类型"对话框"运动类型"列表中选择 传动:齿轮齿条运动 选项。

Step5. 指定第一个运动类型坐标系。

（1）定义运动类型坐标系的轴/平面。在绘图区域中选取图 10.4.1 所示的模型表面。

（2）定义运动类型坐标系的原点。采用系统默认的原点。

（3）定义运动类型坐标系的 X/Z 轴。采用系统默认的 X/Z 轴方向。

Step6. 指定第二个运动类型坐标系。

（1）定义圆柱体。在"插入运动类型"对话框中单击 圆柱体 区域的 按钮，然后在绘图区域中选取图 10.4.2 所示的圆柱面。

选取此模型表面

选取此模型表面

图 10.4.1　定义坐标系的轴/平面　　　　图 10.4.2　定义圆柱体

（2）定义运动类型坐标系的原点。采用系统默认的原点。

Step7. 单击 确定 按钮，完成齿轮齿条运动的定义。

## 10.4.2　外齿轮啮合运动

外齿轮啮合运动实际上是添加"一个圆柱沿着另外一个圆柱滚动"的运动约束，需要注意的是，两个零件并不一定是真实的齿轮。

Step1. 打开文件 D:\inv19.1\work\ch10.04.02\external-gear.iam。

Step2. 进入到运动仿真环境。在 环境 选项卡 开始 区域单击"运动仿真"按钮 ，系统进入到运动仿真环境。

Step3. 选择命令。在 运动仿真 选项卡 运动类型 区域单击"插入运动类型"按钮 ，系统弹出"插入运动类型"对话框。

Step4. 定义运动类型。在"插入运动类型"对话框"运动类型"列表中选择 传动:外齿轮啮合运动 选项。

Step5. 指定第一个运动类型坐标系。

（1）定义零部件 1 的圆柱体。在绘图区域中选取图 10.4.3 所示的模型表面。

（2）定义零部件 1 的原点。采用系统默认的原点。

Step6. 指定第二个运动类型坐标系。

（1）定义零部件 2 的圆柱体。在"插入运动类型"对话框中单击 零部件 2 区域的 按钮，然后在绘图区域中选取图 10.4.4 所示的圆柱面。

选取此模型表面

选取此模型表面

图 10.4.3　定义零部件 1 的圆柱体　　　　图 10.4.4　定义零部件 2 的圆柱体

（2）定义零部件 2 的原点。采用系统默认的原点。

Step7. 单击 确定 按钮，完成外齿轮啮合运动的定义。

## 10.4.3　内齿轮啮合运动

内齿轮啮合运动与外齿轮啮合运动一样也是添加"一个圆柱沿着另外一个圆柱滚动"的运动约束，只不过内齿轮啮合运动是内圆柱面在外圆柱面内部滚动。

Step1. 打开文件 D:\inv19.1\work\ch10.04.03\inside-gear.iam。

Step2. 进入到运动仿真环境。在 环境 选项卡 开始 区域单击"运动仿真"按钮 ，系统进入到运动仿真环境。

Step3. 选择命令。在 运动仿真 选项卡 运动类型 区域单击"插入运动类型"按钮 ，系统弹出"插入运动类型"对话框。

Step4. 定义运动类型。在"插入运动类型"对话框"运动类型"列表中选择 传动:内齿轮啮合运动 选项。

Step5. 指定第一个运动类型坐标系。

（1）定义外部零部件的圆柱体。在绘图区域中选取图 10.4.5 所示的模型表面。

（2）定义外部零部件的原点。采用系统默认的原点。

Step6. 指定第二个运动类型坐标系。

（1）定义内部零部件的圆柱体。在"插入运动类型"对话框中单击 内部零部件 区域的 按钮，然后在绘图区域中选取图 10.4.6 所示的圆柱面。

选取此模型表面

选取此模型表面

图 10.4.5　定义外部零部件的圆柱体　　　图 10.4.6　定义内部零部件的圆柱体

（2）定义内部零部件的原点。采用系统默认的原点。

Step7. 单击 确定 按钮，完成内齿轮啮合运动的定义。

## 10.4.4　带运动

带运动是机械传动中比较常见的一种传动形式，在 Inventor 中可以真实地模拟带运动。

Step1. 打开文件 D:\inv19.1\work\ch10.04.04\strap-transmission.iam。

Step2. 进入到运动仿真环境。在 环境 选项卡 开始 区域单击"运动仿真"按钮 ，系统进入到运动仿真环境。

Step3. 选择命令。在 运动仿真 选项卡 运动类型 区域单击"插入运动类型"按钮 ，系统弹出"插入运动类型"对话框。

Step4. 定义运动类型。在"插入运动类型"对话框"运动类型"列表中选择 皮带 选项。

Step5. 指定第一个运动类型坐标系。

（1）定义零部件1的圆柱体。在绘图区域中选取图10.4.7所示的模型表面。

（2）定义零部件1的原点。采用系统默认的原点。

（3）定义零部件1的X轴。采用系统默认的X轴方向。

Step6. 指定第二个运动类型坐标系。

（1）定义零部件2的圆柱体。在"插入运动类型"对话框中单击 零部件2 区域的 按钮，然后在绘图区域中选取图10.4.8所示的圆柱面。

图 10.4.7　定义零部件1的圆柱体　　　　图 10.4.8　定义零部件2的圆柱体

（2）定义零部件2的原点。采用系统默认的原点。

（3）定义零部件2的X轴。采用系统默认的X轴方向。

Step7. 单击 确定 按钮，完成带运动的定义。

## 10.4.5　螺旋运动

螺旋运动可以实现一个部件绕另一个部件做相对的螺旋运动，一般用于模拟螺母在螺轩上的运动。

Step1. 打开文件 D:\inv19.1\work\ch10.04.05\screw-asm.iam。

Step2. 进入到运动仿真环境。在 环境 选项卡 开始 区域单击"运动仿真"按钮 ，系统进入到运动仿真环境。

Step3. 选择命令。在 运动仿真 选项卡 运动类型 区域单击"插入运动类型"按钮 ，系统弹出"插入运动类型"对话框。

Step4. 定义运动类型。在"插入运动类型"对话框"运动类型"列表中选择 螺旋运动 选项。

Step5. 指定第一个运动类型坐标系。

（1）定义零部件 1 的 Z 轴。在绘图区域中选取图 10.4.9 所示的模型表面。

（2）定义零部件 1 的原点。采用系统默认的原点。

（3）定义零部件 1 的 X 轴。采用系统默认的 X 轴方向。

Step6. 指定第二个运动类型坐标系。

（1）定义零部件 2 的圆柱体。在"插入运动类型"对话框中单击 零部件2 区域的 按钮，然后在绘图区域中选取图 10.4.10 所示的圆柱面。

选取此模型表面

选取此模型表面

图 10.4.9　定义零部件 1 的 Z 轴方向　　　图 10.4.10　定义零部件 2 的 Z 轴方向

（2）定义零部件 2 的原点。采用系统默认的原点。

（3）定义零部件 2 的 X 轴。采用系统默认的 X 轴方向。

Step7. 定义节距。在"插入运动类型"对话框 节距 文本框中输入数值 2。

Step8. 单击 确定 按钮，完成螺旋运动的定义。

# 10.5　受力类型

## 10.5.1　弹簧/阻尼器/千斤顶

在 Inventor 运动仿真环境中，我们不能够操作真实的弹簧运动，因此当需要添加弹簧时，只能添加虚拟的弹簧连接。

Step1. 打开文件 D:\inv19.1\work\ch10.05.01\spring-asm.iam。

Step2. 进入到运动仿真环境。在 环境 选项卡 开始 区域单击"运动仿真"按钮 ，系统进入到运动仿真环境。

Step3. 选择命令。在 运动仿真 选项卡 运动类型 区域单击"插入运动类型"按钮 ，系统弹出"插入运动类型"对话框。

Step4. 定义运动类型。在"插入运动类型"对话框"运动类型"列表中选择 弹簧/阻尼器/千斤顶 选项。

Step5. 定义第一个点。在绘图区域中选取图 10.5.1 所示的点作为第一个点。

Step6. 定义第二个点。在绘图区域中选取图 10.5.2 所示的点作为第二个点。

Step7. 单击 确定 按钮，完成弹簧的定义，结果如图 10.5.3 所示。

图 10.5.1　定义第一个点

Step8. 定义弹簧属性。

（1）在浏览器 受力类型 节点下选中 弹簧/阻尼器/千斤顶:2(base:1, slide:1) 并右击，在弹出的快捷菜单中选择 特性(P) 命令。

（2）在系统弹出的"螺旋弹簧"对话框中设置图 10.5.4 所示的参数，单击 确定 按钮。

图 10.5.2　定义第二个点

图 10.5.4　"螺旋弹簧"对话框

图 10.5.3　完成弹簧的定义

图 10.5.4 所示的"螺旋弹簧"对话框中各选项说明如下。

- □ 抑制传动器 复选框：当选中此选项时，进行所有计算时将该运动类型排除在外。
- 刚度 文本框：用于设置弹簧的刚度。
- 自由长度 文本框：用于设置弹簧不施加任何力时的长度。
- 阻尼 文本框：用于设置弹簧阻尼。

- 类型 下拉列表: 用于设置弹簧/阻尼器/千斤顶的类型。

- 尺寸 区域: 用于设置螺旋弹簧、弹簧或弹簧阻尼器的半径。

- 特性 区域选项的说明如下。

  - ☑ 面数 文本框: 用于设置螺旋弹簧、弹簧或弹簧阻尼器的面数。

  - ☑ 匝数 文本框: 用于设置螺旋弹簧、弹簧或弹簧阻尼器的匝数。

  - ☑ 钢丝半径 文本框: 用于设置构成螺旋弹簧或弹簧阻尼器的钢丝半径。

- 透明度 : 用于调整图形窗口中运动类型的透明度。

- "更改颜色"按钮: 用于打开 Microsoft 的"颜色"窗口, 可选择运动类型的颜色。

- 比例 文本框: 用于设置约束条件矢量的比例。

- "显示颜色"按钮: 用于打开 Microsoft 的"颜色"窗口, 可以选择约束条件矢量显示时的颜色。

## 10.5.2 3D Contact（接触）

3D Contact 就是模拟两个零件之间的刚性接触不穿透。

Step1. 打开文件 D:\inv19.1\work\ch10.05.02\contact.iam。

Step2. 进入到运动仿真环境。在 环境 选项卡 开始 区域单击"运动仿真"按钮 ，系统进入到运动仿真环境。

Step3. 选择命令。在 运动仿真 选项卡 运动类型 区域单击"插入运动类型"按钮 ，系统弹出"插入运动类型"对话框。

Step4. 定义运动类型。在"插入运动类型"对话框"运动类型"列表中选择 3D Contact 选项。

Step5. 指定第一个零部件。在绘图区域中选取图 10.5.5 所示的第一个零部件。

Step6. 指定第二个零部件。在绘图区域中选取图 10.5.6 所示的第二个零部件。

图 10.5.5 定义第一个零部件

图 10.5.6 定义第二个零部件

Step7. 单击 确定 按钮, 完成 3D Contact 的定义。

Step8. 定义 3D Contact 属性。

（1）在浏览器 受力类型 节点下选中 3D Contact:2 (roll:1, base:1) 并右击, 在弹出的快捷菜单中选择 特性(P) 命令。

（2）在弹出的"3D Contact"对话框中设置图10.5.7所示的参数，单击 确定 按钮。

图10.5.7　"3D Contact"对话框

图10.5.7所示的"3D Contact"对话框中部分选项说明如下。

- 抑制连接 复选项：当选中此选项时，在进行所有计算时将运动类型排除在外。
- 零件1上的接触点 复选项：用于指明此运动类型的第一个零部件上的接触点在图形窗口中可见。
- 零件2上的接触点 复选项：用于指明此连接的第二个零部件上的接触点在图形窗口中可见。
- 最大数量(0 = 全部) 文本框：用于设置要显示的接触点的最大数目。

# 10.6　添加驱动

驱动即机构的原动力，在 Inventor 中任何机构都会有一个原动力，并且所有的运动约束都可以被驱动。

Step1. 打开文件 D:\inv19.1\work\ch10.06\adjunction-drive.iam。

Step2. 进入到运动仿真环境。在 环境 选项卡 开始 区域单击"运动仿真"按钮 ，系统进入到运动仿真环境。

Step3. 添加驱动。

（1）在运动仿真浏览器中右击 铰链(旋转)运动:1 (impeller_4, plank_1)，在系统弹出的快捷菜单中选择 特性(P) 选项。

（2）系统弹出图10.6.1所示的"铰链（旋转）运动"对话框，在 常规 选项卡中采用系统默认的参数。

图 10.6.1 "铰链(旋转)运动"对话框

图 10.6.1 所示的"铰链(旋转)运动"对话框中各选项说明如下。

● □抑制连接 复选框: 在选中此选项后, 在后续的仿真中就不会考虑此运动约束。

● □锁定自由度 复选框: 用于锁定运动类型中的所有自由度。在仿真过程中, 锁定的自由度不会移动。

● 类型: : 用于显示运动类型。用户不能修改该值。

● 显示 区域: 用于在图形窗口中显示力和转矩矢量。

  ☑ □力 复选框: 用于显示力矢量。

  ☑ □转矩 复选框: 用于显示转矩矢量。

  ☑ 比例: 文本框: 用于调整矢量在图形窗口中的大小。

  ☑ "更改颜色": 用于打开 Microsoft 的"颜色"对话框, 以便为矢量选择颜色。

(3) 单击"铰链(旋转)运动"对话框中的 自由度1(R) 选项卡, 单击"编辑驱动条件"按钮 ⚙, 选中该对话框中的 ☑ 启用驱动条件 按钮, 设置图 10.6.2 所示的参数。

图 10.6.2 "铰链(旋转)运动"对话框

说明：在调整速度数值时，应在其文本右击，先设置为常量，然后才能进行修改。

图 10.6.2 所示的"铰链（旋转）运动"对话框中部分选项说明如下。

- ⊙位置 单选项：用于将位置强制为时间的函数。
- ⊙速度 单选项：用于将速度强制为时间的函数。
- ⊙加速度 单选项：用于将加速度强制为时间的函数。

在图 10.6.2 所示的"铰链（旋转）运动"对话框中除了能够添加驱动之外，还可以定义自由度的初始条件与作用力/反作用力参数。下面将分别介绍。

① 定义约束的初始条件。

在图 10.6.2 所示的"铰链（旋转）运动"对话框中单击"编辑初始条件"按钮，此时对话框如图 10.6.3 所示。

图 10.6.3　"铰链（旋转）运动"对话框

图 10.6.3 所示的"铰链（旋转）运动"对话框中部分选项说明如下。

- 位置:文本框：用于定义当前自由度的初始位置。
- ☑已锁定 复选框：用于将当前自由度锁定在该位置。
- 速度:文本框：用于定义当前自由度的初始速度。
- ☑已计算 复选框：如果选中该复选框，系统会在考虑物理环境的条件下自动计算初始速度。
- 边界区域：用于定义当前自由度的最大值或最小值。
  - ☑ ☑最小 复选框：用于启用"值""刚度"和"阻尼"框，以便用户输入最小值。
  - ☑ ☑最大 复选框：用于启用"值""刚度"和"阻尼"框，以便用户输入最大值。
  - ☑ 值:文本框：用于定义此力或转矩的最小/最大边界。
  - ☑ 刚度: 文本框：用于设置最小或最大边界的刚度。
  - ☑ 阻尼:文本框：用于设置最小或最大边界的阻尼。

② 定义约束的作用/反作用力的参数。

在图 10.6.3 所示的"铰链（旋转）运动"对话框中单击"编辑铰链转矩"按钮 ，此时对话框如图 10.6.4 所示。

图 10.6.4　"铰链（旋转）运动"对话框

说明：如果当前自由度为转动自由度，此时对话框如图 10.6.4 所示；如果当前自由度为平移自由度，对话框如图 10.6.5 所示。

图 10.6.5　"平移"对话框

图 10.6.4 与图 10.6.5 所示对话框中部分选项说明如下。

- ☑启用铰接转矩 与 ☑启用约束条件 复选框：用于激活约束条件或铰接转矩，并启用此对话框中的参数。

- 文本框：用于定义在仿真过程中力或转矩的值。

- 阻尼 文本框：用于定义黏性阻尼。

- 弹簧 区域：设置弹簧的参数。

☑ 自由位置: 文本框：用于定义弹簧的自由长度。

☑ 弹性刚度: 复选框：用于定义弹簧的弹性刚度。

● 干摩擦 区域：用于定义摩擦的参数。

☑ 系数: 文本框：用于定义干摩擦的系数。此系数的范围为0~2。

☑ 半径: 文本框：用于定义转动轴的半径。此文本框只在"编辑铰链转矩"时可用。

（4）单击 确定 按钮，完成驱动的添加。

**说明：** 在浏览器中，被施加约束的运动约束图标上会有绿色的"#"号。

# 10.7　添加外部载荷

在机构运动仿真中，为了更加真实地模拟机构的运动，往往需要在机构中添加一些外部载荷，在 Inventor 中能够添加的外部载荷主要包括重力、力与力矩。

## 10.7.1　重力

为了真实模拟机构的运动，有时需要给机构指定重力，使机构受到重力的影响。在 Inventor 运动仿真环境中，默认情况下是没有重力的。下面以图 10.7.1 所示的装配体为例，讲解在滑块上添加重力的一般操作过程。

Step1. 打开文件 D:\inv19.1\work\ch10.07.01\gravity.iam。

Step2. 进入到运动仿真环境。在 环境 选项卡 开始 区域单击"运动仿真"按钮 ，系统进入到运动仿真环境。

Step3. 选择命令。在运动仿真浏览器中右击 外部载荷 节点下的 重力 ，在弹出的快捷菜单中选择 定义重力 命令，系统弹出图 10.7.2 所示的"重力"对话框。

图 10.7.1　装配体模型

图 10.7.2　"重力"对话框

图 10.7.2 所示的"重力"对话框中部分选项说明如下。

- ☑抑制：抑制重力以便在后续仿真中不予考虑。在默认情况下，重力处于抑制状态，此时在浏览器中重力图标为白色。当重力被激活时，重力图标为黄色。

- ⊙实体 单选项：用于启用实体区域中的"方向"和"值"参数。

- ⊙矢量分量 单选项：用于在矢量分量区域中输入重力的方向与大小。

Step4. 定义重力的方向与大小。在绘图区域选取图 10.7.3 所示的模型表面作为重力方向参考面，方向如图 10.7.4 所示（若方向不同可单击 ⊠ 按钮进行调整），在"重力"对话框实体区域的 值: 文本框中设置重力的大小（此处采用系统默认即可）。

注意：在选择几何实体指定重力方向时，选取的实体必须为固定的零部件，否则系统会弹出图 10.7.5 所示的"运动仿真"对话框。

图 10.7.3　定义参考面

图 10.7.4　重力方向

图 10.7.5　"运动仿真"对话框

Step5. 单击 确定 按钮，完成重力的添加。

## 10.7.2　力

在运动仿真中，为了能够使机构运动起来，我们可以添加驱动，实际上除了添加驱动之外，我们还可以在机构合适的位置添加一个外力使机构运动起来。

下面以图 10.7.6 所示的装配体为例，讲解在滑块上添加一个力的一般操作过程。

Step1. 打开文件 D:\inv19.1\work\ch10.07.02\power.iam。

Step2. 进入到运动仿真环境。在 环境 选项卡 开始 区域单击"运动仿真"按钮 🖱，系统进入到运动仿真环境。

Step3. 选择命令。在 运动仿真 选项卡 加载 区域单击"力"按钮 ↓，系统弹出图 10.7.7

所示的"力"对话框。

图 10.7.6　装配体模型

图 10.7.7　"力"对话框

图 10.7.7 所示的"力"对话框中部分选项说明如下。

● [位置]按钮：用于指定力的顶点。

● [方向]按钮：用于指定与调整力的方向。

● [大小]文本框：用于设置力的大小。

● "固定载荷方向"按钮 ：用于表示力的方向不随零件的运动而发生改变。

● "关联载荷方向"按钮 ：用于表示力的方向会随着零件的运动而发生改变。

● [使用矢量分量]：用于禁用"大小"和"方向"参数并抑制为这些参数设置的所有

值，当选中该复选框时，将启用 Fx、Fy 和 Fz 框或者 Tx、Ty 和 Tz 框。

Step4. 定义力的三要素。

（1）定义的力的位置。在绘图区域中选取图 10.7.8 所示的点作为力的位置点。

（2）定义力的方向。在绘图区域中选取图 10.7.9 所示的模型边线，单击 按钮调整力的方向，完成后如图 10.7.10 所示。

（3）定义力的大小。在"力"对话框的 [大小]文本框中输入数值 5。

选取此点

选取此边线

图 10.7.8　定义力的位置　　　图 10.7.9　定义力的方向　　　图 10.7.10　力的方向

Step5. 单击 [确定] 按钮，完成力的添加。

### 10.7.3　转矩

下面以图 10.7.11 所示的装配体为例，讲解添加一个转矩的一般操作过程。

Step1. 打开文件 D:\inv19.1\work\ch10.07.03\convey-distance.iam。

Step2. 进入到运动仿真环境。在 环境 选项卡 开始 区域单击"运动仿真"按钮，系统进入到运动仿真环境。

Step3. 选择命令。在 运动仿真 选项卡 加载 区域单击"转矩"按钮，系统弹出图 10.7.12 所示的"转矩"对话框。

图 10.7.11　装配体模型

图 10.7.12　"转矩"对话框

Step4. 定义转矩参数。

（1）定义转矩的位置。在绘图区域中选取图 10.7.13 所示的圆弧。

（2）定义转矩的方向。在绘图区域中选取图 10.7.14 所示的圆弧面，结果如图 10.7.15 所示。

图 10.7.13　定义转矩的位置

图 10.7.14　定义转矩的方向

图 10.7.15　转矩的方向

（3）定义转矩的大小。在"转矩"对话框的 大小 文本框中输入数值 10。

Step5. 单击 确定 按钮，完成转矩的添加。

# 10.8　输出图示器

我们做运动仿真并不只是想查看其运动过程，欣赏自己制作的精美动画，最主要的目的应该是用制作的动画和运动仿真来模拟实际的运动，从而进一步对产品或机构进行深入的分析，得到一些技术参数，让我们更了解产品，为以后产品的改进提供技术数据。

下面以图 10.8.1 所示的装配体为例，对弹簧所受的力进行分析。

Step1. 打开文件 D:\inv19.1\work\ch10.08\Export-consequence.iam。

Step2. 进入运动仿真环境。在 环境 选项卡 开始 区域单击"运动仿真"按钮 ，系统进入到运动仿真环境。

Step3. 运行仿真。在"仿真播放器"对话框中单击 ▶ 按钮。

Step4. 选择命令。在 运动仿真 选项卡 结果 区域单击"输出图示器"按钮 ⩘，系统弹出图 10.8.2 所示的"运动仿真-输出图示器"对话框。

Step5. 查看受力图示表。在"输出图示器"浏览器中依次展开 ⊞ 🗀 Export-consequence ➡ ⊞ 🗒 受力联接 ➡ ⊞ ☰ 弹簧/阻尼器/千斤顶:2 (导柱:1, 导套:1) ➡ ⊞ 🗀 力，然后选中 ☑ 力⑫ 复选框，结果如图 10.8.2 所示。

图 10.8.1　装配体模型　　　　图 10.8.2　"运动仿真-输出图示器"对话框

# 第**11**章　有限元结构分析

**本章提要**　在现代先进制造领域中，我们经常会碰到的问题是计算和校验零部件的强度、刚度以及对机器整体或部件进行结构分析等。有限元法（Finite Element Analysis）是根据变分法原理来求解数学物理问题的一种数值计算方法。由于工程上的需要，特别是高速电子计算机的发展与应用，有限元法才在结构分析矩阵方法的基础上，迅速地发展起来，并得到越来越广泛的应用。本章将介绍 Inventor 软件中有限元的基本知识，包括以下内容：

- 概述。
- 有限元分析环境。
- Inventor 零件有限元分析的一般过程。

## 11.1　概　　述

运用力学原理已经得到了工程技术问题的基本方程和边界条件，但是能用解析方法求解的只是少数方程，是一些性质比较简单，边界条件比较规则的问题。绝大多数工程技术问题很少有解析解。

处理这类问题通常有两种方法：

一种是引入简化假设，使达到能用解析解法求解的地步，求得在简化状态下的解析解，这种方法并不总是可行的，通常可能导致不正确的解答。

另一种途径是保留问题的复杂性，利用数值计算的方法求得问题的近似数值解。

有限元法所以能得到迅速发展和广泛应用，与有限元法本身所具有的优越性是分不开的，其中主要有：

（1）可完成一般力学中无法解决的对复杂结构的分析问题。

（2）引入边界条件的办法简单，为编制通用化的程序带来了极大的简化。

（3）有限元法不仅适用于复杂的几何形状和边界条件，而且能应用于复杂的材料性质问题。它还成功地用来求解如热传导、流体力学以及电磁场、生物力学等领域的问题，几乎适用于求解所有关于连续介质和场的问题。

有限元法的应用与电子计算机紧密相关，由于该法采用矩阵形式表达，便于编制计算机程序，可以充分利用高速电子计算机所提供的方便。因而，有限元法已被公认为工程分析的有效工具，受到普遍重视。随着机械产品日益向高速、高效、高精度和高度自动化技术方向发展，有限元法在现代先进制造技术的作用和地位也越来越显著，它已经成为现代机械产品设计中一种重要的且必不可少的工具。

## 11.2 有限元分析环境

### 11.2.1 进入/退出有限元分析环境

Step1. 打开文件 D:\inv19.1\work\ch11.02.01\analysis.ipt。

Step2. 进入有限元分析环境。在 环境 选项卡 开始 区域单击"应力分析"按钮，系统进入到有限元分析环境中。

Step3. 退出有限元分析环境。在 分析 选项卡 退出 区域单击"完成"按钮。

### 11.2.2 有限元分析的工作界面

打开文件 D:\inv19.1\work\ch11.02.02\analysis.ipt。进入到有限元分析环境，双击浏览器中的 Mises 等效应力 后，结果如图 11.2.1 所示。

图 11.2.1 有限元分析工作界面

## 11.2.3　有限元分析选项设置

在开始一个分析项目之前，应该对有限元分析环境进行预设置，包括分析类型、求解器以及网格的默认设置等。

Step1. 选择 分析 选项卡 设置 区域的"应力分析设置"命令 ，系统弹出"应力分析设置"对话框。

Step2. 在"应力分析设置"对话框中单击 常规 选项卡，此时对话框如图 11.2.2 所示。

图 11.2.2　"常规"选项卡

Step3. 在"应力分析设置"对话框中单击 求解器 选项卡，此时对话框如图 11.2.3 所示，可以设置求解器的默认参数。

Step4. 在"应力分析设置"对话框中单击 网格 选项卡，此时对话框如图 11.2.4 所示，可以设置网格的默认参数。

## 11.2.4　有限元分析一般过程

在 Inventor 中进行有限元分析的一般过程如下。

Step1. 新建一个几何模型文件或直接打开一个现有的几何模型文件，作为有限元分析的几何对象。

Step2. 进入有限元分析环境。在 环境 选项卡 开始 区域单击"应力分析"按钮 ，系统进入到有限元分析环境中。

图 11.2.3 "求解器"选项卡

图 11.2.4 "网格"选项卡

Step3. 新建一个分析。选择 分析 选项卡 管理 区域的"创建方案"命令 ，新建一个分析。

Step4. 指定材料。选择 分析 选项卡 材料 区域的"指定"命令 ，给分析对象指定材料。

Step5. 添加约束。选择 分析 选项卡 约束 区域中的命令，给分析对象添加约束。

Step6. 添加外部载荷。选择 分析 选项卡 载荷▾ 区域中的命令，给分析对象添加载荷。

Step7. 划分网格。选择 分析 选项卡 网格 区域中的"参看网格"命令 ，系统自动划分网格。

Step8. 求解。选择 分析 选项卡 求解 区域中的"分析"命令 ，对有限元模型的计算工况进行求解。

Step9. 查看和评估结果。显示结果图解，对图解结果进行分析，评估设计是否符合要求。

# 11.3 Inventor 零件有限元分析的一般过程

下面以图 11.3.1 所示的零件模型为例，介绍有限元分析的一般过程。

图 11.3.1 分析对象

图 11.3.1 所示是一材料为合金钢的零件，在零件的上表面（面 1）上施加 800N 的力，零件侧面（面 2）是固定面，在这种情况下分析该零件的应力、应变及位移分布，分析零件在这种情况下是否会被破坏。

## 11.3.1 打开模型文件并进入分析环境

Step1. 打开文件 D:\inv19.1\work\ch11.03\analysis.SLDPRT。

Step2. 进入有限元分析环境。在 环境 选项卡 开始 区域单击"应力分析"按钮 ，系统进入到有限元分析环境中。

Step3. 新建一个分析。选择 分析 选项卡 管理 区域的"创建方案"命令 ，系统弹出图 11.3.2 所示的"创建新方案"对话框。

Step4. 定义算例类型。采用系统默认的分析名称，在"创建新方案"对话框的 方案类型 区域中选中 ⦿静态分析 单选项。

说明：选择不同的算例类型，可以进行不同类型的有限元分析。

Step5. 单击对话框中的 确定 按钮，完成创建新方案的操作。

说明：新建一个分析后，应力分析浏览器如图 11.3.3 所示。在有限元分析过程中，对分析参数以及分析对象的修改，都可以在浏览器中进行，另外，分析结果的查看，也要在浏览器中进行。

图 11.3.2 所示的"创建新方案"对话框中各选项说明如下。

- **名称(N):** 文本框：用于指定创建新方案的名称。

- **设计目标(O):** 下拉列表：用于指定仿真的目标。

  ☑ **单点**：在分析过程中，所有尺寸均保持不变，因此只需计算一次。新仿真默认采用此类型。

  ☑ **驱动尺寸**：在分析过程中，某些尺寸的值可以在一定范围内法向改变，因此 Inventor 需要在这个范围内进行多次计算，进而对我们的设计进行优化。

图 11.3.2　"创建新方案"对话框　　　　　　图 11.3.3　浏览器

- **静态分析**：用于分析无运动的模型。

  ☑ ☐ **检测并消除刚体模态** 复选框：当勾选此选项时，将不考虑刚体的运动，即将零件放入到力学的理想条件中，此时如果没有外力作用零件是不会变形的。

  ☑ ☑ **在接触表面上分散应力** 复选框：此选项只在分析装配体时可用；由于接触零件的材料不同，导致应力中某些零件可能是不连续的。

  ☑ ☐ **运动载荷分析** 复选框：此选项只在分析装配体时可用；选中此选项可转移

运动仿真中单个零件的运动载荷。

- ⊙ 模态分析：用于确定模型振动的固有频率。
  - ☑ ☑ 模式数 复选框：对于"结构频率"，输入发现的共振频率数。
  - ☑ ☑ 频率范围 复选框：使用此选项，需要输入模态频率的频率范围。
  - ☑ ☑ 计算预载模式 复选框：选择此选项可计算模型上的应力，然后计算模式以获得预应力条件。
  - ☑ ☑ 提高的精度 复选框：用于将计算的频率值精度提高一个数量级。
- ⊙ 形状生成器：可生成用于指导优化的三维网格。
- 接触：用于设置装配体组件之间的关系。
  - ☑ 公差 文本框：用于设置自动检测中要考虑的面之间或边之间的最大距离；如果面或者边的距离大于所输入的值，将不会参与自动接触分析。
  - ☑ 类型 下拉列表：用于从接触类型列表中，选择仿真构建接触时自动生成的类型。
  - ☑ 法向刚度 文本框：用于输入等效的法向刚度值。仅适用于"弹簧"接触。
  - ☑ 切向刚度 文本框：用于输入等效的切向刚度值。仅适用于"弹簧"接触。
  - ☑ 抽壳接头公差 文本框：用于指定连接中间曲面内间隙的抽壳间隙与抽壳厚度之间的最大比例。

## 11.3.2　指定材料

Step1. 选择 分析 选项卡 材料 区域的"指定"命令 ⚛，系统弹出图 11.3.4 所示的"指定材料"对话框。

图 11.3.4　"指定材料"对话框

Step2. 在对话框中单击 材料... 按钮，系统弹出图 11.3.5 所示的"材料浏览器"对话框。

Step3. 在 Inventor 材料库 区域中单击图 11.3.5 所示的"将材质添加到文档中"按钮 ⬆ 或者双击材料，将材料应用到模型。

Step4. 单击对话框中的"关闭"按钮，系统返回到"指定材料"对话框，单击 确定按钮，完成指定材料的操作。

注意：如果需要的材料在材料列表中没有提供，可以根据需要自定义材料，具体操作请参看本书零件设计章节相关内容。

图 11.3.5 "材料浏览器"对话框

## 11.3.3 添加约束

进行静态分析，模型必须添加合理约束，在 Inventor 中提供了 3 种约束类型来约束模型。

Step1. 选择 分析 选项卡 约束 区域中的"固定"命令，系统弹出图 11.3.6 所示的"固定约束"对话框。

Step2. 定义固定面。选取图 11.3.7 所示的模型表面为固定面，即将该面完全固定。

Step3. 单击对话框中的 确定 按钮，完成外部载荷力的添加。

说明：添加固定约束后，就完全限制了模型的空间运动，此模型在没有弹性变形的情况下是无法移动的。

图 11.3.6 所示的"固定约束"对话框中部分选项说明如下。

● 位置：用于选择面、边或顶点以指定约束的位置。

- ☑ **使用矢量分量** 复选框：用于使用矢量分量定义位移。
  - ☑ **☑ x** 文本框：输入沿 X 轴的适当的位移大小。
  - ☑ **☑ y** 文本框：输入沿 Y 轴的适当的位移大小。
  - ☑ **☑ z** 文本框：输入沿 Z 轴的适当的位移大小。
- ☑ **显示图示符** 复选框：用于开启约束矢量图示符的可见性。
- **名称(N)**：用于指定约束的名称。

图 11.3.6 "固定约束"对话框

选取固定面

图 11.3.7 定义固定面

在 Inventor 约束类型中，除了固定约束，用户还可以添加销约束与无摩擦约束，下面将分别介绍。

### 1. 销约束

销约束是指在选定的圆柱面上应用转动约束。

Step1. 选择 **分析** 选项卡 **约束** 区域中的"销约束"命令 <sup>〇</sup>，系统弹出图 11.3.8 所示的"孔销连接"对话框。

图 11.3.8 "孔销连接"对话框

Step2. 定义约束面。在绘图区域选取要约束的圆柱面即可添加该约束。

图 11.3.8 所示的"孔销连接"对话框中各选项说明如下。

- ⊳ 位置：用于选择要应用该约束的圆柱面。
- ☑ 固定径向 复选框：使圆柱面无法在圆柱体径向上移动、旋转或变形。
- ☑ 固定轴向 复选框：使圆柱面无法在圆柱体轴向上移动、旋转或变形。
- ☑ 固定切向 复选框：使圆柱面无法在圆柱体切向上移动、旋转或变形。
- ☑ 显示图示符 复选框：用于开启约束矢量图示符的可见性。
- 名称(N)：用于指定约束的名称。

### 2. 无摩擦约束

无摩擦约束可防止曲面在曲面相对的法向方向上移动或变形。曲面可以在应用无摩擦约束的切线方向上自由旋转、移动或变形。

Step1. 选择 分析 选项卡 约束 区域中的"无摩擦约束"命令 ⇄，系统弹出图 11.3.9 所示的"无摩擦约束"对话框。

Step2. 定义约束面。在绘图区域中选取要约束的面即可添加该约束。

图 11.3.9 "无摩擦约束"对话框

## 11.3.4 添加外部载荷

在模型中添加约束后，必须向模型中添加载荷才能进行有限元分析，在 Inventor 中提供了多种载荷，载荷可以添加到模型的点、线和面上。

Step1. 选择 分析 选项卡 载荷 ▼ 区域中的"力"命令 ⤓，系统弹出图 11.3.10 所示的"力"对话框。

Step2. 定义载荷面。在图形区选取图 11.3.11 所示的模型表面为载荷面。

Step3. 定义力参数。在对话框的 大小 文本框中输入力的大小值为 800N，其他选项采用系统默认设置值。

选取表面

图 11.3.10　"力"对话框　　　　图 11.3.11　定义载荷面

Step4. 单击对话框中的 ![确定] 按钮，完成外部载荷力的添加。

图 11.3.10 所示的"力"对话框中部分选项说明如下。

- ![位置]：用于指定对其应用载荷的面、边或顶点。
- ![方向]：用于确定力的方向。选择的参考可以是平面、圆柱面、边线、工作轴或工作面。
- ![大小] 文本框：用于指定力的大小。
- ![使用矢量分量] 复选框：用于使用坐标系确定力的大小与方向。
- ![显示图示符] 复选框：用于开启力图示符的可见性。
- ![比例] 文本框：用于指定力图示符的比例。
- ![]：用于指定力图示符的颜色。
- ![名称(N)]：用于指定载荷的名称。

Inventor 中的其他外部载荷如下所述。

### 1. 压强

压强均匀分布于整个表面，并且压强的方向始终是面的法向方向。

Step1. 选择 ![分析] 选项卡 ![载荷▼] 区域中的"压强"命令![]，系统弹出图 11.3.12 所示的"压强"对话框。

图 11.3.12　"压强"对话框

Step2. 定义载荷面。在绘图区域中选取要添加载荷的面。

Step3. 定义力参数。在对话框的 大小 文本框中输入力的大小值。

Step4. 单击对话框中的 确定 按钮，完成压强的添加。

## 2. 轴承载荷

轴承载荷在其所能支持的力的大小和方向上差别迥异。力主要是轴向（推力轴承）或是径向。轴承载荷只能添加到圆柱面上，力的大小分布是不均匀的。

Step1. 选择 分析 选项卡 载荷 ▼ 区域中的"轴承载荷"命令 ，系统弹出图 11.3.13 所示的"轴承载荷"对话框。

Step2. 定义载荷面。在绘图区域中选取要添加载荷的圆柱面。

Step3. 定义力参数。在对话框的 大小 文本框中输入力的大小值。

Step4. 单击对话框中的 确定 按钮，完成轴承载荷的添加。

图 11.3.13  "轴承载荷"对话框

## 3. 力矩

力矩可以使物体绕着力矩的中心进行旋转，力矩的大小是力乘以距离，力矩只能作用于表面上。

Step1. 选择 分析 选项卡 载荷 ▼ 区域中的"力矩"命令 ，系统弹出"力矩"对话框。

Step2. 定义载荷面。在绘图区域中选取要添加载荷的表面。

Step3. 定义力参数。在对话框的 大小 文本框中输入力的大小值。

Step4. 单击对话框中的 确定 按钮，完成力矩的添加。

## 4. 重力

重力用于向整个模型应用重力载荷。

Step1. 选择 分析 选项卡 载荷 ▼ 区域中的"重力"命令 ，系统弹出图 11.3.14 所示的"重力"对话框。

图 11.3.14  "重力"对话框

Step2. 定义重力方向。在绘图区域中选取一个参考以定义重力的方向。

Step3. 定义重力大小。采用系统默认的值。

Step4. 单击对话框中的 ▢ 确定 ▢ 按钮，完成重力的添加。

## 11.3.5　划分网格

模型在开始分析之前的最后一步就是网格划分，模型将被自动划分成有限个单元。网格密度直接影响分析结果精度。单元越小，离散误差越低，但相应的网格划分和解算时间也越长。

Step1. 设置网格参数。

（1）选择 分析 选项卡 网格 区域中的"网格设置"命令 🔲，系统弹出图 11.3.15 所示的"网格设置"对话框。

（2）在"网格设置"对话框 平均元素大小 文本框中输入数值 0.05，其余参数接受系统默认设置。

（3）单击 ▢ 确定 ▢ 按钮，完成网格的设置。

Step2. 划分网格。选择 分析 选项卡 网格 区域中的"查看网格"命令 🔲，系统自动划分网格，结果如图 11.3.16 所示。

图 11.3.15　"网格设置"对话框

图 11.3.16　划分网格

图 11.3.15 所示的"网格设置"对话框中部分选项说明如下。

- 平均元素大小 文本框：用于指定网格元素节点之间的平均距离。

- 最小元素大小 文本框：用于指定网格节点之间的最小距离。

- 分级系数 文本框：用于在粗略和细致区域之间转换所需的相邻网格边的最大比例。

- 最大转角 文本框：用于指定圆弧的最大角。

- ☑ 创建弯曲网格元素 复选框：用于创建具有弯曲边和面的网格。

## 11.3.6 求解分析

网格划分完成后就可以进行求解了。

Step1. 选择 分析 选项卡 求解 区域中的"分析"命令 ，系统弹出图 11.3.17 所示的"分析"对话框。

Step2. 单击 运行 按钮进行求解，求解结束之后，在浏览器的结果下面生成应力、位移和应变等图解，如图 11.3.18 所示。

图 11.3.17 "分析"对话框

图 11.3.18 浏览器

## 11.3.7 结果查看与评估

求解完成后，就可以查看结果图解，并对结果进行评估。

Step1. 在浏览器中右击 Mises 等效应力 ，系统弹出图 11.3.19 所示的快捷菜单，在弹出的快捷菜单中确认 激活(A) 被选中，系统显示图 11.3.20 所示的 Mises 等效应力图解。

图 11.3.19 快捷菜单    图 11.3.20 Mises 等效应力图解

**注意**：应力（vonMises）图解一般为默认显示图解，即解算结束之后显示出来的就是该图解，所以，一般情况下，该步操作可以省略。

说明：从结果图解中可以看出，在该种工况下，零件能够承受的最大应力为17.36MPa，而该种材料（前面定义的合金钢）的最大屈服应力为620MPa，即在该种工况下，零件可以安全工作。

Step2. 在浏览器中右击 第一个主应力，在弹出的快捷菜单中选中 激活(A)，系统显示图11.3.21所示的第一个主应力图解。

图11.3.21　第一个主应力图解

Step3. 在浏览器中右击 第三个主应力，在弹出的快捷菜单中选中 激活(A)，系统显示图11.3.22所示的第三个主应力图解。

图11.3.22　第三个主应力图解

Step4. 在浏览器中右击 位移，在弹出的快捷菜单中选中 激活(A)，系统显示图11.3.23所示的位移图解。

图 11.3.23　位移图解

说明：位移（合位移）图解反映零件在该种工况下发生变形的趋势，从图解中可以看出，在该种工况下，零件发生变形的最大位移是 0.07mm，变形位移是非常小的，这种变形在实际中也是观察不到的，在图解中看到的变形实际上是放大后的效果。

Step5. 在浏览器中右击 安全系数 ，在弹出的快捷菜单中选中 激活(A) ，系统显示图 11.3.24 所示的安全系数图解。

Step6. 在浏览器中右击 应变 节点下的 等效应变 ，在弹出的快捷菜单中选中 激活(A) ，系统显示图 11.3.25 所示的等效应变图解。

图 11.3.24　安全系数图解　　　　　图 11.3.25　等效应变图解

## 11.3.8　其他结果显示工具及报告文件

### 1. 动画结果

在评估结果的时候，有时需要了解模型在工况下的动态应力分布情况，使用"动画"

工具，可以观察应力动态变化并生成基于 Windows 的视频文件。下面介绍动画的操作方法。

Step1. 选择 分析 选项卡 结果 区域中的"动画制作"命令📷，系统弹出图 11.3.26 所示的"结果动画制作"对话框。

Step2. 保存并观看动画。

（1）在"结果动画制作"对话框的 速度 下拉列表中选择 正常 选项，在 步长 文本框中输入数值 10。

（2）单击 ◙ 按钮，系统弹出"另存为"对话框，选择保存路径。

（3）单击 保存(S) 按钮，系统弹出图 11.3.27 所示的"视频压缩"对话框，在 压缩程序(C): 下拉列表中选择 全帧(非压缩的) 选项，单击 确定 按钮，观看动画效果。

（4）单击对话框中的 确定 按钮，完成动画的制作。

图 11.3.26　"结果动画制作"对话框

图 11.3.27　"视频压缩"对话框

### 2. 检查

在评估结果的时候，有时需要知道实体上某一特定位置的参数值，使用 🔲 检查 工具，可以探测某一位置上的应力值。下面介绍检查的使用方法。

Step1. 选择 分析 选项卡 结果 区域中的"检查"命令 🔲 检查 。

Step2. 定义检查位置。在图 11.3.28 所示的模型位置单击，如图 11.3.28 所示。

图 11.3.28　检查结果

## 3. 收敛

收敛命令是指在对话框内显示分析的结果。下面介绍收敛的使用方法。

Step1. 定义收敛位置。单击 分析 选项卡 网格 区域中的"收敛设置"按钮，系统弹出图 11.3.29 所示的"收敛设置"对话框，设置图 11.3.29 所示的参数，单击 确定 按钮。

Step2. 选择 分析 选项卡 结果 区域中的"收敛"命令 收敛，结果如图 11.3.30 所示。

图 11.3.29  "收敛设置"对话框

图 11.3.30  "收敛"结果

图 11.3.29 所示的"收敛设置"对话框中各选项说明如下。

● h优化最大数 文本框：用于指定收敛所需的 h 优化循环的最大数目。系统默认值为 0；如果值大于 2，将会显示一个对话框，增加优化数目可能会降低性能；当值为 1 时，如果满足停止条件，则优化过程可能在达到最大数之前停止。

● 停止条件(%) 文本框：用于当最后的两次结果之间的差小于指定的值时会停止优化。

- h优化阈值(0到1) 文本框：用于指定优化阈值（0~1 之间）。

- 要收敛的结果 区域主要选项说明如下。

  - ☑ ⊙ Mises 等效应力 单选项：将"Mises 等效应力"指定为结果成员。

  - ☑ 第一个主应力 单选项：将"第一个主应力"指定为结果成员。

  - ☑ 第三个主应力 单选项：将"第三个主应力"指定为结果成员。

  - ☑ ⊙ 位移 单选项：将"位移"指定为结果成员。

- 几何图元选择 区域主要选项说明如下。

  - ☑ ⊙ 所有几何图元 单选项：指定为收敛条件考虑所有几何图元。

  - ☑ ⊙ 包括选定的几何图元 单选项：指定仅包括列表中的项来作为收敛条件中的集合。

  - ☑ ⊙ 排除选定的几何图元 单选项：指定从收敛条件中的集合排除列表中的项。

### 4. 最大值

用于查看图形窗口中最大结果的大小与位置。单击 分析 选项卡 显示 区域中的"最大值"按钮 ，结果如图 11.3.31 所示。

### 5. 最小值

用于查看图形窗口中最小结果的大小与位置。单击 分析 选项卡 显示 区域中的"最小值"按钮 ，结果如图 11.3.32 所示。

图 11.3.31 最大值

图 11.3.32 最小值

### 6. 着色样式

在 Inventor 着色样式下拉列表中有"平滑着色""轮廓着色"与"无着色"三个选项。当将着色样式设置为"平滑着色"时，结果如图 11.3.33 所示；当将着色样式设置为"轮廓着色"时，结果如图 11.3.34 所示；当将着色样式设置为"无着色"时，结果如图 11.3.35 所示。

### 7. 调整位移显示

在大多数情况下，真实的几何图元变形与整个模型大小相比是很微小的。为了了解发生变形的位置，提供了一种自动化的放大效果。调整位移选项提供了未变形、实际、调整后×0.5、调整后×1、调整后×2 与调整后×5 这 6 种显示选项，其效果如图 11.3.36 所示。

图 11.3.33　平滑着色　　　　图 11.3.34　轮廓着色　　　　图 11.3.35　无着色

a）未变形　　　　　　　　b）实际　　　　　　　　c）调整后×0.5

d）调整后×1　　　　　　　e）调整后×2　　　　　　　f）调整后×5

图 11.3.36　调整截面位置

### 8. 生成分析报告

在完成各项分析以及评估结束之后，一般需要生成一份完整的分析报告，以方便查阅、演示或存档。使用![icon]工具，可以采用任何预先定义的报表样式出版成 HTML 及 RTF 格式的报告文件。下面介绍其操作方法。

Step1. 单击 分析 选项卡 报告 区域中的"报告"按钮![icon]，系统弹出图 11.3.37 所示的"报告"对话框。

图 11.3.37　"报告"对话框

Step2. 对话框中各项设置如图 11.3.37 所示。

Step3. 单击对话框中的 [确定] 按钮，系统弹出图 11.3.38 所示的"应力分析报告"对话框，显示报表生成进度。

图 11.3.38　"应力分析报告"对话框

Step4. 选择下拉菜单 文件 ➡ 💾 保存 命令，保存分析结果。

# 读者意见反馈卡

尊敬的读者:

感谢您购买机械工业出版社出版的图书!

我们一直致力于 CAD、CAPP、PDM、CAM 和 CAE 等相关技术的跟踪,希望能将更多优秀作者的宝贵经验与技巧介绍给您。当然,我们的工作离不开您的支持。如果您在看完本书之后,有什么好的意见和建议,或是有一些感兴趣的技术话题,都可以直接与我联系。E-mail: 兆迪科技 zhanygjames@163.com,丁锋 fengfener@qq.com。

策划编辑:丁锋

---

为了感谢广大读者对兆迪科技图书的信任与支持,兆迪科技面向读者推出"免费送课"活动,即日起,读者凭有效购书证明,可以领取价值 100 元的在线课程代金券 1 张,此券可在兆迪科技网校(http://www.zalldy.com/)免费换购在线课程 1 门。活动详情可以登录兆迪网校或者关注兆迪公众号查看。

兆迪网校　　兆迪公众号

书名:《Autodesk Inventor 从入门到精通(2019 中文版)》

1. 读者个人资料:

姓名: _____ 性别: ___ 年龄: ____ 职业: _____ 职务: _____ 学历: _____

专业: _____ 单位名称: _____ 电话: _____ 手机: _____

邮寄地址: _____ 邮编: _____ E-mail: _____

2. 影响您购买本书的因素(可以选择多项):

□ 内容 　　　　　　　　　　□ 作者 　　　　　　　　　□ 价格

□ 朋友推荐 　　　　　　　　□ 出版社品牌 　　　　　　□ 书评广告

□ 工作单位(就读学校)指定 □ 内容提要、前言或目录 　□ 封面封底

□ 购买了本书所属丛书中的其他图书 　　　　　　　　　□ 其他

3. 您对本书的总体感觉:

□ 很好 　　　　　　　　　　□ 一般 　　　　　　　　　□ 不好

4. 您认为本书的语言文字水平:

□ 很好 　　　　　　　　　　□ 一般 　　　　　　　　　□ 不好

5. 您认为本书的版式编排:

□ 很好 　　　　　　　　　　□ 一般 　　　　　　　　　□ 不好

6. 您认为 Inventor 其他哪些方面的内容是您所迫切需要的?

_____

7. 其他哪些 CAD/CAM/CAE 方面的图书是您所需要的?

_____

8. 认为我们的图书在叙述方式、内容选择等方面还有哪些需要改进的?

_____